MATHE
ganz leicht

Hans-Georg Schumann

MATHE ganz leicht

impian

Genehmigte Lizenzausgabe für Impian GmbH, Hamburg, 2018

Lektorat: Katja Schrey
Umschlaggestaltung: Nele Schütz Design
unter Verwendung von shutterstock/Elima Li, Exclusively, 927 Creation, Panda Vector, anna42f
Herstellung: Mona Heylmann
Satz: DREI-SATZ, Husby
Druck: CPI books GmbH, Leck
printed in Germany

ISBN 978-3-96269-028-1

www.impian.de

Inhalt

15

Für
Julia, Daniel, Katrin und Janne

Vorwort

Mathe ist eigentlich nicht »dein Ding«? Aber nun hast du dieses Buch aufgeschlagen und bist beim Vorwort gelandet. Vielleicht willst du nur mal sehen, was da »wieder so ein Mathetyp« geschrieben hat?

Sollte man Mathe nicht besser abschaffen – zumindest in der Schule? Obwohl einiges von diesem »Zeugs« nützlich sein könnte. Immerhin will man ja Geld verdienen und Geld ausgeben. Da hat man es zwangsläufig mit Zahlen zu tun. Und auch im Alltag kommt einem so manches Problem in die Quere, das man mit mathematischen Kenntnissen aus dem Weg räumen könnte.

Natürlich lässt sich darüber streiten, welches Wissen überflüssig und welches wirklich brauchbar ist. Ob und wie viel Unnützes in der Schule gelehrt wird, weiß man meist erst, nachdem man diese Zeit schon ein paar Jahre hinter sich hat.

Aber du wirst mir sicher zustimmen, dass es nicht schaden kann, wenn man etwas gelernt hat und über möglichst viele Kenntnisse und Fähigkeiten verfügt (auf Englisch »Know-how«). Das erhöht die Chancen auf einen guten Arbeitsplatz immens.

Was hat das alles mit Mathe zu tun? Nun, zahlreiche gut bezahlte Jobs liegen im wissenschaftlichen Bereich, und dort spielt mathematisches Denken durchaus eine Rolle. Sich in Mathe auszukennen, kann also zumindest nicht schädlich sein.

Was heißt eigentlich Mathe bzw. Mathematik?

In einer sehr alten Sprache, im früheren Griechischen bedeutet »mathema« (μαθεμα) ursprünglich »die Kenntnis, das Gelernte«. Und »mathematikos« (μαθεματικοξ) heißt sogar so viel wie »lernbegierig, wissenschaftlich«.

Als Mathematik bezeichnet man die Wissenschaft von Zahlen, Figuren und Mengen und ihren Beziehungen. Dies sind die wichtigsten Teilbereiche:

- Die **Arithmetik** befasst sich allgemein mit Zahlen. Dazu gehören z.B. die Grundrechenarten und das Bruchrechnen.
- Die **Algebra** beschäftigt sich mit Gleichungen und Beziehungen zwischen mathematischen Größen. Dazu gehören auch grafische Darstellungen im Koordinatensystem.
- Die **Geometrie** kümmert sich um Figuren in der Ebene und im Raum. Dabei geht es sowohl ums Zeichnen als auch ums Rechnen.

Du kannst mit dieser Aufteilung nichts anfangen? Das wird sich mit dem Lesen dieses Buches ändern.

Und wozu das Ganze?

Mein Ziel ist es nicht, dir die alltagstauglichsten Gebiete der Mathematik vorzuführen und sie mit zahlreichen praxisbezogenen Aufgaben zu spicken.

Ich habe mir mathematische Bereiche herausgesucht, die meiner Meinung nach zum Grundwissen gehören (sollten). Dazu kommt einiges, was man als »Aufbaukost« ansehen kann. Alles zusammen dürfte genügen, um sich bei mathematischen Problemen zurechtzufinden – nicht nur im Alltag. So ganz nebenbei wird durch die Mathematik das so genannte »Logische Denken« gefördert. Das bedeutet so viel wie »etwas durchschauen, die richtigen Schlüsse ziehen und Zusammenhänge erkennen können«. Vielleicht würdest du dazu auch sagen: cleverer sein (als andere).

Und was bietet dieses Buch?

Über eine ganze Reihe von Kapiteln verteilt lernst du

- die wichtigsten Rechenarten und das Bruchrechnen kennen
- etwas über Prozent- und Zinsrechnung
- etwas über Gleichungen und Funktionen
- Koordinaten und Graphen kennen
- etwas über die wichtigsten Flächen und Körper

Im **Anhang** gibt es dann noch einige Informationen für deine Eltern und Lehrer. Und natürlich findest du hier sämtliche **Lösungen** zu den Fragen und Aufgaben der einzelnen Kapitel.

Danke!

Ein Dankeschön geht an eine ganze Reihe von Schülerinnen und Schülern, die mir bei der Durchsicht dieses Buches geholfen und nützliche Anregungen gegeben haben. Mein besonderer Dank gilt Felix Kopatz (16), Sven Goldkühler (16), Touria El Makhloufi (16), Tabea Nordmann (13) und nicht zuletzt Julia Schumann (12).

Einleitung

Wie arbeitest du mit diesem Buch?

Grundsätzlich besteht dieses Buch aus einer Menge Text mit vielen Zahlen und auch einiges an Abbildungen dazwischen. Natürlich habe ich mich bemüht, alles so zuzubereiten, dass daraus lauter gut verdauliche Happen werden. Damit das Ganze noch genießbarer wird, gibt es zusätzlich noch einige Symbole, die ich dir hier gern erklären möchte:

Übungen im Text

Immer mal wieder triffst du auf eine Übung. Damit kannst du erstmal experimentieren (wenn du nicht auf den nachfolgenden Lösungsweg schielst) und neu Gelerntes vertiefen.

Falls es um eine ausführlichere Erläuterung geht, steht mir Buffi auch als elektronischer Spür- und Rettungshund zur Seite.

Wichtige Stellen im Buch

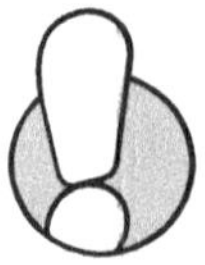

Ab und zu siehst du ein solches Ausrufezeichen. Dann ist das eine Stelle, an der etwas besonders Wichtiges steht. Manchmal muss ich hier auch etwas loswerden, um mich zu rechtfertigen – z.B. weil es nicht immer ganz expertengerecht zugeht.

Hier stehen auch die blanken Rechenregeln zum Thema – möglichst einfach formuliert. Zum Immerwiedernachschauen oder zum Auswendiglernen.

Ab und zu gibt es einen Hinweis auf den Taschenrechner. Du brauchst ihn zwar nicht überall, aber wenn du ihn einsetzen willst, fehlt dir vielleicht ein kleiner Hinweis, z.B. auf die richtige Taste.

Fragen und Aufgaben

Am Ende eines Kapitels findest du jeweils eine Reihe von Fragen und Aufgaben. Sie sind nicht immer ganz einfach, aber sie helfen dir, das aktuelle Thema noch besser zu verstehen. Lösungen dazu findest du gleich hinter dem Anhang.

Was brauchst du für dieses Buch?

Ein dicker **Block** mit karierten Blättern ist auf jeden Fall sehr nützlich. Außerdem solltest du einen **Taschenrechner** zur Verfügung haben, der nicht nur Ergebnisse, sondern auch deine Rechenwege anzeigen kann.

In einigen Fällen werden Kuli oder Bleistift nicht genügen, dann benötigst du zur Unterstützung ein **Lineal** oder besser noch ein **Geodreieck**. Ab und zu könnte auch ein **Zirkel** hilfreich sein.

Wenn du überhaupt nichts verstehst, bitte auch mal deine Eltern oder Lehrer um Hilfe. Die einen können so ihre verschütteten Mathematikkenntnisse auffrischen, für die anderen ist es schließlich ihr Job.

Bist du bereit? Dann auf ins Reich der Zahlen und Figuren!

waren. So konnte das Alter eines fünfzehnjährigen Jugendlichen noch mit XV angegeben werden. Aber schon bei einem 38-Jährigen plusterte sich das Ganze zu dieser Zeichenfolge auf: XXXVIII. Und das Jahr 1666 sieht auf Römisch so aus: MDCLXVI.

Immerhin wurde das römische Zahlensystem in Europa bis ins 15. Jahrhundert genutzt. Doch mit der Zeit setzte sich ein neues System durch, das ursprünglich aus Indien stammte: Weil vor allem die Finger zum Zählen benutzt wurden, war dort irgendwann jemand auf die Idee gekommen, insgesamt ebenso viele Symbole zu verwenden. Genau genommen waren es zuerst nur die Ziffern von 1 bis 9, die 0 kam erst später dazu: Wenn eine Berechnung an einer Stelle »nichts« ergab, stand da auch erst mal nichts. Dann hatte wieder einmal jemand den genialen Einfall, an diesen »leeren Stellen« als Symbol eine Art Kreis einzusetzen: So entstand die Null.

Durch geschicktes Kombinieren dieser zehn Symbole ließen und lassen sich nun alle zählbaren Zahlen darstellen. Dazu werden 10 zu einem Zehnerpack zusammengefasst, davon wieder 10 zu einem Hunderterpack. Und so weiter – wie zum Beispiel hier:

Tausender (T)	Hunderter (H)	Zehner (Z)	Einer (E)
1	3	5	7
2	0	6	4

Dargestellt sind die Zahlen Eintausenddreihundertsiebenundfünfzig bzw. Zweitausendvierundsechzig. (Wobei wir im Deutschen eine seltsame Sprechweise haben, denn eigentlich wäre es so einleuchtender: Eintausend-dreihundert-fünfzig-sieben und Zweitausend-sechzig-vier.)

Dieses bis heute moderne und auf der ganzen Welt genutzte **Stellenwertsystem** hat auch mit Zehnersystem bzw. **Dezimalsystem** den passenden Namen. (»Dezi« kommt aus dem Lateinischen und heißt so viel wie »Zehner«.) Und dass es funktioniert, lässt sich leicht an der Tastatur eines Telefons oder Taschenrechners überprüfen: Dort kannst du jede denkbare Zahl eintippen.

Nimmst du alle »Zählzahlen« zusammen, dann hast du die so genannte Menge der Natürlichen Zahlen (Abkürzung $\mathbb{N}$). Bis heute streiten sich Experten, ob die Null nun noch dazugehört oder die ganze Zählung erst ab eins beginnen darf. Ein Ausweg ist die Kennzeichnung $\mathbb{N}_0$, womit eindeutig klargestellt ist, dass hier die Null mit zur Familie gehört.

Die Natürlichen Zahlen beginnen bei 0 oder 1 und gehen immer weiter.

In diesem Zahlenbereich lässt sich natürlich auch rechnen. Dazu braucht man bloß außer den Ziffern noch die Symbole für die Rechenoperationen (z.B. + und –) sowie das Gleichheitszeichen (=) für das Ergebnis.

Besonders wichtig ist das Symbol »=« für die Gleichsetzung. Eine Rechnung wie **1 + 1 = 2** nennt man auch Gleichung. Dort steht in der Mitte immer das Gleichheitszeichen (=).

Alles, was sich auf der linken Seite davon befindet, ergibt ganz **genau denselben** Wert wie das, was auf der rechten Seite steht.

So ist z.B. **1 + 1 = 1 keine** Gleichung, weil links und rechts **verschiedene** Werte stehen (sonst wäre ja **2 = 1**).

Weil man zu Rechnungen auch Operationen sagen kann, werden Rechenzeichen als Operatoren bezeichnet.

Plus und Minus

Die einfachste Rechenart ist in der Fachsprache der Mathematiker die Addition, allgemein auch als Zusammenzählen bekannt.

In Wahrheit ist jede Zahl, die im Dezimalsystem dargestellt wird, bereits eine Additionsaufgabe, wie diese hier:

1357 = 1 Tausender + 3 Hunderter + 5 Zehner + 7 Einer

2064 = 2 Tausender + 0 Hunderter + 6 Zehner + 4 Einer

Und hier ist gleich die erste Möglichkeit, deine Rechenfertigkeit zu testen:

Übung 01.01:

Zähle möglichst geschickt die Natürlichen Zahlen von 1 bis 10 zusammen. Zu leicht? Dann versuch es mal mit allen Zahlen von 1 bis 100.

Auf den ersten Blick scheint es nur diesen einen Weg zu geben. Du rechnest stur drauflos – erst mal bis 10:

1 + 2 + 3 + 4 + 5 + 6 + 7 + 8 + 9 + 10 = 55

Nun liegt immer noch ein ganzes Stückchen Weg vor dir, bis du bei der 100 angelangt bist. Da lohnt sich eine kurze Überlegung, die übrigens nicht von mir stammt, sondern von einem berühmten Mathematiker namens Gauß, der vor etwa 150 Jahren gelebt hat:

Bildet man aus der 1 und der 100 ein Paar, so erhält man 101 als Summe. Dasselbe lässt sich nun mit 2 und 99, 3 und 98 immerfort wiederholen, bis du in der Mitte angelangt bist:

1	+	1	0	0	=	1	0	1		u	s	w	.					
2	+		9	9	=	1	0	1		4	8	+	5	3	=	1	0	1
3	+		9	8	=	1	0	1		4	9	+	5	2	=	1	0	1
u	s	w	.							5	0	+	5	1	=	1	0	1

Du musst gar nicht jedes einzelne Paar selbst bilden, um zu wissen, dass es insgesamt genau 50 solcher Zahlenpaare mit dem Ergebnis 101 gibt. Und nun ist eine neue Rechenart nötig, auf die wir eigentlich erst später kommen, die uns aber jetzt aushelfen muss. Wir rechnen einfach 50 mal 101, und schon haben wir das Ergebnis:

5	0	·	1	0	1	=	5	0	5	0

Kommen wir noch einmal auf die kleine Variante der ersten Aufgabe zurück, in der wir die Zahlen von 1 bis 10 zusammengezählt haben. Es ist nicht unbedingt nötig, eine bestimmte Reihenfolge einzuhalten – wie du an diesen Beispielen sehen kannst:

1	0	+	9	+	8	+	7	+	6	+	5	+	4	+	3	+	2	+	1	=	5	5
1	+	1	0	+	2	+	9	+	3	+	8	+	4	+	7	+	5	+	6	=	5	5

Damit landen wir direkt in unserer ersten Rechenregel:

Zahlen, die addiert werden sollen, lassen sich beliebig **vertauschen.** Ein ganz einfaches Beispiel: **2+3 = 3+2.**

Natürlich lässt sich eine Addition auch »rückgängig« machen: Wenn man etwas zusammenzählt, kann man auch wieder etwas abziehen. Der Fachbegriff dafür ist Subtraktion.

Möglicherweise diente die Umkehrung der Addition zuerst nur zur Fehlerkorrektur: Hin und wieder kam es vor, dass irgendwo etwas zu viel dazugezählt wurde. Blieb dies nicht unbemerkt, dann musste der erstandene Fehler korrigiert, der falsche Wert also wieder abgezogen werden. Mit der Zeit stellte man fest, dass die Subtraktion nicht nur zum Ausbessern von

Additionsfehlern taugte. Das Abziehen war eine eigene Rechenart, und wenn dort mal ein Fehler passierte, ließ der sich wiederum mit Hilfe der Addition rückgängig machen.

Und damit bekommst du die nächste Chance, deine Fähigkeiten in beiden Rechenarten einzusetzen:

Übung 01.02:

Der Schnellzug Immernureilig startet in Hamburg. Dort steigen 654 Passagiere ein. Die nächste Station ist Münster. Hier verlassen 248 Menschen den Zug, 139 Passagiere kommen neu hinzu. In Frankfurt steigen 506 Personen aus und 579 ein. Der nächste Halt ist in Stuttgart, wo 421 Passagiere den Zug verlassen und 202 Personen zusteigen. Zielbahnhof ist München. Wie viele Menschen steigen dort aus?

Dreh das Buch nun um und versuche die Lösung zuerst allein. Dann vergleiche deine Ergebnisse mit der folgenden Tabelle:

	Es steigen ein	Es steigen aus	Es sind im Zug
Hamburg	654	0	654
Münster	139	248	545
Frankfurt	579	506	618
Stuttgart	202	421	399
München	0	399	0
Summen	1574	1574	0

Um diese Aufgabe zu lösen, gibt es einige Wege. Hier zwei davon:

Du zählst alle Personen zusammen (+), die auf den Stationen einsteigen; dann zählst du alle Personen zusammen (+), die aussteigen. Ziehst du abschließend die eine von der anderen Zahl ab (–), hast du die Anzahl der Passagiere, die am Schluss übrig bleiben.

Du rechnest von Station zu Station: Die Anzahl der Einsteiger bekommt ein Plus (+), die der Aussteiger ein Minus (–) vorangestellt.

Wahrscheinlich stimmen deine Rechenwege mit denen überein, die bei mir zur Lösung geführt haben:

1. Weg: (erst Additionen, dann Subtraktion)

6	5	4	+	1	3	9	+	5	7	9	+	2	0	2	=	1	5	7	4
2	4	8	+	5	0	6	+	4	2	1					=	1	1	7	5
1	5	7	4	-	1	1	7	5							=		3	9	9

2. Weg: (Plus und Minus gemischt – aus Platzgründen in zwei Zeilen)

6	5	4	-	2	4	8	+	1	3	9	-	5	0	6	+	5	7	9				
											-	4	2	1	+	2	0	2	=	3	9	9

In beiden Fällen weißt du nun, dass am Zielbahnhof 399 Personen aussteigen.

Vermutlich hast du den Taschenrechner benutzt, um diese Aufgabe zu lösen. Dagegen ist auch grundsätzlich nichts einzuwenden, denn heutzutage sind solche »Rechenmaschinen« überall in Gebrauch.

Trotzdem kann es nicht schaden, ab und zu mal das »gute alte« Kopfrechnen oder das handschriftliche Rechnen zu trainieren.

Deshalb sei so gut und probiere die Aufgabe noch einmal ohne »elektronische Hilfe« durch. Wie wäre es mit anderen Zahlen? Und zum Schluss kontrollierst du dein Ergebnis mit dem Taschenrechner oder PC.

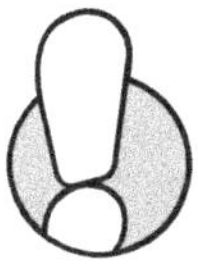

Beim Taschenrechner benötigst du erst einmal diese drei Tasten:

- + Plus
- − Minus
- = Gleich

Damit kannst du addieren, subtrahieren und das Gesamtergebnis anzeigen lassen. Bei manchen Rechnermodellen kann sogar die ganze Rechnung angezeigt werden. Ein Beispiel:

1574 - 1175

399

Sollte dir ein Fehler unterlaufen, musst du nicht alles neu eintippen, sondern kannst über die **Löschtaste** einzelne Werte löschen. Das, was auf dieser Taste steht, ist nicht überall einheitlich:

Die Abkürzungen stammen von den englischen Begriffen »Clear« und »Delete«. (Wenn es mehrere Löschtasten gibt, hilft dir das Handbuch zum Taschenrechner weiter.)

Mal ...

Im Prinzip käme man mit Addition (+) und Subtraktion (–) allein aus, wenn es ums Rechnen geht.

Aber weil die Menschen (und nicht nur die Mathematiker) gern nach bequemen Wegen suchen, haben sie für einen Spezialfall der Addition eine neue Rechenoperation eingeführt.

Nicht selten gab es Fälle, in denen einfach immerzu derselbe Wert zu addieren war – z.B. das Taschengeld oder Gehalt für ein Jahr:

Januar	25 €	1.750 €
Februar	25 €	1.750 €
März	25 €	1.750 €
April	25 €	1.750 €
Mai	25 €	1.750 €
Juni	25 €	1.750 €
Juli	25 €	1.750 €
August	25 €	1.750 €
September	25 €	1.750 €
Oktober	25 €	1.750 €
November	25 €	1.750 €
Dezember	25 €	1.750 €
Summe	**300 €**	**21.000 €**

Na ja, das hätte man auch leichter haben können, denkst du. Und so dachten auch ein paar andere Menschen, nur etliche Jahrhunderte vor dir.

»Das ist ja immer dieselbe Zahl«, meinte der eine, »und das zwölf Mal«, der andere. Warum also nicht gleich 12 mal 25 oder 12 mal 1750?

Ganz so einfach ging es deshalb nicht, weil man erst eine Technik entwickeln musste, um größere Zahlen miteinander malnehmen zu können. Außerdem gab es eine Voraussetzung, ohne die auch mit der passenden Rechentechnik gar nichts ging: Man musste das kleine **Einmaleins** auswendig können!

Statt **4+4+4** sagte man **3·4** und wusste das Ergebnis **12**, weil man es mit der Zeit auswendig gelernt hatte. Es wurde also nicht mehr gerechnet, sondern einfach nur ein bereits bekannter Wert als Ergebnis eingesetzt.

Ein Taschenrechner beherrscht natürlich außer Addieren und Subtrahieren auch die übrigen Rechenarten. Wichtig ist nur, dass man die passenden Tasten dazu findet:

Während das für Plus (+) und Minus (–) leicht zu erkennen ist, sehen die anderen Tasten fremd aus: Bei der Multiplikation haben wir hier ein X, die andere Taste mit dem Gemisch aus Doppelpunkt und Minus benötigen wir schon im nächsten Abschnitt.

Geht es um mehrstellige Zahlen, können wir auch beim Malnehmen nicht auf die Addition verzichten, denn oft entstehen dabei Teilergebnisse, die anschließend zusammengezählt werden müssen.

Alle, die mit dem kleinen Einmaleins »im Kopf« ausgerüstet waren, konnten die neue Rechenart mit dem Fachnamen Multiplikation anwenden.

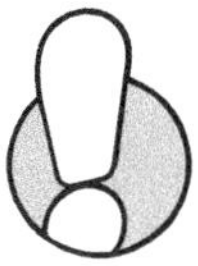

Und auch bei dieser Rechenart gilt die schon von der Addition bekannte Regel:

Zahlen, die multipliziert werden sollen, lassen sich beliebig **vertauschen**. Auch dazu ein einfaches Beispiel: **2·3 = 3·2**.

Und nun bekommst du wieder etwas Arbeit:

Übung 01.03:

Wie viele Sekunden hat ein Jahr? Wenn du das weißt, bekommst du auch heraus, wie viele Sekunden du bei deinem nächsten Geburtstag bereits lebst.

Eigentlich muss man dazu nur Jahre in Tage, Stunden, Minuten und Sekunden umrechnen können, um für ein Jahr dieses Ergebnis zu bekommen:

Tage	•	Stunden	•	Minuten	•	Sekunden	=	Gesamtwert
365	•	24	•	60	•	60	=	31.536.000

Wenn du das nun noch mit dem Alter malnimmst, das du bei deinem nächsten Geburtstag feiern willst, dann hast du für eine Sekunde lang dein bisheriges Leben in Sekunden.

In Wahrheit ist jede Zahl, die im Dezimalsystem dargestellt wird, nicht nur eine Additionsaufgabe, sondern auch eine Multiplikationsaufgabe, so wie die hier:

$1357 = 1 \cdot 1000 + 3 \cdot 100 + 5 \cdot 10 + 7 \cdot 1$

$2064 = 2 \cdot 1000 + 0 \cdot 100 + 6 \cdot 10 + 4 \cdot 1$

... und Durch

Auch bei der Multiplikation von Zahlen kam jemand auf die Idee, dass es ähnlich wie für die Addition hier ebenfalls eine Umkehrung geben müsste:

Wenn man etwas malnimmt, kann man das Ergebnis auch wieder durch etwas teilen. Hier lautet der Fachbegriff Division.

So ist also Malnehmen (Multiplizieren) fortgesetztes Zusammenzählen (Addieren) derselben Zahl, z.B.:

3 mal 4 → 4 + 4 + 4 = 12

Und Teilen (Dividieren) bedeutet fortgesetztes Abziehen (Subtrahieren) derselben Zahl – wobei mitgezählt wird, wie oft das geht, z.B.:

12 durch 4 → 12 - 4 - 4 - 4 = 0 → passt 3 mal

Nachdem du dich bei den letzten beiden Aufgaben aufwärmen konntest, gibt es jetzt was für mehrere Rechenarten:

Übung 01.04:

Benno und Beppo sind Sumoringer. Um ihr Kampfgewicht von 202 bzw. 222 kg zu halten, verputzen sie täglich als Hauptmahlzeit einen ganzen Pott Chanko-nabe (ein japanisches Eintopfgericht). Außerdem trinken sie viel Mineralwasser.

Und so kaufen Benno und Beppo einmal wöchentlich ein: 14 kg Fleisch, 21 kg Fisch, 28 kg Gemüse, 7 kg Reis und 56 Liter Wasser. Wie viele Kilokalorien (kcal) stecken in einem täglichen Sumotopf?

Die (ungefähren) Kalorienwerte pro kg sind: Fleisch 2740; Fisch 1430; Gemüse 560; Reis 3270; Wasser 0.

Dreh wieder das Buch um und probiere erst allein einen Lösungsweg aus. Dann kannst du deine Ergebnisse mit der Tabelle vergleichen:

	Gewicht (kg)	kcal/kg	Kalorien/Gesamt
Fleisch	14	2740	38.360
Fisch	21	1430	30.030
Gemüse	28	560	15.680
Reis	7	3270	22.890
Wasser	56	0	0
pro Woche			106.960
pro Tag			15.280

Hier ist mein Rechenweg:

Du nimmst für jede »Zutat« das Gewicht mit dem Kalorienwert mal (·); dann zählst du alle Wert zusammen (+), schließlich teilst du das Ergebnis durch die Anzahl der Tage einer Woche (:). Vermutlich hast auch du so oder ähnlich gerechnet:

a) Kalorienwerte für jede »Wochenzutat« berechnen:

14	·	2740	=	38.360	Fleisch
21	·	1430	=	30.030	Fisch
28	·	560	=	15.680	Gemüse
7	·	3270	=	22.890	Reis

b) Alles addieren:

38.360	Fleisch
30.030	Fisch
15.680	Gemüse
22.890	Reis
106.960	(Woche)

c) Wert durch 7 teilen:

106.960	:	7	=	15.280	(Tag)

Diese Aufgabe zeigt, dass nicht alle Zahlinformationen für die Lösung von Bedeutung sind – wie die über die Wassermenge (oder das Körpergewicht der beiden Ringer).

Ein Tagestopf liefert also 15.280 Kilokalorien. Weil es ja zwei Sumoringer sind, die sich am Chanko-nabe laben, könnte man das noch einmal durch 2 teilen – wobei Beppo wegen des höheren Gewichts etwas mehr abbekommt als Benno. (Übrigens sollen auch die meisten der berühmt-berüch-

tigten römischen Gladiatoren nicht schlank und drahtig, sondern eher fett wie Sumoringer gewesen sein.)

Die meisten Taschenrechner merken sich das Ergebnis der letzten Berechnung. Dann gibt es auch eine Taste, mit der man dieses in die Anzeige holen und damit weiterrechnen kann:

ANS Letztes Ergebnis

Das ist die Abkürzung für »Answer« (weil der Ort, in dem der Taschenrechner das letzte Ergebnis speichert, als **Antwortspeicher** bezeichnet wird).

Zusammenfassung

Damit wären wir schon am Ende des Kapitels. Das Wichtigste waren wohl die vier Grundrechenarten (+ – • :). Da die Mathematiker sich die Mühe gemacht haben, für möglichst alles Fremdwörter zu finden, will ich dir diese nicht vorenthalten:

Addition	Summand	plus	Summand	gleich	Summe
Subtraktion	Minuend	minus	Subtrahend	gleich	Differenz
Multiplikation	Faktor	mal	Faktor	gleich	Produkt
Division	Dividend	durch	Divisor	gleich	Quotient

Du hast mit den Natürlichen Zahlen ($\mathbb{N}$) bzw. ($\mathbb{N}_0$) deinen ersten Zahlenbereich kennen gelernt. Und du weißt bereits, was eine Gleichung ist: »Linke Seite = Rechte Seite«.

Ein paar Fragen ...

1. Du hast festgestellt, dass sich Zahlen, die addiert (+) und multipliziert (·) werden sollen, beliebig vertauschen lassen. Gilt das auch für die Subtraktion (-) und die Division (:)?
2. Was passiert eigentlich, wenn du zu einer beliebigen Zahl mehrmals eine 0 dazuzählst? Und was geschieht, wenn du eine beliebige Zahl mehrmals mit 1 malnimmst?

3. Rudi Pfiffig glaubt, die größte Natürliche Zahl gefunden zu haben: »Sie vorzulesen würde mehrere Tage dauern«, meint er und wedelt mit einem mehrseitig voll beschriebenen Heft. Was glaubst du?

... und ein paar Aufgaben

1. Was war Petra froh, als sie ihre Schulaufgaben endlich erledigt hatte! Doch der kleine Peter wollte das Werk seiner Schwester ein bisschen verschönern. Dabei wurden ein paar Stellen unkenntlich. Wie hießen die kompletten Rechnungen ursprünglich?

	5	7	#	2	3		4	6	0	#	5	3	5	7	·	4	6	#
+		3	4	5	#	-		6	#	4	3					3	2	#	3
+			1	#	8	-			9	0	#				2	#	4	2	
+		9	#	8	6	-		2	2	#	5			1	4	2	#		
	6	9	6	9	3		3	6	3	6	9		1	6	7	4	3	3

2. Die Zahlen von 1 bis 10 hast du ja schon zusammengezählt (+). Versuch mal, die Zahlen von 1 bis 10 malzunehmen (·). Gibt es da auch einen »Trick«?

3. Benjamin hatte Ende des letzten Jahres in seinem dicken Sparschwein 85 Euro angesammelt. Von Januar des kommenden Jahres an will er regelmäßig 15 Euro pro Monat sparen. So hofft er, in fünf Jahren 1.000 Euro in sein Schwein gefüllt zu haben. Klappt das?

4. Herr Smoke kauft seit seinem 22. Geburtstag jeden Monat 9 Packungen Zigaretten zu je 4 Euro. Als er stirbt, ist er 66 Jahre alt. Wie viel Geld hat er für Zigaretten ausgegeben?

5. Dein Herz schlägt ungefähr 65 Mal pro Minute, und du atmest jede Minute etwa 25 Mal. Wie oft ist das jeweils in einem Jahr? Wie oft in deinem bisherigen Leben?

6. Als ein Lichtjahr bezeichnet man die Strecke, die Licht in einem Jahr zurücklegen kann. In einer Sekunde kommt Licht etwa 300.000 km weit. Wie groß ist ein Lichtjahr?

(Die Lösungen zu allen Fragen und Aufgaben stehen hinten im Buch.)

2

Ganze Zahlen

Solange man mit Natürlichen Zahlen rechnen kann, ist die Sache meist ziemlich einfach – mal abgesehen vom Umgang mit sehr großen Zahlen. Aber oft hilft da der Taschenrechner als »Gehirnzusatz« weiter. Es gibt aber auch Aufgaben, in denen sich eine Menge zusätzlicher Rechensymbole tummeln oder gar Klammern ihr Unwesen treiben. Mit diesen »Geschöpfen« bekommen wir es hier zu tun.

In diesem Kapitel lernst du

- was Ganze Zahlen sind
- den Unterschied zwischen Rechenzeichen und Vorzeichen kennen
- etwas über positive und negative Zahlen
- mit einfachen Klammern umzugehen
- noch mehr Rechenregeln kennen

Positiv und negativ

Wie es scheint, funktionieren alle vier Grundrechenarten im Bereich der Natürlichen Zahlen (ℕ). Vielleicht habe ich die bisherigen Aufgabenbeispiele so gewählt, dass immer alles glatt ging?

Eigentlich kann doch nichts schief laufen: Ich kann mir beliebige Natürliche Zahlen aussuchen und ich werde keinen Fall finden, in dem diese sich nicht addieren (+) lassen. Aber wie ist es mit der Umkehrung, der Subtraktion (–)?

Wenn man eine Aufgabe »rückwärts« rechnete, so klappte es bis jetzt immer, z.B.:

5	+	3	=	8			o	d	e	r			3	+	5	=	8
8	-	3	=	5			o	d	e	r			8	-	5	=	3

Aber dann muss wohl irgendjemand auf die Idee gekommen sein, das Ganze mal so zu verdrehen:

3	-	8	=	?			o	d	e	r			5	-	8	=	?

Hierbei handelte es sich zwar nicht um die direkte Umkehrung der Addition **3+5 = 8** oder **5+3 = 8**. Aber interessant für Mathematiker waren diese neuen Aufgaben schon. Zumal man sie im Bereich der Natürlichen Zahlen **nicht** lösen konnte. Also musste dieser Zahlenbereich erweitert werden.

Bisher haben wir – ob von der 0 oder der 1 angefangen – immerzu aufwärts gezählt, also

1, 2, 3, 4, 5, 6, 7, 8, 9 und so weiter

Alle Zahlen, die größer als 0 sind, werden auch als **positive Zahlen** bezeichnet.

Nun aber geht es abwärts:

-1, -2, -3, -4, -5, -6, -7, -8, -9 und so fort

+1 +2 +3 +4 +5 +6 +7 +8 +9 →

Positive Zahlen

← -9 -8 -7 -6 -5 -4 -3 -2 -1

Negative Zahlen

Damit man die neuen Zahlen von den bisherigen unterscheiden kann, versieht man sie mit einem Symbol, das Vorzeichen genannt wird. Diese Zahlen, die kleiner als 0 sind, gehören zu den **negativen Zahlen.**

Wie du siehst, könnte man auch den positiven Zahlen ein Vorzeichen verpassen. Während hier das Plus weggelassen werden kann, sind negative Zahlen dagegen fest an ihr Minus gekettet.

Nimmst du nun beide Zahlenbereiche zusammen und die 0 in der Mitte dazu, dann ergibt sich daraus die so genannte Menge der Ganzen Zahlen (Abkürzung $\mathbb{Z}$).

Die Ganzen Zahlen haben keinen Anfang und kein Ende.

◄ -5 -4 -3 -2 -1 0 1 2 3 4 5 ►

Das Minus (–) direkt vor einer negativen Zahl ist **kein** Rechenzeichen. Es muss also zwischen zwei Arten unterschieden werden, auch wenn sie völlig gleich aussehen:

Ein Plus (+) oder Minus (–) als **Vorzeichen** kennzeichnet eine Zahl als positiv oder negativ. (Hat eine Zahl **kein** Vorzeichen, gilt sie als positiv.)

Werden zwei (oder mehr) Zahlen durch ein Plus oder Minus verknüpft, dann handelt es sich um ein **Operationszeichen** bzw. einen **Operator** für die Rechenarten Addition oder Subtraktion – deshalb kann man dazu auch **Rechenzeichen** sagen.

Nun lassen sich auch diese Aufgaben lösen:

3 - 8 = -5   oder   5 - 8 = -3

Wobei auch die Umkehrungen funktionieren sollten:

-5 + 8 = 3   oder   -3 + 8 = 5

Sieht auf den ersten Blick nicht einleuchtend aus? Scheint jedoch zu stimmen.

Der Taschenrechner kann natürlich nicht wissen, welches Minus du beim Eingeben einer Rechenaufgabe gerade meinst. Deshalb gibt es hier zwei verschiedene Tasten, wobei die **Vorzeichentaste** nicht bei allen Taschenrechnern gleich aussieht:

- [—] Operatioszeichen
- [(–)] Vorzeichen
- [+/-] Vorzeichen

Guthaben oder Schulden?

Vielleicht wird am Ende einiges klarer, wenn wir uns jetzt einer neuen Aufgabe widmen. So kommt jetzt wieder etwas Rechenarbeit auf dich zu:

Übung 02.01:

Jeden Monat bekommt Olga ein Gehalt von 1.248 Euro auf ihr Konto überwiesen. Davon gehen aber gleich wieder 421 Euro für Miete und weitere 159 Euro Vorauszahlung für Strom, Wasser und Heizung weg. Außerdem wird die Rate für einen Sparvertrag über 125 Euro abgebucht. Für Essen und Trinken hebt Olga 200 Euro ab.

Diesen Monat will sie sich endlich eine Waschmaschine kaufen. Die kostet 399 Euro. Außerdem braucht sie dringend ein Paar neue Schuhe, Kostenpunkt 49 Euro. Sie zahlt jeweils mit ihrer Euroscheckkarte. Kurz vor Monatsende bekommt sie eine Gutschrift von einem Versandhaus über 57 Euro. Wie viel Geld hat sie auf dem Konto?

Dreh dieses Buch um und müh dich erst mal allein ab. Anschließend kannst du vergleichen:

	Eingänge	Ausgänge	Kontostand
Gehalt	1.248		1.248
Miete		421	827
Nebenkosten		159	668
Sparen		125	543
Lebenshaltung		200	343
Waschmaschine		399	-56
Schuhe		49	-105
Gutschrift	57		-48
Summen	1.305	1.353	-48

Hier bieten sich – wie schon bei der Aufgabe mit dem Zug aus dem ersten Kapitel – diese zwei Lösungswege an:

Du zählst alle Beträge zusammen (+), die auf dem Konto landen; dann zählst du alle Beträge zusammen (+), die vom Konto abgehen. Ziehst du abschließend die eine von der anderen Zahl ab (–), hast du den aktuellen Kontostand.

- Du rechnest jede »Geldbewegung«, wie sie gerade kommt: Ein Kontoeingang bekommt ein Plus (+), ein Kontoausgang ein Minus (–) vorangestellt.

Und so geht's zur Lösung:

1. Weg: (erst Additionen, dann Subtraktion)

1248 + 57 = 1305
421 + 159 + 125 + 200 + 399
+ 49 = 1353
1305 - 1353 = - 48

2. Weg: (Plus und Minus gemischt – aus Platzgründen wieder zweizeilig)

1248 - 421 - 159 - 125 - 200
- 399 - 49 + 57 = - 48

Doch halt! Irgendetwas stimmt da nicht – oder? Hat da Olga etwa mehr ausgegeben als eingenommen? Na ja, Schulden machen gilt heute als nichts Außergewöhnliches. Und dank der Mathematik lässt sich offenbar auch mit Geld rechnen, das man gar nicht hat.

Man kann also sagen: Geldbeträge, die du hast – ob in der Tasche oder auf dem Konto – sind Guthaben. Sie lassen sich durch **positive** Zahlen ausdrücken. Und Schulden – also was dir nicht gehört und du irgendwann zurückgeben musst – werden mit Hilfe **negativer** Zahlen dargestellt.

1.000 Euro Schulden bringen dich also ins Minus, als Zahl **-1000**; 1.000 Euro Guthaben setzen dich ins Plus, als Zahl **+1000**.

Und weil wir ja jetzt mit den Ganzen Zahlen einen neuen Zahlenbereich zur Verfügung haben, lassen sich auch Berechnungen wie **1305-1353** durchführen. Hier wird ja von einer kleineren Zahl eine größere abgezogen. Das Ergebnis muss demnach kleiner als 0 sein und damit negativ.

Im Grunde genommen ist es, als würde ich rechnen:

1353 - 1305 = 48

und dann dem Ergebnis ein Minuszeichen verpassen, weil es ja Schulden sind, die dabei herauskommen. Das entspricht dann diesem Rechenweg:

1305 - 1353 = - 48

Ein anderer Bereich, in dem negative Zahlen genutzt werden, sind die Temperaturen: In südlichen Ländern ist es in der Regel warm bis heiß, dort kann es auch mal auf Temperaturen bis zu 40 Grad oder mehr **steigen**. Vom »hohen Norden« dagegen hören wir, dass dort oft »Minusgrade« herrschen: Hier ist es meistens »unter null« und die Temperaturen können durchaus mal auf –20 oder noch weniger Grad **fallen**.

Es gilt also: Je wärmer es ist, desto größer werden die (Temperatur-) Zahlen, je kälter es ist, desto kleiner werden sie. Ein Beispiel: Dass **+25 größer** ist als **+10**, weißt du: Als Temperatur gesehen ist der erste Wert **wärmer**. Aber nicht jedem ist klar, dass **-25 kleiner** ist als **-10**. Betrachtet als Temperatur ist der erste Wert **kälter** als der zweite.

Es gilt die Regel: Man zieht **immer** den kleineren Zahlwert vom größeren ab und setzt dann vor das Ergebnis ein Minus (–) als Vorzeichen. Ein Beispiel: Bei der Aufgabe **2-5** rechnet man **5-2 = 3**, und bekommt dann als Ergebnis –3.

Klammern

Was ist, wenn ich genau so viel Guthaben (+) wie Schulden (–) habe? Eigentlich habe ich dann nichts (0), weil sich die Beträge aufheben – oder?

Zählen wir doch mal beides zusammen:

Guthaben		Schulden		Kontostand
+1000	+	–1000	=	0
+1000	+	–700	=	+300
+700	+	–1000	=	–300

In der ersten Zeile der Tabelle sind Guthaben und Schulden gleich groß. Und weil das eine sozusagen das genaue Gegenteil des anderen ist, heben sich beide tatsächlich auf. In der zweiten Zeile ist das Guthaben größer als die Schulden, also muss »unterm Strich« noch ein Restguthaben bleiben (hier 300 Euro). Umgekehrt ist es in der dritten Zeile: Dort sind die Schulden größer als das Guthaben, weshalb »am Schluss« auch Restschulden bleiben (hier 300 Euro).

Was in der Tabelle – hoffentlich – einleuchtend aussieht, könnte direkt hintereinander geschrieben Verwirrung stiften. Nehmen wir die erste Aufgabe:

+	1	0	0	0	+	-	1	0	0	0	=	0

Man sieht den einzelnen Symbolen nicht sofort an, ob es sich um ein Rechenzeichen oder ein Vorzeichen handelt. Deshalb kommen jetzt einige Klammern ins Spiel:

(	+	1	0	0	0	)	+	(	-	1	0	0	0	)	=	0

Befindet sich hier ein Zeichen innerhalb der Klammern, so ist es offensichtlich ein Vorzeichen, ist es »draußen«, so handelt es sich um ein Rechenzeichen. Damit werden auch die anderen beiden Gleichungen aus der Tabelle überschaubar:

(	+	1	0	0	0	)	+	(	-	7	0	0	)	=	(	+	3	0	0	)
(	+	7	0	0	)	+	(	-	1	0	0	0	)	=	(	-	3	0	0	)

Viele Mathematiker haben die Eigenheit, möglichst alles zu verkürzen oder zu vereinfachen – auch wenn die Schönheit mal dabei verloren geht. Sie würden also dafür sorgen, dass möglichst viele oder gar alle Klammern wieder verschwinden, wenn dadurch die Eindeutigkeit der Rechnung nicht verloren geht. Dann bleibt von den drei Gleichungen aus der Tabelle noch dieses übrig:

1	0	0	0	-	1	0	0	0	=				0
1	0	0	0	-		7	0	0	=		3	0	0
	7	0	0	-	1	0	0	0	=	-	3	0	0

So richtig falsch kann das wohl nicht sein, denn die Ergebnisse sind einleuchtend: Wenn ich von 1000 wieder 1000 abziehe, muss 0 übrig bleiben. Wenn ich von 1000 700 abziehe, bleiben 300. Und in der letzten Zeile ziehe ich von einer kleineren Zahl (700) eine größere (1000) ab, weshalb das Ergebnis also unter 0 liegen und damit negativ sein muss: –300.

Wenn wir uns noch mal die erste Gleichung weiter oben anschauen, wo sie noch keine Klammern hatte, dann standen dort zwei Zeichen direkt nebeneinander. Sie wurden in der untersten Rechenzeile einfach »zusammengezogen«:

	+	1	0	0	0		+		-	1	0	0	0		=	0
(	+	1	0	0	0	)	+	(	-	1	0	0	0	)	=	0
		1	0	0	0			-		1	0	0	0		=	0

Man kann also zwei benachbarte Zeichen zu einem einzigen machen. Das musst du jetzt nicht in allen möglichen Variationen ausprobieren, es genügt, wenn du dir dazu die folgende Tabelle anschaust:

Rechenvorgang	zwei Zeichen	werden zu	Operation
plus Guthaben	+ +1000	+1000	Addition
minus Guthaben	– +1000	–1000	Subtraktion
plus Schulden	+ –1000	–1000	Subtraktion
minus Schulden	– –1000	+1000	Addition

Die ersten beiden Zeilen leuchten unmittelbar ein: Guthaben dazuzählen oder abziehen ist normale Addition und Subtraktion von Geld. In der dritten Zeile sollen Schulden dazugezählt werden. Ist das nicht so, als würde ein Guthaben abgezogen? Werden mir 1000 Euro Schulden aufgebrummt oder bekomme ich 1000 Euro Guthaben weggenommen – das Ergebnis ist dasselbe: Ich habe 1000 Euro weniger als vorher. Schulden dazuzählen (+–) heißt also Subtraktion von Geld (–).

Operation gelungen?

Was ist mit der letzten Zeile: Schulden abziehen? Dass zwei Minuszeichen zu einem Plus werden sollen, ist für viele verwirrend. Aber wäre es logischer, daraus ein Minus zu machen?

Schulden abziehen bedeutet doch etwas Gutes, also Positives: Anschließend bin ich meine Schulden los. Hatte ich vorher z.B. 1.000 Euro Schulden auf dem Konto (als Zahl –1000), so ist es nun leer (= 0):

(	-	1	0	0	0	)	-	(	-	1	0	0	0	)	=	0
	-	1	0	0	0			+		1	0	0	0		=	0

Waren auf meinem Konto bereits 1.000 Euro, vermehrt es sich um weitere 1.000:

(	+	1	0	0	0	)	-	(	-	1	0	0	0	)	=	(	+	2	0	0	0	)
		1	0	0	0			+		1	0	0	0		=			2	0	0	0	

Hier greift die so genannte »doppelte Verneinung«. Wenn ich z.B. sage: »Mir geht es nicht schlecht« (also nicht negativ) dann meine ich doch eigentlich so etwas wie »Mir geht es gut« (also positiv).

Probiere zum Vergleich einmal durch, was wäre, wenn aus zwei Minuszeichen eines würde:

(	-	1	0	0	0	)	-	(	-	1	0	0	0	)	=					
	-	1	0	0	0		-			1	0	0	0		=	-	2	0	0	0

Das würde bedeuten: Auf einem Konto mit minus 1.000 Euro sollen Schulden von 1.000 Euro abgezogen werden. Würde man das zu einer Subtraktion machen, wären anschließend auf dem Konto 2.000 Euro Schulden. Würde ich jedoch auf das Konto mit minus 1.000 Euro nochmals 1.000 Euro Schulden draufpacken, so wären es ebenfalls 2.000 Euro Schulden. Ob das logisch ist?

Demnach gilt diese Rechenregel:

Gleiche Zeichen (+ + oder – –) werden zu Plus (+), **verschiedene** Zeichen (+ – oder – +) werden zu Minus (–).

Bleiben wir bei den Klammern und kommen wir noch einmal auf die Aufgabe 02.01 zurück (wo es um Olgas Geld ging). Hier lässt sich der 1. Rechenweg mit Hilfe von Klammern auch so darstellen:

	(	2	4	8	+	5	7	)															
-	(	2	1	+	1	5	9	+	1	2	5	+	2	0	0	+	3	9	9	+	4	9	)

Im ersten Klammernpaar stehen Olgas Einnahmen, darunter werden mit einem zweiten Klammernpaar alle Ausgaben erfasst.

Hier dienen Klammern offenbar dazu, Werte zusammenzufassen. Grundsätzlich muss immer zuerst das berechnet werden, was **innerhalb** der Klammern steht.

Nach dem Ausrechnen können die Klammern wegfallen und wir haben zwei Teilergebnisse, die dann subtrahiert werden müssen:

1	2	8	4	-	1	3	5	3	=	-	4	8

Dieselbe Rechnung würde ohne Klammern so aussehen (man kann hier auch von »Klammern auflösen« sprechen):

	2	4	8	+	5	7															
-	2	1	-	1	5	9	-	1	2	5	-	2	0	0	-	3	9	9	-	4	9
																		=	-	4	8

Wie du siehst, haben sich in der zweiten Zeile alle Zeichen geändert: Aus jedem Plus ist nun ein Minus geworden.

Will man Klammern loswerden bzw. auflösen, gibt es diese Regeln:

Steht vor den Klammern ein Plus oder gar nichts, dann kann man sie tatsächlich einfach weglassen, und alles bleibt, wie es ist, z.B.:

+(2+3-5) = +2+3-5

Steht jedoch vor den Klammern ein **Minus**, dann kann man die Klammern nur entfernen, wenn **sämtliche** Zeichen innerhalb der Klammern **geändert** worden sind. Damit wird jedes Plus zum Minus und umgekehrt, z.B.:

-(2+3-5) = -2-3+5

»Punkt vor Strich«

Dass Klammern durchaus hilfreich sein können, siehst du an der folgenden Aufgabe, bei der du jemandem aus der Patsche helfen kannst.

Übung 02.02:

Die Schatzjägerin Sara Kropf ist in eine Falle geraten. Es gibt zwar einen Ausweg, aber der lässt sich nur öffnen, wenn sie von zehn Tasten die beiden richtigen drückt. Alle anderen Kombinationen verriegeln den Ausgang für immer. In die Wand ist fast unleserlich ein Text eingeritzt, der besagt:

»Bilde aus den Symbolen **2, 3, 5** mit **+** und **X** alle Rechenaufgaben, die möglich sind. Benutze die fünf Symbole in jeder Aufgabe nur einmal und bleibe bei der Reihenfolge **2, 3, 5**. Zähle dann alle Ergebnisse zusammen.«

Wie erhält Sara die Nummern der Tasten, die sie in die Freiheit führen?

Auch hier ist es am besten, du drehst das Buch um und versuchst es zuerst wieder ganz allein, ehe du dir die Lösung anschaust.

Zunächst scheint es nur zwei Möglichkeiten zu geben. Und das sieht doch ganz einfach aus – oder? Machen wir uns ans Ausrechnen (Das x steht für ein Malzeichen):

2	·	3	+	5	=	6	+	5	=	1	1
2	+	3	·	5	=	5	·	5	=	2	5

Ich höre schon die Mathematiker schreien: »Halt! Was ist mit Punkt vor Strich?« Verstehst du das?

Eigentlich rechnet man eine Aufgabe von links nach rechts, sozusagen wie es gerade kommt. Das haben wir im ersten Fall auch getan. Nur klappt genau das im zweiten Fall nicht mehr. Denn die mathematische Regel lautet:

- Vorfahrt haben immer die »Punktrechnungen«, also Multiplikation (·) und Division (:). Erst dann kommen die »Strichrechnungen«, also Addition (+) und Subtraktion (–). Also kurz »Punkt **vor** Strich«.

Um diese Begriffe zu verstehen, musst du dir nur die Rechenzeichen näher anschauen: Die Symbole für Plus und Minus werden aus Strichen gebildet, die für Mal und Geteilt aus Punkten.

Die zweite Aufgabe müsste demnach so gerechnet werden:

2	+	3	·	5	=	2	+	1	5	=	1	7

Was du mit dem Taschenrechner überprüfen kannst und auch solltest. Hätten wir gleich Klammern benutzt, wäre jeder Rechenweg eindeutig. Klammern haben immer Vorrang, die »Punkt vor Strich«-Regel wird gar nicht benötigt. Mit Klammern erhalten wir gleich vier verschiedene Gleichungen und Ergebnisse:

(	2	·	3	)	+	5	=	6	+	5		=	1	1
2	·	(	3	+	5	)	=	2	·	8		=	1	6
(	2	+	3	)	·	5	=	5	·	5		=	2	5
2	+	(	3	·	5	)	=	2	+	1	5	=	1	7

Daraus müssen wir nur noch die Summe bilden:

1	1	+	1	6	+	2	5	+	1	7		=	6	9

Damit wäre das Rätsel gelöst: Drückt Sara Kropf nun nacheinander die Tastenfelder 6 und 9, dann öffnet sich für sie der Ausgang und der Weg zu neuen Abenteuern ist frei.

Minus mal Minus?

Nachdem wir erlebt haben, dass es sich im Bereich der Natürlichen Zahlen ($\mathbb{N}$) nicht uneingeschränkt subtrahieren lässt, sind wir im Bereich der Ganzen Zahlen ($\mathbb{Z}$) gelandet. Und damit erwartet uns gleich ein neues Problem:

Wie steht es denn mit der Multiplikation, wenn negative Zahlen ins Spiel kommen? In der folgenden Tabelle sind die Möglichkeiten zusammengefasst, die es im Bereich der Ganzen Zahlen gibt:

Plus mal Plus	Plus mal Minus	Minus mal Plus	Minus mal Minus

Die Frage ist nun: Welches Vorzeichen hat das jeweilige Ergebnis? Probieren wir's mit ein paar Beispielzahlen durch:

(	+	2	)	·	(	+	3	)	=	+	(	2	·	3	)	=	+	6
(	+	2	)	·	(	-	3	)	=	-	(	2	·	3	)	=	-	6
(	-	2	)	·	(	+	3	)	=	-	(	2	·	3	)	=	-	6
(	-	2	)	·	(	-	3	)	=	+	(	2	·	3	)	=	+	6

Sind die Klammern denn unbedingt nötig? Nach wie vor sind Klammern dazu da, um einen Rechenweg eindeutig zu machen. Obwohl wir wissen, dass ein Malzeichen (·) niemals ein Vorzeichen sein kann, ist doch die Klammerschreibweise meist übersichtlicher.

Wenn du dir die Ergebnisse anschaust, siehst du, dass je zweimal eine positive und eine negative Zahl herauskommt. Dass beim Malnehmen zweier positiver Zahlen das Ergebnis wieder positiv ist, leuchtet wohl ein. Und dass eine negative und eine positive Zahl miteinander multipliziert eine Zahl mit einem Minus ergeben, lässt sich auch noch nachvollziehen. Aber »Minus mal Minus gleich Plus«? Das verstehe, wer will!

Erinnerst du dich an die Regel, wo wir aus zwei Minuszeichen ein Pluszeichen gemacht haben? Wäre es hier nicht sinnvoll, etwas Ähnliches zu vereinbaren?

Und tatsächlich gibt es auch hier eine passende Rechenregel:

Gleiche Vorzeichen (+ · + oder – · –) werden zu Plus (+), **verschiedene** Vorzeichen (+ · – oder – · +) werden zu Minus (–).

Natürlich gibt es auch für die Berechnung selbst eine Regel: Erst multipliziert man alle Zahlwerte ohne Vorzeichen, dann setzt man vor das Ergebnis ein Plus (+) oder ein Minus (–) als Vorzeichen. So rechnet man z.B. bei der Aufgabe **(-2)·(+3)** einfach **2·3 = 6**, und bekommt dann als Ergebnis **-6**.

Als aufmerksamem Leser ist dir natürlich noch etwas auf- oder eingefallen: Außer den positiven und negativen Zahlen gibt es da ja noch die Null und damit diese Möglichkeiten:

Positiv mal 0 Negativ mal 0 0 mal 0

Weil die Null im Prinzip ein »mathematisches Nichts« ist, gilt die Rechenregel: **Alles mal Null ist Null.**

Also zum Beispiel: 2·0 = -2·0 = 0·0 = 0

Zusammenfassung

Das war's mal wieder. Nach all der »Minus-Plus-Klammerei« solltest du dir jetzt eine kleine Pause gönnen. Doch zuvor noch ein kleiner Überblick:

Du kennst jetzt zwei Zahlenbereiche:

- die Natürlichen Zahlen ($\mathbb{N}_0$), die aus der 0 und den positiven Ganzen Zahlen ($\mathbb{Z}^+$) bestehen: Dort sind Addition und Multiplikation ohne Einschränkung möglich.
- die Ganzen Zahlen ($\mathbb{Z}$), die aus der 0, den positiven ($\mathbb{Z}^+$) und den negativen ($\mathbb{Z}^-$) Ganzen Zahlen bestehen: Dort sind Addition, Subtraktion und Multiplikation ohne Einschränkung möglich.

Und dir sind einige Regeln bekannt, die dir das Rechnen erleichtern sollen:

Für Zahlen mit Vorzeichen gilt:
Gleiche Zeichen werden zu Plus (+), verschiedene Zeichen zu Minus (–)
Für die Subtraktion (–) gilt:
Größerer minus kleinerer Zahlwert, passendes Vorzeichen vor das Ergebnis setzen
Für die Multiplikation (·) gilt:
Zahlwerte ohne ihre Vorzeichen malnehmen, passendes Vorzeichen vor das Ergebnis setzen

Für Klammern gilt:
Was in den Klammern steht, muss zuerst berechnet werden
Außer Klammern gilt:
Punkrechnung vor Strichrechnung
Nicht zuletzt gilt:
Alles mal 0 ist 0

Ein paar Fragen ...

1. Rudi Pfiffig behauptet: »Wenn 3 größer als 2 ist, dann muss auch –3 größer als –2 sein«. Was hältst du von dieser Aussage?
2. Lassen sich die Rechenregeln von »Plus mal Plus« bis »Minus mal Minus« auch auf die Division übertragen?
3. Rudi Pfiffig ist davon überzeugt, dass jede Zahl eine Gegenzahl hat: »Wenn ich zum Beispiel +2 und –2 zusammenzähle, dann bleibt mir nichts.« Bist du auch dieser Ansicht?

... und ein paar Aufgaben

1. Berechne möglichst geschickt:

2	9	9	-	(	8	3	+	1	6	-	4	1	+	2	7	-	6	9	+	5	4	)
8	2	-	(	1	2	-	2	4	)	+	(	3	6	-	6	3	)	-	7	7		
4	6	-	(	-	8	5	+	5	8	-	1	0	4	+	9	2	)	+	2	5		

2. Ergänze die Kästchen so, dass eine Addition (+) für jede Zeile und Spalte die gleiche Summe ergibt:

a) Summe = 1

-4	0	
		1

b) Summe = –1

2		
	0	4

3. Versuch mal diese Klammernketten zu knacken:

(	-	5	)	·	(	+	1	2	)	·	(	+	3	)				
(	-	4	)	·	(	-	9	)	·	(	-	7	)	·	(	-	2	)
(	-	2	1	)	·	(	-	4	)	:	(	+	7	)				
(	+	4	8	)	:	(	+	3	)	:	(	-	8	)				

4. Lucky Freddy gewinnt in einem Spielcasino 9.876 Euro, dann verliert er 1.234 Euro, beim nächsten Spiel verliert er gleich noch mal, diesmal sind es 8.998 Euro. Er versucht es noch einmal und gewinnt 3.009 Euro, allerdings gehen ihm gleich darauf wieder 2.664 Euro verloren. Nun reicht es ihm. Mit wie viel Geld geht er nach Hause?

(Die Lösungen zu allen Fragen und Aufgaben stehen hinten im Buch.)

3
Zahlen mit Komma

Auch hier werden wir die Grundrechenarten nicht los. Nachdem wir im letzten Kapitel unseren Zahlenbereich erweitert haben, funktionieren Addition und Subtraktion nun offenbar ohne Probleme. Bei der Multiplikation und Division jedoch scheint Argwohn angebracht. Aber – wie fast immer – hilft uns auch hier die Mathematik, unsere Zweifel zu zerstreuen.

In diesem Kapitel lernst du

- etwas über Teilen mit Rest
- die Bedeutung des Kommas kennen
- etwas über das Schätzen und Runden
- was Rationale Zahlen sind

Aufteilung

Ganz so schlimm ist es nicht, denn was für Addition (+) und Subtraktion (–) gilt, klappt auch beim Malnehmen: Ich kann mir beliebige Ganze Zahlen aussuchen und ich werde keinen Fall finden, in dem sich diese nicht multiplizieren (•) lassen. Bei der Umkehrung jedoch, der Division (:), bin ich mir nicht so sicher.

Eigentlich sollte es doch immer funktionieren, wenn man eine Aufgabe »rückwärts« rechnet, z.B.:

2	•	3	=	6			o	d	e	r			3	•	2	=	6
6	:	3	=	2			o	d	e	r			6	:	2	=	3

Aber da war wohl wieder jemand, der auf die Idee kam, das Ganze mal so zu verdrehen:

3	:	6	=	?			o	d	e	r			2	:	6	=	?

Auch hierbei handelte es sich nicht um die direkte Umkehrung der Multiplikation **2 • 3 = 6**. Aber für Mathematiker ist ein neuer Fall natürlich schon interessant. Zumal das Ergebnis offenbar nicht zu den bisher bekannten Zahlen gehört.

Aber ganz so einfach soll es diesmal nicht werden: In welche Richtung soll man denn den aktuellen Zahlenbereich (die Ganzen Zahlen) erweitern?

Starten wir also mit einer kleinen Rechenaufgabe für dich:

Übung 03.01:

Die Mitglieder der Firma Packesan machen einen Betriebsausflug. Für die 234 Personen, die mitfahren wollen, sollen Busse gemietet werden, von denen jeder 36 Sitzplätze (plus 2 Notsitze) zu bieten hat. Wie viele Busse sind nötig, um alle unterzubringen?

Auch hier solltest du zuerst wieder das Buch umdrehen und allein rechnen bzw. probieren. Dann schau dir den folgenden Lösungsweg an:

$$234 : 36 = 6 \quad \text{Rest} \quad 18$$

In der Praxis könnte das so aussehen: Man zieht so lange 36 von der Anzahl der Mitfahrer ab, bis dies nicht mehr geht. Dann weiß man, dass 6 Busse benötigt werden. Für diejenigen, die übrig bleiben, ist dann ein weiterer 7. Bus nötig. Bei bis zu 12 Personen hätte man noch auf die Notsitze zurückgreifen können, nun aber lassen sich dafür die Businsassen großzügiger verteilen.

Wenn wir vom Ergebnis der Division mal »rückwärts« rechnen, ohne den Rest zu berücksichtigen, dann kommen wir auf diese Zahl:

$$6 \cdot 36 = 216 \quad \text{oder} \quad 36 \cdot 6 = 216$$

Zählen wir den Rest jetzt dazu, so landen wir wieder bei unserer Ausgangszahl:

$$216 + 18 = 234$$

Eine richtige Division (:) ist das nicht, meinst du? Immerhin konnten wir bei dieser Aufgabe ja nicht **restlos** teilen: 18 Personen sind übrig geblieben. In diesem Fall stört das nicht weiter, denn der zusätzliche Bus löst hier das Problem.

Für das Teilen mit Rest kann man auch **Ganzzahldivision** sagen, weil das Ergebnis immer auch eine Ganze Zahl ist. Eine solche Division kann einen Rest haben, der dann ebenfalls ganzzahlig ist.

Da sind wir ja noch mal davongekommen. Ob das bei der nächsten Aufgabe auch so glatt geht?

Übung 03.02:

Vier Kinder haben in Opa Krauses Garten den Rasen gemäht und den Grasschnitt weggeräumt. Dafür gibt er ihnen 10 Euro. Jedes Kind soll davon denselben Anteil erhalten. Wie viel ist das jeweils?

Nachdem du zuerst wieder allein gerechnet hast, kannst du dir den Lösungsweg anschauen:

1	0	:	4	=	2		R	e	s	t		2

Na ja, obwohl die Rechnung wirklich einfach ist, zufrieden stellt dieses Ergebnis nicht. Wenn jedes Kind 2 Euro bekommt, was ist dann mit den restlichen 2?

Du hast natürlich schon einen Ausweg gefunden: Rechnet man in Cent statt in Euro, gibt es keine Probleme:

1	0	0	0	:	4	=	2	5	0

Klingt schon besser: Jedes Kind bekommt 250 Cent, also 2 Euro 50. Das stimmt – und stimmt nicht. Im Bereich der Ganzen Zahlen (**Z**) können wir mit Cent, nicht aber mit Euro rechnen – jedenfalls nicht ohne Rest.

Von Cent zu Euro

Weil wir wissen, dass 1 Euro denselben Wert hat wie 100 Cent, können wir unsere Berechnung auch so umformen:

1	0	0	0	:	4	=	2	5	0			(	C	e	n	t	)
1	0,	0	0	:	4	=	2,	5	0			(	E	u	r	o	)

Hier haben wir ein kleines Hilfsmittel benutzt, das **Komma.** So kennst du es von zahlreichen Preisschildern – wobei dort statt eines Kommas (,) auch mal ein Punkt (.) stehen kann.

Beim Taschenrechner ist häufig nur der **Punkt** anzutreffen.

[•] Trennzeichen für "Kommazahlen"

Dafür gibt es einen Grund: International hat sich die englische Sprache als »Weltsprache« durchgesetzt. Das gilt zwar nicht für die englischen Maße, denn in den meisten Ländern wird lieber in Zentimetern als in Zoll gemessen, trotzdem wird weitaus häufiger – z.B. bei Geldwerten – der Punkt statt des Kommas benutzt, um Euro oder Dollar von Cent zu trennen.

In Deutschland bleibt es beim Komma. Und dort spricht man bei Zahlen wie **2,50** auch von einer **»Kommazahl«**.

Bei besonders großen Zahlen kann man auch den **Punkt** einsetzen – muss man aber nicht. Der Punkt trennt eine Zahl in Tausendergruppen, damit man sie besser lesen kann. Ein Beispiel:

1,2345 Milliarden kann man so schreiben: **1234500000** oder auch so: **1.234.500.000**. Taucht also dieser Punkt irgendwo auf, dient er der besseren Lesbarkeit.

Formen wir mal einige Cent in Euro um:

345	Cent	=	3,45	Euro
123	Cent	=	1,23	Euro

Alles was vor dem Komma steht, bedeutet Euro, und hinter dem Komma stehen die übrig gebliebenen Cent. Eigentlich doch nichts Besonderes, meinst du. Denn du kannst natürlich mit Geld umgehen, sowohl mit Euro als auch mit Cent.

Das Besondere aber ist, dass wir in einen neuen Zahlenbereich gerutscht sind: Weder 3,45 noch 1,23 (und übrigens auch nicht der Lösungswert zu Aufgabe 03.02) sind ganze oder Natürliche Zahlen! Aber als »kaputte« Zahlen können wir sie auch nicht bezeichnen.

Auf jeden Fall passen würde der Begriff **Dezimalzahlen**. Aber das sind die Natürlichen und die Ganzen Zahlen auch. Der Name für unseren neuen erweiterten Zahlenbereich ist Rationale Zahlen (Abkürzung **Q**).

Dieser Name bedarf einer Erklärung. Während die Bezeichnungen »Natürlich« und »Ganz« wohl einsichtig sind, stiftet der Begriff »Rational« einige Verwirrung. Ursprünglich hat er etwas mit Vernunft und Verstand zu tun, aber das hilft uns hier nicht weiter. Besser wäre der Begriff »Ration«, was so viel wie Anteil oder Bruchteil heißt.

Und um das Teilen ging und geht es ja in diesem Kapitel. Vor allem um die Division von Zahlen, die offenbar kein eindeutiges ganzes Ergebnis haben. So gibt es z.B. für die Darstellung der Division in Aufgabe 03.02 eine Reihe verschiedener Möglichkeiten:

$$10 : 4 = 10 \div 4 = 10/4 = {}^{10}\!/_{4} = \frac{10}{4}.$$

Neben dem Doppelpunkt ist auch der Schrägstrich als Symbol (bzw. Operator) für die Division durchaus üblich, u.a. beim Rechnen mit dem PC. Und auch der Taschenrechner hat sein eigenes Symbol – wenn er überhaupt Bruchrechnen kann. Die letzte Darstellung wird als Bruch bezeichnet. Diese Form ist der Mathematik so wichtig, dass ich dem Thema später gleich zwei Kapitel widmen werde.

Die Rationalen Zahlen sind **alle** Zahlen, die sich in einer der oben gezeigten Formen darstellen lassen – z.B. als Bruch.

2,50 könnte man demnach auch so schreiben:

$$250:100=\frac{250}{100}.$$

Damit sind natürlich alle Ganzen Zahlen in diesen neuen Zahlenbereich eingeschlossen. Ein Beispiel: Die Zahl **2** lässt sich auch so darstellen:

$$2:1=\frac{2}{1}.$$

Bliebe noch die Abkürzung **Q** zu klären: Vielleicht erinnerst du dich daran, dass das Ergebnis einer Division Quotient heißt.

Noch mehr Stellen

Bleiben wir noch beim Geld und setzen die Umformung mit zwei Beispielen fort:

9	9	9		C	e	n	t		=		9,	9	9		E	u	r	o
	9	9		C	e	n	t		=		0,	9	9		E	u	r	o

Während die erste Berechnung wohl klar ist, sollten wir uns die zweite mal näher anschauen: Eindeutig ist, dass 99 Cent weniger sind als 1 Euro (= 100 Cent). Man könnte auch sagen: 0 Euro und 99 Cent – so wie es beim ersten Beispiel auch heißen kann: 9 Euro und 99 Cent.

Wie es auf den ersten Blick aussieht, werden hier einfach von hinten zwei Stellen abgezählt und dann ein Komma gesetzt. Und wenn einmal vor den zwei Stellen **nichts** steht, setzt man dort eine 0 ein.

Bei Preisangaben siehst du auch immer wieder mal eine Darstellung wie diese:

–,99 € statt 0,99 € ebenso wie 9,– € statt 9,00 €.

Hier werden Nullen durch einen Strich ersetzt. Bei negativen Zahlen darf man diese Darstellung allerdings nicht verwenden, um Verwechslungen mit dem Vorzeichen für Minus oder dem Rechenzeichen für die Subtraktion auszuschließen.

Um von Cent auf Euro zu kommen, verwenden wir zur Umrechnung die 100. Wir teilen den Centwert durch 100, um den Eurowert zu erhalten. Mit unseren bisherigen Mitteln aber sieht das so aus:

9	9	9	:	1	0	0	=	9		R	e	s	t		9	9
	9	9	:	1	0	0	=	0		R	e	s	t		9	9

Damit die beiden Centwerte durch 100 teilbar sind, müssten sie eigentlich um das Hundertfache größer sein. Da könnte uns der »Kommatrick« aus der Klemme helfen:

9	9	9,	0	0	:	1	0	0	=	9,	9	9
	9	9,	0	0	:	1	0	0	=	0,	9	9

Wir hängen einfach ein Komma mit zwei Nullen an unsere Zahlen an. Dann dividieren wir diese neuen »Gebilde«, **ohne** das Komma zu beachten. Anschließend setzen wir das Komma wieder an seine Stelle (2 Stellen von hinten). Und wir erhalten ein »echtes« Ergebnis ohne Rest.

Damit wird es Zeit, auch das **Stellenwertsystem** zu erweitern. So wie wir es aus dem ersten Kapitel kennen, gab es dort für den kleinsten Stellenwert die Einer. Anstatt nun wie bisher jeweils alles zu Bündeln von Zehnern oder Hundertern zusammenzufassen, zerteilen wir einen Einer in 10 gleichgroße Stücke – genannt Zehntel. Und davon lässt sich wiederum jedes in 10 Hundertstel aufspalten. Und so weiter – wie zum Beispiel hier:

Hunderter (H)	Zehner (Z)	Einer (E)		Zehntel (z)	Hundertstel (h)
1	2	3	,	4	5
		0	,	9	9

Dargestellt sind die Zahlen Hundertdreiundzwanzig-Komma-Vier-Fünf bzw. Null-Komma-Neun-Neun.

In Wahrheit ist auch jede Kommazahl eine Additions-, Multiplikations- und Divisionsaufgabe, so wie diese beiden:

123,45 = 1·100 + 2·10 + 3·1 + 4/10 + 5/100

0,99 = 0·1 + 9/10 + 9/100

Sinnvoll ist eine solche Erweiterung des Stellenwertsystems erst, wenn es sich auch für Berechnungen nutzen lässt, bei denen nicht nur durch 100 geteilt wird. Probieren wir das gleich aus! Ganz zu Anfang dieses Kapitels gab es zwei ungelöste Rechnungen:

3	:	6	=	?			u	n	d			2	:	6	=	?

Rücken wir denen jetzt mit unserem »Kommatrick« auf den Leib:

3,	0	0	:	6	=	0,	5	0	
2,	0	0	:	6	=	0,	3	3	?

Im ersten Fall ist die Lösung klar: Weil 300:6 = 50 ist, ergibt 3,00:6 = 0,50. Wir könnten uns sogar die eine 0 am Ende sparen, denn diese Rechnung geht ebenfalls auf:

3,	0	:	6	=	0,	5

0,50 und 0,5 bedeuten dasselbe: Alle »hinterher kommenden« Nullen können auch weggelassen werden: 0,5000 = 0,500 = 0,50 = 0,5.

Wie ist es mit dem zweiten Fall? Allzu weit kommen wir hier nicht, denn trotz unseres »Kommatricks« bleibt ein Rest – und der scheint nicht mal eine Ganze Zahl zu sein. Und wenn du dir jetzt die Mühe machst, noch ein paar Nullen dazuzugeben, lässt sich das Problem wohl nur »verschieben«:

2,	0	0	0	0	:	6	=	0,	3	3	3	3	...

Offenbar müssen wir uns jetzt damit abfinden, denn diese Rechnung scheint endlos so weiter zu gehen. Immerhin können wir sagen: 2 durch 6 ist **ungefähr** 0,33.

Kommazahlen

Probieren wir aus, ob es auch einen »Kommatrick« für Zahlen gibt, die schon ein Komma haben:

Übung 03.03:

Olga kauft 3 CDs und zahlt insgesamt 29,61 Euro. Wie viel kostet eine CD?

Hier ist es sinnvoll, erst einmal zu schätzen, wie viel eine CD ungefähr kosten könnte. Weil 29,61 € rund 30 € sind, können wir also rechnen:

3	0	:	3	=	1	0

Der Preis einer CD dürfte also etwas unter 10 Euro liegen. Nun folgt die genaue Berechnung:

2	9,	6	1	:	3	=	9,	8	7

Stört das Komma? Würden wir das einfach weglassen, sähe die Rechnung so aus:

2	9	6	1	:	3	=	9	8	7

Dann müssen wir nur beim Ergebnis das Komma wieder an die richtige Stelle setzen. Damit wissen wir, dass eine CD 9,87 Euro kostet.

Und nun lass uns das Ganze mal zurückrechnen:

Übung 03.04:

Olga kauft CDs, das Stück zu 9,87 Euro. Insgesamt zahlt sie 29,61 Euro. Wie viele CDs kauft Olga?

Tun wir so, als hätten wir keine Ahnung und schätzen wir erst einmal wieder: Olga zahlt ungefähr 30 Euro und jede CD kostet rund 10 Euro. Also gilt:

3	0	:	1	0	=	3

Dass hier das Ergebnis eine Ganze Zahl ist, liegt nahe, denn was will Olga mit einer »angebrochenen« CD? Nun kommt der eigentliche Lösungsweg:

2	9,	6	1	:	9,	8	7	=	3

Auch hier könnten wir das störende Komma weglassen. Dann sähe die Gleichung so aus:

2	9	6	1	:	9	8	7	=	3

Beide Rechnungen sind völlig gleichwertig, ein neues Komma ist also in diesem Falle überflüssig.

Mit dem Taschenrechner sind solche Aufgaben kein Problem. Dann musst du nur daran denken, dass meistens für das **Komma** beim Taschenrechner ein **Punkt** nötig ist.

Willst du die Aufgabe aber handschriftlich lösen, dann darf der Teiler kein Komma haben. Das Komma »wegnehmen« heißt aber hier nichts anderes, als es um 2 Stellen nach rechts zu verschieben (so wird aus **9,87** die Zahl **987**). Nun muss auch die andere betroffene Zahl (der Dividend) angepasst werden. Auch hier wird das Komma um 2 Stellen nach rechts verschoben (womit aus **29,61** die Zahl **2961** wird).

Wichtig ist, dass bei einer solchen Division (:) »per Hand« das Komma bei **beiden** betroffenen Zahlen (dem Dividenden **und** dem Divisor) immer um die gleiche Anzahl von Stellen verschoben wird!

Schätzen und Runden

Es gibt genügend Fälle, in denen es gar nicht wichtig ist, einen Wert ganz genau zu kennen, z.B. die genaue Bevölkerungszahl der Erde, die metergenaue Entfernung zwischen zwei Orten, die sekundengenaue Uhrzeit. Viele Zahlen und Größen sind auch nicht fest und dauerhaft: So ändert sich die Bevölkerungszahl ständig und auch die Uhr läuft immer weiter. Wie viel Wasser und wie viel Luft es wirklich gibt, welche Lottozahlen diesmal die richtigen sind, das lässt sich nur vermuten bzw. schätzen.

Wenn dir ein dickes Lexikon auf den Fuß fällt, das genau 2,137 kg wiegt, wird dir das völlig egal sein. »Mir ist ein Buch auf den Fuß gefallen, das beinahe 5 Kilogramm schwer war«, wirst du später sagen (wobei man hier eher von »Überrunden« als vom Aufrunden sprechen könnte).

Die meisten Aufgaben, in denen so genannte »Kommazahlen« vorkommen, werden in der Regel mit Hilfe des Taschenrechners gelöst. Das erspart uns aber nicht die Mühe, das ungefähre Ergebnis erst einmal abzuschätzen.

Übung 03.05:

In einem kleinen verträumten Ort leben 1.313 Menschen. Alle zusammen haben ein monatliches Gesamteinkommen von 2.345.678 Euro. Wie viel bekommt jeder Einwohner durchschnittlich?

Das monatliche Gesamteinkommen setzen wir auf rund 2 Millionen. Die Einwohnerzahl beträgt ungefähr 1.000. Das geschätzte Ergebnis ist einfach:

2.000.000 : 1.000 = 2.000

Will man es ein bisschen genauer haben, kann man z.B. das Gesamteinkommen auf 2.300.000 runden:

2.300.000 : 1.000 = 2.300

Damit könnte sich das geschätzte aber auch weiter vom echten Durchschnittseinkommen entfernen. Besser ist es also, zusätzlich auch den zweiten Wert (hier die Einwohnerzahl) z.B. auf 1.300 zu runden, womit wir dann diese Rechung hätten:

2.300.000 : 1.300 = 1769 ...

Bei dieser Division bleibt ein kleiner Rest (von 300 Euro). Das ungefähre Ergebnis sieht aber schon ziemlich realistisch aus, fast schon zu genau: Die Angabe »etwa 1.770 Euro« würde auch reichen. Jetzt wollen wir aber doch wissen, was wirklich herauskommt:

2.345.678 : 1.313 = 1786,50 ...

Ganz genau lässt sich das durchschnittliche Monatseinkommen hier nicht berechnen, das Ergebnis hätte deutlich mehr als zwei Stellen hinter dem Komma (1.786,50266565118).

Aber uns genügen hier die 2 Stellen. Mehr machen hier ohnehin keinen Sinn, weil wir in Euro und Cent rechnen. Und wie du siehst, liegen wir unseren Schätzungen (zwischen 1.770 und 2.000) gar nicht so sehr daneben.

Oft genügen 2 bis 4 Stellen hinter dem Komma, um ein brauchbares Ergebnis zu erhalten. Bei vielen Taschenrechnern lässt sich zwar die Anzahl der angezeigten Nachkommastellen einstellen, in der Regel aber ist es praktischer zu wissen, wie man selbst auf die gewünschte Anzahl von Stellen rundet.

Für das **Runden** an einer Stelle schaut man sich die nachfolgende Ziffer an. Deren Wert entscheidet. Die Ziffern

1, 2, 3, 4 bedeuten **Abrunden**,

5, 6, 7, 8, 9 bedeuten **Aufrunden**.

Alle Ziffern hinter der gerundeten Stelle fallen weg. (Bei **0** muss nichts gerundet werden.)

Ein Beispiel: **1,3482** soll auf 2 Stellen gerundet werden. Die dritte Stelle hat die Ziffer **8**. Demnach muss die zweite Stelle aufgerundet werden. Wir erhalten **1,35**.

Spielen wir zur Übung mit zwei Kommazahlen ein Rundungsspiel: Gerundet wird so lange, bis eine Ganze Zahl dabei herauskommt:

1,	2	3	4	5	6	7	8	9			1,	9	8	7	6	5	4	3	2
1,	2	3	4	5	6	7	9				1,	9	8	7	6	5	4	3	
1,	2	3	4	5	6	8					1,	9	8	7	6	5	4		
1,	2	3	4	5	7						1,	9	8	7	6	5			
1,	2	3	4	6							1,	9	8	7	7				
1,	2	3	5								1,	9	8	8					
1,	2	3									1,	9	9						
1,	2										2,	0							
1											2								

Auch für Ganze Zahlen gelten die Rundungsregeln, wenn ich z.B. auf volle Hunderter, Tausender oder noch weiter runden will. Ein Beispiel dafür sind unsere Schätzrechnungen zu Aufgabe 03.05.

Dass ein Taschenrechner nicht beliebig viele Stellen hinter dem Komma (oder Dezimalpunkt) darstellen kann, leuchtet sicher ein. Wenn es für besonders große Zahlwerte nicht mehr auf allzu große Genauigkeit ankommt, gibt es einen Ausweg. Ein Beispiel:

3.84^{11}

Während die **384000** km noch darstellbar sind, lässt sich diese Strecke in Millimetern nicht mehr anzeigen. Stattdessen steht da etwas, das man so übersetzen muss: **3,84·100000000000** (die Zahl, mit der malgenommen wird, ist eine Eins mit 11 Nullen!), womit die Zahl **384.000.000.000** (also 384 Milliarden) gemeint ist. Genannt wird das Exponentialdarstellung.

Bei riesigen Zahlen ist allzu große Genauigkeit oft eher störend. So genügt es z.B. zu wissen, dass die Entfernung von der Erde zum Mond etwa 384.000 km beträgt.

Und wieder negativ

Längst sind wir bei den Zahlen unseres Alltags angelangt. Vor allem Händler machen davon reichlich Gebrauch – wegen der Psychologie, sagt man. Die meisten Preise sind keine ganzen Eurobeträge, z.B. 20 € oder 200 €, sondern eher beispielsweise 19,99 oder 197,98.

Der Trick dabei ist oder soll sein: Auf den ersten Blick sieht man die **1** ganz am Anfang. Und erst wenn man den gesamten Preis richtig rundet, merkt man, dass es in Wirklichkeit nicht »um die 10« oder »um die 100« Euro sind, sondern deutlich mehr. (Ein weiterer Grund, das Runden nicht zu verlernen.)

Bisher sind in diesem Kapitel nur positive Zahlen vorgekommen. Das heißt natürlich nicht, dass es keine negativen Kommazahlen gibt. Denn wenn schon die Ganzen Zahlen ($\mathbb{Z}$) aus positiven und negativen Zahlen bestehen (außer der 0), gilt dies auch für die Rationalen Zahlen ($\mathbb{Q}$). Es wird

also Zeit, eine schon bekannte Aufgabe wieder hervorzukramen und auf den aktuellen Stand zu bringen:

Übung 03.06:

Jeden Monat bekommt Olga ein Gehalt von 1.247,50 Euro auf ihr Konto überwiesen. Davon gehen aber gleich wieder 421,25 Euro für Miete und weitere 158,75 Euro Vorauszahlung für Strom, Wasser und Heizung weg. Außerdem wird die Rate für einen Sparvertrag über 125 Euro abgebucht. Für Essen und Trinken hebt Olga 200 Euro ab.

Diesen Monat will sie sich endlich eine Waschmaschine kaufen. Die kostet 398,89 Euro. Außerdem braucht sie dringend ein Paar neue Schuhe, Kostenpunkt 48,98 Euro. Sie zahlt jeweils mit ihrer Euroscheckkarte. Kurz vor Monatsende bekommt sie eine Gutschrift von einem Versandhaus über 57,03 Euro. Wie viel Geld hat sie auf dem Konto?

Verschaffen wir uns zuerst einen Überblick in dieser Tabelle:

	Eingänge	Ausgänge	Kontostand
Gehalt	1.247,50		1.247,50
Miete		421,25	826,25
Nebenkosten		158,75	667,50
Sparen		125,00	542,50
Lebenshaltung		200,00	342,50
Waschmaschine		398,89	-56,39
Schuhe		48,98	-105,37
Gutschrift	57,03		-48,34
Summen	1.304,53	1.352,87	-48,34

Und nun kommt der Lösungsweg. Bei Kommazahlen ist es oft übersichtlicher, alle Zahlen so untereinander aufzuführen, dass jeweils das Komma in **derselben** Spalte ist:

	1248,50
+	57,03
	1304,53

	421,25
+	158,75
+	125,00
+	200,00
+	398,89
+	48,98
	1352,87

Am Schluss folgt die Berechnung Kontoeingänge minus Kontoausgänge. Dazu muss der kleinere Wert vom größeren subtrahiert werden:

	1	3	5	2,	8	7
-	1	3	0	4,	5	3
			4	8,	3	4

Dann bekommt das Ergebnis noch das passende Vorzeichen, womit dieser Vorgang diesem Rechenweg entspricht:

1	3	0	4,	5	3	-	1	3	5	2,	8	7	=	-	4	8,	3	4

Nochmals zum **Punkt** beim Taschenrechner: Einige Geräte bieten eine Umschaltmöglichkeit zum Komma, andere zeigen bei Tausenderstellen ein Komma an. Das kann zur Verwirrung führen. Probier das bei deinem Taschenrechner genau aus und mach dich über das zugehörige Handbuch schlau!

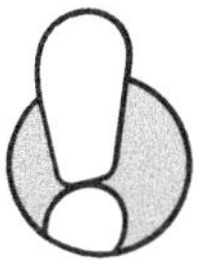

Zusammenfassung

Machen wir hier eine Verschnaufpause. Schon wieder hast du mit den Rationalen Zahlen (**Q**) einen neuen Zahlenbereich kennen gelernt, der wegen der Einschränkungen bei der Division nötig wurde. Nun gesellen sich zu den Ganzen Zahlen noch die Kommazahlen. (Genau besehen sind es nicht alle Kommazahlen, sondern nur die, die sich z.B. als Bruch darstellen lassen. Dass es noch andere Zahlen mit Komma gibt, erfährst du später. Und auch um die Brüche kommst du nicht herum.)

Weil der Umgang mit Kommazahlen durchaus mal tückisch sein kann, weißt du das Schätzen zu schätzen und kennst die Rundungsregeln:

Abrunden an einer Stelle	wenn nachfolgende Ziffer 1, 2, 3 oder 4
Aufrunden an einer Stelle	wenn nachfolgende Ziffer 5, 6, 7, 8 oder 9

Ein paar Fragen ...

1. Klappt die Division wirklich immer? Was ist, wenn ich durch 0 teilen will?
2. Gelten die Rechenregeln für die Multiplikation Ganzer Zahlen (von »Plus mal Plus« bis »Minus mal Minus«) auch für die Multiplikation Rationaler Zahlen?

3. Rudi Pfiffig behauptet: »Null-Komma-Hundert (0,100) ist größer als Null-Komma-Zwanzig (0,20) und erst recht als Null-Komma-Neun (0,9).« Was hältst du davon?

4. Zwischen 0 und 10 liegen 9 Ganze Zahlen. Wie viele Rationale Zahlen gibt es zwischen 0 und 10 (wie viele zwischen 0 und 1)?

5. Was könnte bei Temperaturen die Angabe –0 bedeuten?

... und ein paar Aufgaben

1. Opa Krauses Rasen muss mal wieder gemäht werden. Diesmal erledigen das nur 3 Kinder. Dennoch gibt es dafür 10 Euro. Wie viel bekommt jedes Kind (ungefähr)? Welcher Rest bleibt?

2. Wenn Olga 6 CDs auf einmal kauft, zahlt sie insgesamt genau 50 Euro. Wie viel kostet eine CD ungefähr?

3. Petras Bruder kann es nicht lassen: Schon wieder hat er ihre Schulaufgaben verziert, sodass ein paar Stellen nicht mehr zu erkennen sind. Wie hießen die kompletten Rechnungen ursprünglich?

	2	3,	#	5	7	
+	1	#,	9	8	7	6
+		0,	#	8		
+		#,	0	6	4	2
	4	4,	1	8	8	8

	4	6,	0	#	5	
-		6,	#	4	3	
-		9,	6	#		
-	2	9,	7	#	5	4
		0,	0	6	6	6

4. Eigentlich kennt Serkan sich mit dem Runden von Zahlen aus. Aber da sind zwei »Dinger«, bei denen er nicht sicher ist, wie er sie auf 2 Stellen kriegen soll:

0,	9	9	5	1			u	n	d		0,	0	0	4	9

5. Seine Freundin Martina behauptet: »Ist doch klar: 1 und 0 kommen heraus.«

6. Serkan dagegen ist der Meinung, die Lösungen heißen 0,99 und 0,01.

(Die Lösungen zu allen Fragen und Aufgaben stehen hinten im Buch.)

4 Bruchrechnen

Es kann schon mal passieren, dass etwas »zu Bruch« geht: Ein Teller, eine Tasse oder ein Handy – kurz: etwas, das heruntergefallen ist oder »wurde«. Das Ergebnis ist meist kein hübscher Anblick – im Gegensatz dazu gibt es in der Mathematik durchaus »schöne Brüche«. Schauen wir uns die Scherben näher an.

In diesem Kapitel lernst du

- was Zähler und Nenner sind
- das Erweitern und Kürzen kennen
- etwas über das Addieren und Subtrahieren von Brüchen
- die Begriffe »gleichnamig« und »Hauptnenner« kennen

Tortenstücke

Eine ganze Reihe von Divisionsaufgaben sind nicht lösbar, ohne einen Rest zu hinterlassen. Die Kommazahlen können uns da aus der Klemme helfen, aber auch nicht immer.

So hat zum Beispiel vor über 2000 Jahren ein Mann namens Archimedes herausgefunden, dass sich jeder Umfang eines Kreises mit Hilfe derselben Zahl berechnen lässt. Die erhält man ungefähr, indem man 22 durch 7 teilt.

Ehe wir versuchen, diese Division mit Hilfe von Kommzahlen zu lösen, lassen wir sie doch erst einmal so stehen, wobei wir ja verschiedene Möglichkeiten haben wie :

$$22 : 7 = 22 / 7 = \frac{22}{7}$$

Gelesen wird hier also nicht nur von links nach rechts, sondern auch von oben nach unten. Dabei wird das Symbol für die Division (:) durch einen Strich ersetzt. Im letzten Fall ist das der Bruchstrich. Und damit weißt du auch, welchen Namen man diesem »Gebilde« gegeben hat: Bruch.

Vielleicht war der Erfinder jemand, der es verstand, einen Teller so auf den Boden zu werfen, dass daraus gleiche Bruchstücke entstanden; auf jeden Fall hat sich dieser Begriff bis in die heutige Zeit gehalten. Bleiben also auch wir dabei.

Die Schreibweise mit dem Schrägstrich (/) ist beliebt, wenn man einen Bruch auf eine Zeile kriegen will: **22/7** passt da gut, $\frac{22}{7}$ spreizt Zeilen auseinander. Deshalb werde ich immer mal wieder gern auf die »schräge« Schreibweise zurückgreifen.

Ein Bruch konnte und kann also eine Division darstellen, die sich nicht eindeutig lösen lässt. (Du kannst ja mal mit dem Taschenrechner ausprobieren, was 22/7 in etwa als Kommazahl ergibt.) Brüche kommen auch im

täglichen Sprachgebrauch vor: »Gibst du mir die Hälfte ab?« »Es ist Viertel vor Acht« usw.

Nicht alle Taschenrechner haben eine **Bruchtaste**. Wenn doch, dann sieht die in der Regel so aus:

a b/c Bruchtaste

Sollte dein Rechner über keine solche (oder vergleichbare) Taste verfügen, dann musst du »im Kopf« mitrechnen.

Einfache Brüche lassen sich mit Kreisen und Kreisteilen, aber auch mit Rechteckbalken veranschaulichen. Dazu gibt es für dich gleich wieder eine Aufgabe:

Übung 04.01:

Welche Teile bzw. Brüche sind hier wohl dargestellt?

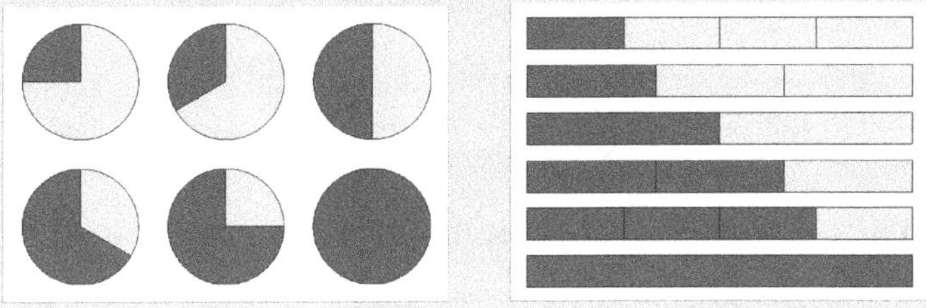

Wahrscheinlich hast du es schnell herausgefunden. Hier die Lösung:

ein Viertel	ein Drittel	ein Halbes	zwei Drittel	drei Viertel	ein Ganzes
$\frac{1}{4}$	$\frac{1}{3}$	$\frac{1}{2}$	$\frac{2}{3}$	$\frac{3}{4}$	$\frac{1}{1}$

Man könnte statt »ein Halbes« auch »ein Zweitel« sagen, aber der Begriff »Halb« hat sich auch hier durchgesetzt. (Und ein Ganzes wäre demnach »ein Eintel«.)

Für manche Mathematiker war das gleich ein Grund für einen neuen Zahlenbereichsnamen: die **Bruchzahlen** (Abkürzung 𝔹). Hier wurden dann alle erdenklichen Brüche gesammelt. Und nicht nur das: Auch die Natürlichen Zahlen ließen sich dort unterbringen, denn jede dieser Zahlen lässt sich auch so schreiben:

$$\frac{1}{1} \quad \frac{2}{1} \quad \frac{3}{1} \quad \frac{4}{1} \quad \frac{5}{1} \quad \frac{6}{1} \quad \frac{7}{1} \quad \frac{8}{1} \quad \frac{9}{1}$$

Ein in der Schule beliebtes Beispiel ist die Torte, die angeblich jeder gerne isst. Jedes Tortenstück ist dann sozusagen ein »Bruchstück« – vorausgesetzt, die Torte wurde in jeweils genau gleiche Stücke aufgeteilt. (Wenn du lieber Pizza magst, dann ersetze hier im Buch jede Torte einfach durch deine Lieblingspizza.)

Die Anzahl aller vorhandenen Tortenstücke bezeichnet man als Nenner, den Anteil daran, den ein Einzelner verputzt, als Zähler.

Grundsätzlich ist ein Bruch so aufgebaut: Oben steht immer der Zähler, unten der Nenner:

$$\frac{\text{Zähler}}{\text{Nenner}}$$

(Vielleicht kann man sich das so besser merken: »NeNNer« und »uNteN« haben jede Menge Ns.)

In der folgenden Aufgabe kannst du dein Bruchwissen erneut testen:

Übung 04.02:

Bei einem Kaffeekränzchen wird eine Sahnetorte in 8 gleiche Teile aufgeschnitten. Tante Martha genehmigt sich ein Stück, Tante Erna schafft 2, die dicke Berta verputzt den ganzen Rest. Wie viel ist das jeweils in der »Bruchsprache«?

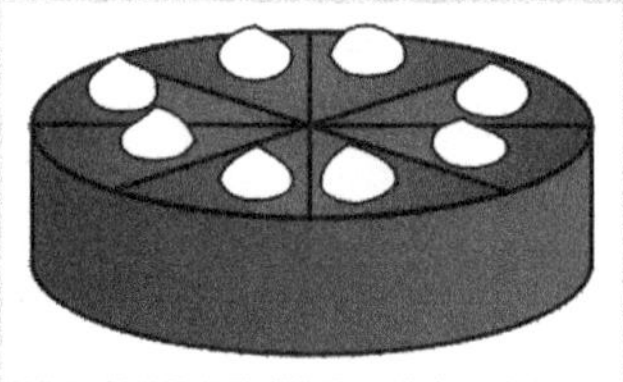

Insgesamt besteht die Torte aus 8 Achteln, davon nimmt sich Martha 1 Achtel, Erna 2 Achtel. Bleiben für Berta 5 Achtel, denn:

1 + 2 = 3 und 8 - 3 = 5

Das führt uns zu dieser Tabelle:

Martha	Erna	Berta	insgesamt
$\frac{1}{8}$	$\frac{1}{8}$	$\frac{5}{8}$	$\frac{8}{8}$

Bruchrechnen: plus und minus

Da haben wir soeben noch die Tortenstücke zusammengezählt (+) bzw. abgezogen (–), bei genauem Hinschauen aber war das nichts anderes als eine Addition oder Subtraktion der Zähler.

Und schon landen wir bei der ersten Regel für das Rechnen mit Brüchen – auch **Bruchrechnen** genannt:

Brüche werden **addiert** (+), indem man die Zähler zusammenzählt. Ein Beispiel ist die Aufgabe $\frac{2}{6}+\frac{3}{6}$. Die Zähler addiert ergeben: **2+3=5**, also lautet das Ergebnis $\frac{5}{6}$.

Brüche werden **subtrahiert** (–), indem man die Zähler voneinander abzieht. Ein Beispiel ist die Aufgabe $\frac{5}{6}-\frac{3}{6}$. Die Zähler addiert ergeben: **5-3=2**, also lautet das Ergebnis $\frac{2}{6}$.

Allerdings hat die ganze Sache einen Haken: Die Nenner müssen gleich sein! Das ist so ähnlich wie mit den Äpfeln und Birnen:

2 Äpfel	+	3 Äpfel	=	5 Äpfel	
2 Birnen	+	3 Birnen	=	5 Birnen	

Aber 2 Äpfel plus 3 Birnen? Das könnten dann 5 Stück Obst sein, aber wenn wir das Ergebnis allein betrachten, wissen wir nicht mehr, welches Obst – es hätten ja auch Bananen und Apfelsinen sein können.

Einem Mathematiker ist diese Lösung zu unklar. Auf das Bruchrechnen bezogen heißt das: Alle Brüche, die addiert oder subtrahiert werden sollen, müssen den **gleichen** Nenner haben.

Zeit für eine neue Rechenaufgabe:

Übung 04.03:

Als Scheich Ibrahim stirbt, hinterlässt er dieses Testament: »Von meinem Vermögen soll mein ältester Sohn fünf Achtel, mein jüngster Sohn ein Viertel erhalten.« Bleibt etwas übrig?

Sammeln wir erst einmal die Brüche und versuchen, sie zu addieren, damit wir wissen, welchen Anteil des Vermögens die beiden Söhne insgesamt bekommen:

$$\frac{5}{8} + \frac{1}{4}$$

Aber wie lässt sich das addieren, wenn wir zwei **verschiedene** Nenner haben? Was wir hier brauchen, ist ein **gemeinsamer** Nenner.

Vielleicht helfen uns ein paar Kreise weiter? Wenn du magst, kannst du dir darunter auch Torten vorstellen:

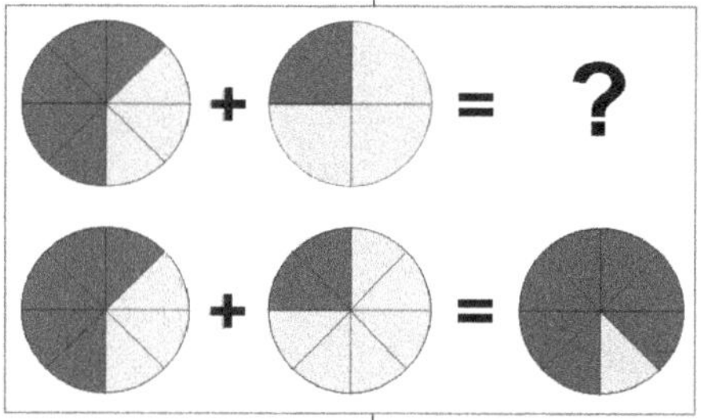

Wie du in der Abbildung sehen kannst, haben wir zunächst zwei »Torten«, die eine in 8 schmalere, die andere in 4 breitere Stücke aufgeteilt. Von der »Achteltorte« sollen nun 5 herausgenommen werden. Dazu kommt ein Stück von der »Vierteltorte«, das aber für unsere Zwecke zu groß ist.

Schneidet man nun auch bei der zweiten Torte weiter, bis ebenfalls insgesamt 8 Stücke entstehen, so werden aus 1 Viertel nunmehr 2 Achtel. Und damit haben wir mit der 8 einen gemeinsamen Nenner, es gilt also:

$$\frac{1}{4} = \frac{2}{8}$$

Nun können wir auch die Erbschaftsangelegenheiten von Ibrahim regeln, denn ich kann die Rechnung ja so umformen:

$$\frac{5}{8} + \frac{1}{4} = \frac{5}{8} + \frac{2}{8}$$

Dann addiere ich die Zähler und erhalte als Ergebnis:

$$\frac{5+2}{8} = \frac{7}{8}$$

Unterteile ich die ganze Erbschaft in Achtel, ergibt sich dafür diese Formel:

$$1 = \frac{8}{8} \quad (8 : 8 = 1)$$

Nachdem ich wieder zwei Brüche mit gleichem Nenner habe, kann ich die 7 Achtel subtrahieren, um den Rest zu erhalten:

$$\frac{8}{8} - \frac{7}{8} = \frac{8-7}{8} = \frac{1}{8}$$

Insgesamt werden von der Erbschaft demnach 7/8 an die Söhne verteilt, 1/8 bleibt übrig. (Für wen?)

Erweitern ...

Um herauszufinden, wie man rechnerisch einen gemeinsamen Nenner für zwei oder mehr Brüche ermittelt, nehmen wir uns noch einmal diesen Bruch vor:

$$\frac{1}{4} = \frac{2}{8}$$

Ganz offensichtlich lässt sich ein und derselbe Zahlwert auf verschiedene Art als Bruch darstellen. Lass uns gleich überprüfen, ob an dieser »Kette« alles richtig ist:

$$\frac{1}{4} = \frac{2}{8} = \frac{3}{12} = \frac{4}{16} = \frac{5}{20}$$

Dazu schauen wir auf die Nenner: 8, 12, 16, 20 sind jeweils Vielfache von 4. Das heißt: Multipliziere ich den ursprünglichen Nenner 4 nacheinander mit 2, 3, 4 und 5, so erhalte ich als neue Nenner die Werte 8, 12, 16 und 20. Und was geschieht mit dem Zähler? Eigentlich genau dasselbe: Auch

hier multipliziere ich 1 nacheinander mit 2, 3, 4 und 5, um die erweiterten Zähler zu erhalten.

> Man nennt diesen Vorgang Erweitern: Ein Bruch wird erweitert, indem man den Nenner **und** den Zähler mit genau **derselben** Zahl malnimmt (·). Ein Beispiel: $\frac{3}{4}$ erweitert mit 5 ergibt $\frac{3\cdot 5}{4\cdot 5} = \frac{15}{20}$.
>
> Dabei bleibt der Wert des Bruches erhalten. Im Beispiel: **3:4 = 15:20 = 0,75.**

Ob du das verstanden hast, kannst du gleich selbst überprüfen:

> Übung 04.04:
>
> Erweitere die Brüche $\frac{4}{7}$ und $\frac{8}{11}$ jeweils mit 2 und 7.

Und hier die Lösungen, die natürlich mit deinen übereinstimmen:

$$\frac{4}{7} = \frac{4\cdot 2}{7\cdot 2} = \frac{8}{14} \qquad \frac{8}{11} = \frac{8\cdot 2}{11\cdot 2} = \frac{16}{22}$$

$$\frac{4}{7} = \frac{4\cdot 7}{7\cdot 7} = \frac{28}{49} \qquad \frac{8}{11} = \frac{8\cdot 7}{11\cdot 7} = \frac{56}{77}$$

Weil wir nun wissen, dass man jeden Bruch fast beliebig erweitern kann, schauen wir uns ein weiteres Pärchen mit verschiedenen Nennern an, das addiert werden soll:

$$\frac{2}{5} + \frac{3}{7}$$

Damit das funktioniert, suchen wir für beide Brüche einen neuen gemeinsamen Nenner. Eine Zahl also, in die sowohl die 5 als auch die 7 hineinpassen.

> Man findet immer einen gemeinsamen Nenner, wenn man **alle** vorhandenen Nenner miteinander **multipliziert**.

Für die oben genannten Nenner rechnen wir also:

$$5 \cdot 7 = 7 \cdot 5 = 35$$

Das war der leichtere Teil. Nachdem wir jetzt einen Nenner haben, den alle Brüche gemeinsam nutzen können, müssen wir jeden Bruch entsprechend erweitern:

$$\frac{2}{5} + \frac{3}{7} = \frac{2 \cdot 7}{5 \cdot 7} + \frac{3 \cdot 5}{7 \cdot 5} = \frac{14}{35} + \frac{15}{35}$$

Nun haben wir auch die Zähler auf den aktuellen Stand gebracht. Was hindert uns also daran, beide Brüche zu addieren?

$$\frac{14}{35} + \frac{15}{35} = \frac{29}{35}$$

Als aufmerksamer Leser wirst du dich an Ibrahims Testament erinnern. Dort galt es die Brüche **5/8** und **1/4** zu addieren. Nach unseren neuesten Erkenntnissen hätte das eigentlich so geschehen müssen:

$$\frac{5}{8} + \frac{1}{4} = \frac{5 \cdot 4}{8 \cdot 4} + \frac{1 \cdot 8}{4 \cdot 8} = \frac{20}{32} + \frac{8}{32} = \frac{28}{32}$$

Es kann aber doch nicht sein, dass nun etwas ganz anderes herauskommt! Um dem Rätsel auf die Spur zu kommen, schauen wir uns die beiden Ergebnisse mal näher an:

$$\frac{7}{8} \quad \text{und} \quad \frac{28}{32}$$

Wenn wir das Ganze nun unter die »Lupe der mathematischen Weisheit« nehmen, erkennen wir, dass sich da schon »etwas machen« lässt:

$$\frac{7}{8} = \frac{7 \cdot 4}{8 \cdot 4} = \frac{28}{32}$$

Wenn wir den Bruch **7/8** mit **4 erweitern** (•), erhalten wir **28/32**. Und du kannst selbst überprüfen, dass beide Male dieselbe Kommazahl herauskommt: 7:8 = 28:32 = 0,875.

... und kürzen

Natürlich geht das Spielchen auch umgekehrt: Wie kommen wir von **28/32** auf **7/8**? Indem wir Zähler und Nenner des ersten Bruchs durch **4** teilen:

$$\frac{28}{32} = \frac{28:4}{32:4} = \frac{7}{8}$$

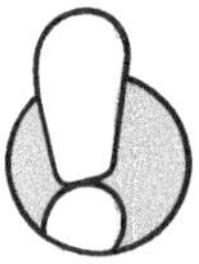

Dieser Vorgang wird Kürzen genannt: Ein Bruch wird gekürzt, indem man den Nenner und den Zähler durch genau **dieselbe** Zahl teilt (:).

Ein Beispiel: $\frac{15}{20}$ gekürzt mit **5** ergibt $\frac{15:5}{20:5} = \frac{3}{4}$. Die **5** ist also gemeinsamer **Teiler** von **15** und von **20**.

Ob du auch das verstanden hast, kannst du sogleich wieder nachprüfen:

Übung 04.05:

Kürze die Brüche $\frac{24}{42}$ und $\frac{30}{66}$ jeweils mit 2 und 3.

Natürlich hast du auch wieder dieselben Lösungen wie ich:

$$\frac{24}{42} = \frac{24:2}{42:2} = \frac{12}{21} \qquad \frac{30}{66} = \frac{30:2}{66:2} = \frac{15}{33}$$

$$\frac{24}{42} = \frac{24:3}{42:3} = \frac{8}{14} \qquad \frac{30}{66} = \frac{30:3}{66:3} = \frac{10}{22}$$

Und wenn wir mal genau hinschauen – die »mathematische Lupe« haben wir ja noch –, sehen wir, dass man sogar noch ein bisschen weiter kürzen kann:

$$\frac{12}{21} = \frac{12:3}{21:3} = \frac{4}{7} \qquad \frac{15}{33} = \frac{15:3}{33:3} = \frac{5}{11}$$

$$\frac{8}{14} = \frac{8:2}{14:2} = \frac{4}{7} \qquad \frac{10}{22} = \frac{10:2}{22:2} = \frac{5}{11}$$

Anstatt unsere Brüche jeweils mit 2 und mit 3 zu kürzen, hätten wir sie auch gleich mit 6 (=2•3) kürzen können, um die Brüche 4/7 und 5/11 zu erhalten:

$$\frac{24}{42} = \frac{24 : 6}{42 : 6} = \frac{4}{7} \qquad \frac{30}{66} = \frac{30 : 6}{66 : 6} = \frac{5}{11}$$

Erweitern und Kürzen sind also Umkehrungen. Während aber das Erweitern mit jeder Natürlichen Zahl möglich ist, gilt das nicht für das Kürzen.

Nur wenn es eine Zahl gibt, die **gleichzeitig** in Zähler **und** Nenner passt, kann überhaupt gekürzt werden. Ein Beispiel:

$\frac{15}{20}$ lässt sich nur mit 5 kürzen, weil 15:5 = 3 **und** 20:5 = 4 Ganze Zahlen als Ergebnisse haben (und beim Teilen **kein** Rest entsteht). Derselbe Bruch lässt sich nicht mit 3 kürzen, denn die Division durch 3 klappt zwar beim Zähler: 15:3 = 5, aber nicht beim Nenner: 20:3 = 6 **Rest** 2.

So ganz geht mir die Geschichte mit Scheich Ibrahims Testament noch immer nicht aus dem Kopf. Hier noch einmal die beiden Brüche, um die es in der Rechnung ging:

$$\frac{5}{8} \quad \text{und} \quad \frac{1}{4}$$

Ohne »mathematische Lupe«, also mit bloßem Auge, sehen wir, dass der Nenner 4 zweimal in den Nenner 8 passt. Das zeigt uns, dass man nicht einfach drauflos multiplizieren sollte, um einen gemeinsamen Nenner zu erhalten. Hier wird nur der Bruch 1/4 mit 2 erweitert, schon sind beide Brüche gleichnamig:

$$\frac{1}{4} = \frac{1 \cdot 2}{4 \cdot 2} = \frac{2}{8}$$

Brüche heißen **gleichnamig**, wenn sie den gleichen Nenner haben. Der kleinste gemeinsame Nenner wird **Hauptnenner** genannt.

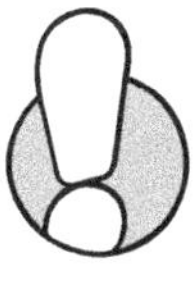

Es kann durchaus von Vorteil sein, erst mal ein bisschen genauer hinzuschauen, ehe man alle Nenner miteinander multipliziert. Vielleicht findet man doch eine kleinere Zahl, in die alle Nenner hineinpassen.

Zusammenfassung

Nun ist erst mal wieder Schluss. Da schwirrt einem ja einiges im Kopf herum: Zähler, Nenner, Erweitern, Kürzen – und das Thema ist längst nicht am Ende.

Auf jeden Fall hast du jetzt einiges über den neuen Zahlenbereich der Bruchzahlen ($\mathbb{B}$) gelernt, der wegen der Einschränkungen bei der Division nötig wurde.

Und dir sind einige Regeln bekannt, die dir den Umgang mit Brüchen erleichtern sollen:

Für Addition und Subtraktion von Brüchen gilt:

Jeder Bruch muss den **gleichen** Nenner haben! Du musst also einen **gemeinsamen** Nenner finden.

Alle Zähler werden addiert (+) oder subtrahiert (–), der Ergebnisbruch bekommt den gemeinsamen Nenner. Setzt du für a, b, c, d beliebige Natürliche Zahlen ein, dann kannst du diese Formeln ausprobieren:

$$\frac{a}{b} + \frac{c}{d} = \frac{a \cdot d}{b \cdot d} + \frac{a \cdot b}{d \cdot b} = \frac{a \cdot d + c \cdot b}{b \cdot d}$$

und

$$\frac{a}{b} - \frac{c}{d} = \frac{a \cdot d}{b \cdot d} - \frac{c \cdot b}{d \cdot b} = \frac{a \cdot d - c \cdot b}{b \cdot d}.$$

Für Erweitern und Kürzen gilt:

Ein Bruch wird erweitert, indem man Zähler und Nenner jeweils mit **derselben** Zahl malnimmt (·). Setzt du für a, b, c beliebige Natürliche Zahlen ein, dann kannst du diese Formel ausprobieren: $\frac{a}{b} = \frac{a \cdot c}{b \cdot c}$

Ein Bruch wird gekürzt, indem man Zähler und Nenner jeweils durch **dieselbe** Zahl teilt (:). Setzt du für a, b, c beliebige Natürliche Zahlen ein, dann kannst du diese Formel ausprobieren: $\frac{a}{b} = \frac{a : c}{b : c}$.

Ein paar Fragen ...

1. Sind Bruchzahlen und Rationale Zahlen nicht eigentlich dasselbe?
2. Für das Erweitern und das Kürzen kommen doch alle Natürlichen Zahlen in Frage. Und was ist mit der 0?
3. Petras kleiner Bruder Peter wollte es seiner großen Schwester gleichtun. So hat er versucht, **1/2 + 1/2** auszurechnen. Was meinst du zu seinem Ergebnis?

$$\frac{1}{2} + \frac{1}{2} = \frac{1+1}{2+2} = \frac{2}{4} = \frac{2:2}{4:2} = \frac{1}{2}$$

4. Bei Fernsehgeräten können die Bildschirme ein Seitenverhältnis von 4:3 oder von 16:9 haben. Rudi Pfiffig behauptet: »Ist doch beides dasselbe. Man muss bloß 16/9 richtig kürzen: 16:4 = 4 und 9:3 = 3. Macht 4/3.« Was hältst du davon?

... und ein paar Aufgaben

1. Kürze $\frac{60}{84}$ und $\frac{144}{216}$ so weit wie möglich.
2. Berechne die Summe (+) bzw. die Differenz (–). Kürze das Ergebnis, wenn möglich.

a. $\frac{9}{23} + \frac{8}{46} + \frac{7}{69}$ b. $\frac{13}{18} - \frac{7}{72} - \frac{3}{24}$

3. Ergänze die Kästchen so, dass eine Addition (+) für jede Zeile und Spalte die gleiche Summe 1 ergibt:

		$\frac{1}{2}$
$\frac{4}{9}$	$\frac{1}{3}$	

4. Von den 30 Schülern einer Klasse gehen 8 zu Fuß zur Schule, 9 fahren mit dem Fahrrad, 12 mit dem Bus und der Rest mit der Bahn. Welcher Bruchteil ist das jeweils?

5. Drei Einbrecher wollen ihre Beute teilen. Ihr Anführer Max bestimmt: »Ich bekomme die Hälfte, Ede ein Drittel und Igor ein Viertel.« Geht das?

6. Traust du dir zu, die Brüche von $\frac{1}{1}$, $\frac{1}{2}$ bis $\frac{1}{10}$ zu addieren (+)?

(Die Lösungen zu allen Fragen und Aufgaben stehen hinten im Buch.)

5 Noch mehr Brüche

Wie du im letzten Kapitel erlebt hast, ist das mit den Brüchen so eine Sache. Nicht wenige Menschen hassen »diese Dinger«. Vielleicht auch deshalb, weil man mit »Zerbrochenem« so wenig anfangen kann (und es lieber wegwirft, als es wieder zu kitten)? Dennoch oder gerade deshalb mache ich hier unverdrossen mit dem Thema Bruchrechnen weiter.

In diesem Kapitel lernst du

- etwas über das Multiplizieren und Dividieren von Brüchen
- was ein Kehrwert ist
- etwas über echte und unechte Brüche
- was Primzahlen sind

Bruch mal Bruch

Nachdem du dich mit der Addition (+) und Subtraktion (–) von Brüchen abgemüht hast, erwarten dich nun die Multiplikation (·) und die Division (:). Im Gegensatz zu ihren »Geschwistern« sind diese Operationen jedoch deutlich leichter zu handhaben – wie du gleich an den folgenden Aufgaben sehen wirst:

Übung 05.01:

Benno hat eine Ratte als Haustier, Beppo einen Goldhamster. Beide Tiere sind wohl genährt – wie es sich in einer Familie von Sumoringern gehört. Die Ratte wiegt ein halbes Kilogramm, der Goldhamster ein halbes Mal so viel.

Um herauszufinden, wie viel der Goldhamster wiegt, wirst du wahrscheinlich das Gewicht der Ratte halbieren. Dann weißt du auch, dass Beppos Haustier 1/4 Kilogramm auf die Waage bringt – oder nicht? Schauen wir uns die zugehörige Bruchrechnung einmal näher an:

$$\frac{1}{2} \cdot \frac{1}{2} = \frac{1}{4}$$

Aber wie kommen wir auf dieses Ergebnis, wo findet die eigentliche Berechnung statt? Um der Sache auf die Spur zu kommen, probier doch gleich noch eine Aufgabe aus:

Übung 05.02:

Scheich Ibrahim II. (der älteste Sohn des schon bekannten Ibrahim I.) hat drei Töchter. Nach seinem Tod will er seinen Besitz anders als sein Vater verteilen. Und so lautet sein Testament: »Von meinem Vermögen soll meine älteste Tochter ein Drittel, meine mittlere Tochter die Hälfte vom Rest erhalten. Und was dann übrig bleibt, bekommt meine jüngste Tochter.« Wie viel bekommt jede?

Wenn die älteste Tochter ihren Anteil von **1/3** erhalten hat, bleiben **2/3** des Vermögens von Ibrahim II. übrig. Das lässt sich leicht mit den Kenntnissen aus dem letzten Kapitel berechnen:

$$\frac{1}{1} - \frac{1}{3} = \frac{3}{3} - \frac{1}{3} = \frac{2}{3}$$

Von diesen **2/3** bekommt die mittlere Tochter nun die Hälfte. Klingt doch irgendwie einleuchtend, dass 1 Drittel die Hälfte von 2 Dritteln ist – oder?

$$\frac{1}{2} \cdot \frac{2}{3} = \frac{1}{3}$$

Aber auch hier fehlt ganz offensichtlich der Rechenweg. Zeit, das Geheimnis endlich zu lüften:

$$\frac{1}{2} \cdot \frac{2}{3} = \frac{1 \cdot 2}{2 \cdot 3} = \frac{2}{6} = \frac{1}{3}$$

Und schon landen wir bei der nächsten Regel für das Rechnen mit Brüchen:

Brüche werden **multipliziert** (•), indem man jeweils Zähler mit Zähler **und** Nenner mit Nenner malnimmt. Zum Beispiel bei der letzten Aufgabe: **1•2** = **2** (Zähler) und **2•3** = **6** (Nenner).

Das Ergebnis **2/6** lässt sich mit **2** kürzen, womit wir für die jüngste Tochter den Bruch **1/3** erhalten. (Du hast natürlich sofort erkannt, dass hier alle drei Töchter den gleichen Anteil am Erbe bekommen sollen. Ibrahim II. scheint also eine modernere Meinung über die Rechte seiner Kinder zu haben als sein Vater.)

Der Vollständigkeit halber möchte ich hier noch den kompletten Rechenweg für Aufgabe 05.01 nachreichen:

$$\frac{1}{2} \cdot \frac{1}{2} = \frac{1 \cdot 1}{2 \cdot 2} = \frac{1}{4}$$

Ist doch recht einfach, oder? Vor allem mal nichts mit »gemeinsamer Nenner« und so.

Bruch durch Bruch

Und wie sieht es mit der Umkehrung aus? Probieren wir das gleich mit den Brüchen aus Aufgabe 05.01:

$$\frac{1}{2} : \frac{1}{2} = \frac{1}{2} \cdot \frac{2}{1} = \frac{1 \cdot 2}{2 \cdot 1} = \frac{2}{2} = \frac{1}{1} = 1$$

Moment mal, wie geht denn das? Da wird ja gar nicht wirklich geteilt, sondern getrickst! Du meinst, ich will mich ums Dividieren drücken?

Fangen wir mal anders an. Nehmen wir dazu den Bruch **1/3** und mit **2** eine Ganze Zahl. Was ist, wenn ich **1/3** mit **2** malnehme? Hier meine Rechnung:

$$\frac{1}{3} \cdot 2 = \frac{1 \cdot 2}{3} = \frac{2}{3}$$

Aus 1 Drittel werden 2 Drittel, das leuchtet ein. Wie sieht es aber aus, wenn ich **1/3** durch **2** teile? Hier mein erster Versuch:

$$\frac{1}{3} : 2 = \frac{1}{3 \cdot 2} = \frac{1}{6}$$

Hier wandert die **2** in den Nenner. Aber das sieht doch so aus, als würde ich **1/3** mit **1/2** malnehmen? Ist ja auch so: Wenn ich etwas durch **2** teile, bekomme ich die Hälfte. Damit folgt mein zweiter Versuch:

$$\frac{1}{3} : 2 = \frac{1}{3} \cdot \frac{1}{2} = \frac{1}{6}$$

Wenn ich die Ganze Zahl »umdrehe«, kann ich malnehmen? Ja, und dieses »Umdrehen« hat auch einen Namen: **1/2** ist der **Kehrwert** von **2**, genauer von **2/1**.

Man **vertauscht** also einfach den Zähler und den Nenner, schon hat man den Kehrwert einer Zahl bzw. eines Bruches. Aus Ganzen Zahlen muss man vorher eben »Eintel« machen, also z.B. **2** wird zu **2/1**, **3** zu **3/1** usw. Daraus entstehen dann die Kehrwerte **1/2** und **1/3**.

Noch ein Beispiel: $\frac{4}{3}$ ist Kehrwert von $\frac{3}{4}$ und $\frac{3}{4}$ ist Kehrwert von $\frac{4}{3}$.

Und damit sind wir endlich bei der nächsten Regel für das Rechnen mit Brüchen angelangt:

Brüche werden **dividiert (:)**, indem man den ersten Bruch mit dem **Kehrwert** des nächsten malnimmt (•). Zum Beispiel

$$\frac{3}{4} : \frac{2}{3} = \frac{3}{4} \cdot \frac{3}{2} = \frac{9}{8}.$$

Wenn du so willst, benötigen wir nur drei Rechenarten für die Brüche, denn die vierte (= die Division) lässt sich mit Hilfe der Multiplikation lösen.

Zurück zu unserer Einstiegsaufgabe für das Teilen von Brüchen:

$$\frac{1}{2} : \frac{1}{2} = \frac{1}{2} \cdot \frac{2}{1} = \frac{1 \cdot 2}{2 \cdot 1} = \frac{2}{2} = \frac{1}{1} = 1$$

Anstatt durch **1/2** zu teilen, nehme ich mit dem Kehrwert **2/1** mal. Das ist alles. (Der Rest folgt den Regeln für die Multiplikation.)

Echt, unecht oder negativ?

Ist dir bei der Bildung des Kehrwertes etwas aufgefallen? Nein? Dann sollten wir uns noch mal ein paar Brüche und ihre Kehrwerte vornehmen:

Bruch	$\frac{1}{4}$	$\frac{2}{3}$	$\frac{4}{3}$	$1 = \frac{1}{1}$
Kehrwert	$\frac{4}{1} = 4$	$\frac{3}{2}$	$\frac{4}{3}$	$\frac{1}{1} = 1$

Mal abgesehen davon, dass der Kehrwert von **1** (bzw. **1/1**) wiederum **1** ist, sind bei allen anderen Brüchen nun die Zähler **größer** als die Nenner. Im ersten Fall sind aus einem Viertel sogar vier Ganze geworden. Schauen wir uns die mittleren beiden mal in »Tortenform« an:

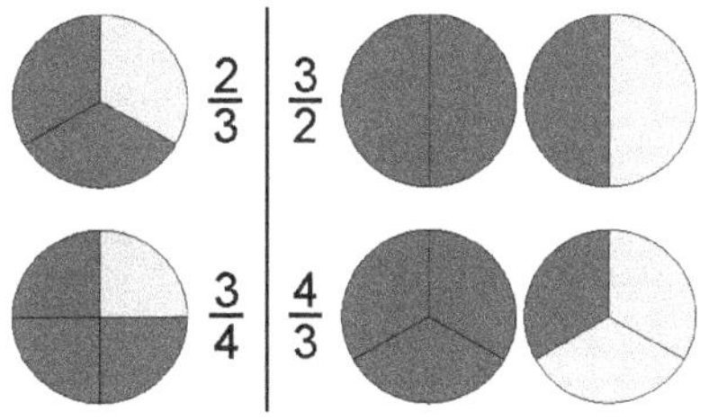

Während es vorher immerzu um weniger als eine ganze Torte ging, bringt uns der Kehrwert eine Art »wundersame Tortenvermehrung«.

Die Mathematiker halten hier auch gleich wieder ein paar Namen bereit:

Ist der Zähler **kleiner** als der Nenner, dann ist der Bruch ein **echter** Bruch.

Ist der Zähler **größer** als der Nenner, dann heißt der Bruch **unechter** Bruch.

Beispiele: $\frac{3}{4}$ ist ein echter, $\frac{4}{3}$ ein unechter Bruch.

Aus dem Bild mit den Kreisen bzw. Torten lässt sich noch eine andere Möglichkeit der Formulierung unechter Brüche ablesen:

$$\frac{3}{2} = \frac{2}{2} + \frac{1}{2} = 1 + \frac{1}{2} = 1\frac{1}{2}$$

$$\frac{4}{3} = \frac{3}{3} + \frac{1}{3} = 1 + \frac{1}{3} = 1\frac{1}{3}$$

Man kombiniert eine Ganze Zahl mit einem echten Bruch (und lässt das Pluszeichen dazwischen einfach weg). Dann haben wir eine **Gemischte Zahl.**

Mit dieser Darstellungsform lässt sich die Größe eines Bruches deutlicher erkennen. Hier zum Vergleich die jeweilige Kommazahl, die durch Division von Zähler und Nenner entsteht (und übrigens auch **Dezimalbruch** genannt wird):

3	:	2	=	1,	5		
4	:	3	=	1,	3	3	...

An dieser Stelle möchte ich noch einen Namen loswerden, den man den Brüchen gegeben hat, die im Zähler eine 1 stehen haben: **Stammbruch.** Demnach sind z.B. $\frac{1}{2}$ und $\frac{1}{3}$ Stammbrüche.

Du hast es dir wahrscheinlich schon gedacht und es stimmt wirklich: Natürlich gibt es auch negative Brüche. Nehmen wir an, du sollst z.B. die Aufgabe **1/3 - 1/2** lösen:

$$\frac{1}{3} - \frac{1}{2} = \frac{2}{6} - \frac{3}{6} = \frac{2-3}{6} = -\frac{1}{6}$$

Offensichtlich gilt also das Gleiche wie schon bei den Ganzen Zahlen (in Kapitel 2) und den Kommazahlen bzw. Rationalen Zahlen (in Kapitel 3). Erlaubt sind diese Darstellungen für einen negativen Bruch:

$$-\frac{1}{6} = \frac{-1}{6} = \frac{1}{-6}$$

Außer positiven Bruchzahlen haben wir damit nun auch negative Bruchzahlen. Nimmst du die Mitglieder aller bisherigen Zahlbereiche zusammen (Natürliche Zahlen, Ganze Zahlen, Bruchzahlen ohne und mit Minus),

dann gehören sie ausnahmslos auch zur großen Familie der **Rationalen Zahlen** (Abkürzung **ℚ**).

Damit ist endlich die genauere Definition für diesen Zahlenbereich fällig:

Alle Zahlen, die sich als Bruch exakt darstellen lassen, sind Rationale Zahlen. Dabei hat der Bruch diese Form: $\frac{Zähler}{Nenner}$. Der Zähler ist eine beliebige Ganze Zahl (**ℤ**), der Nenner eine Natürliche Zahl außer der 0 (**ℕ**).

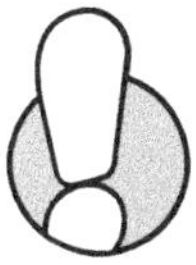

Jeder Bruch lässt sich auch als Kommazahl darstellen, allerdings nicht immer mit endlich vielen Stellen. Zum Beispiel ist **1/3 = 0,333 ...** , wobei sich die 3 endlos wiederholt. Man nennt das **periodische** Kommazahl oder periodischen Dezimalbruch.

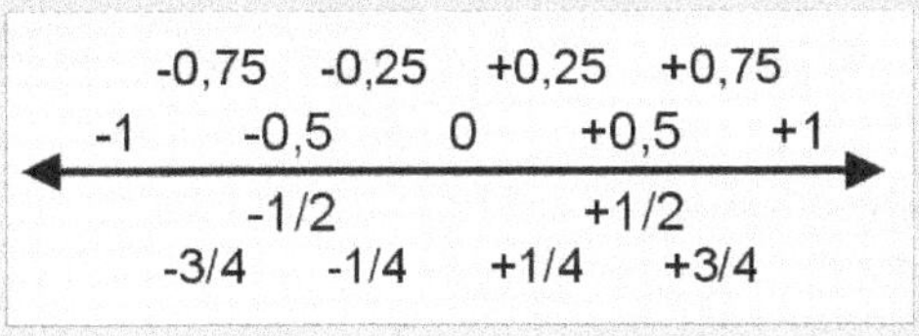

So schön wie die Ganzen Zahlen lässt sich dieser Zahlenbereich diesmal nicht darstellen – zumal ja mehrere Ausdrucksformen erlaubt sind und man immer wieder neue Zahlen (bzw. Brüche) findet, die irgendwo dazwischen passen.

Primzahlen

Beim Multiplizieren und Dividieren von Brüchen wird man zwar davon verschont, nach gemeinsamen Nennern zu suchen. Aber auf das Kürzen kann und sollte man nicht verzichten. Aber muss man eigentlich immer erst am Schluss der Rechnung, also beim Ergebnis schauen, ob sich da etwas kürzen lässt? Ein Beispiel:

$$\frac{5}{12} \cdot \frac{3}{5} = \frac{5 \cdot 3}{12 \cdot 5} = \frac{15}{60} = \frac{1}{4}$$

Wenn du nach den Rechenregeln malnimmst und anschließend das Ergebnis mit **15** kürzt, kommst du auf **1/4**. Schau dir mal diese Möglichkeit an:

$$\frac{5}{12}\cdot\frac{3}{5}=\frac{5\cdot 3}{12\cdot 5}=\frac{1\cdot 1}{4\cdot 1}=\frac{1}{4}$$

Hier wurde bereits »mittendrin« gekürzt: Die **5** oben gegen die **5** unten (gemeinsamer Teiler = **5**), die **3** oben gegen die **12** unten (gemeinsamer Teiler = **3**). Wie du siehst, spielt es **keine** Rolle, ob die betreffenden Zähler direkt übereinander stehen – die Zahlen lassen sich ja in ihrer Reihenfolge vertauschen.

Bei großen und komplizierteren Aufgaben ist es oft sinnvoll, möglichst früh zu kürzen, damit die Werte beim Rechnen nicht unnötig riesig werden. Dabei ist es gar nicht schlimm, wenn man nicht sofort den größten gemeinsamen Teiler findet. Man kürzt eben so lange, bis es nichts mehr zu kürzen gibt.

Trotzdem stellt es die »echten Mathematiker« nicht zufrieden, wenn sie Brüche nicht gleich komplett kürzen können. In ihrem ständigen Forschungsdrang haben sie eine besondere Art von Teilern aufgespürt, die du jetzt kennen lernen sollst:

Dir ist klar, dass **jede** Natürliche Zahl die **1** und **sich selbst** als Teiler hat, denn dadurch lässt sich immer ohne Rest teilen. Ein Beispiel: **10:1 = 10** und **10:10 = 1**.

Interessant sind die Zahlen, die sich **nur** durch 1 und sich selbst **ohne** Rest teilen lassen, für sie gibt es auch einen eigenen Namen:

Primzahlen **sind Natürliche Zahlen, die genau zwei** Teiler haben.

Hier sind die Primzahlen zwischen 1 und 20:

2	3	5	7	11	13	17	19

Alle anderen Natürlichen Zahlen lassen sich in Primzahlen zerlegen. Probieren wir das gleich an einigen Beispielen aus:

4 = 2 · 2	6 = 2 · 3
8 = 2 · 2 · 2	9 = 3 · 3
10 = 2 · 5	12 = 2 · 2 · 3
14 = 2 · 7	15 = 3 · 5

(Wenn du willst, kannst du das bis 20 oder noch weiter fortsetzen.)

Interessant sind Primzahlen vor allem für diejenigen, die sich nicht damit begnügen, einfach nur nach irgendeinem Teiler oder Vielfachen zu suchen. Einem »echten Mathematiker« ist es eben nicht elegant genug, einen Bruch in mehreren Schritten zu kürzen, z.B. so:

$$\frac{54}{60} = \frac{54 : 2}{60 : 2} = \frac{27 : 3}{30 : 3} = \frac{9}{10}$$

Aber vor allem bei Brüchen mit größeren Zahlen fällt es bisweilen schwer, sofort den »besten« Teiler zu finden. Deshalb kann man auch den Zähler und den Nenner in Primzahlen **zerlegen**:

$$54 = 2 \cdot 3 \cdot 3 \cdot 3$$
$$60 = 2 \cdot 2 \cdot 3 \cdot 5$$

Dann stellt man fest, dass beide Zahlen $2 \cdot 3 = 6$ als **größten gemeinsamen** Teiler haben. Damit lässt sich ein Bruch »auf einen Schlag« kürzen:

$$\frac{54}{60} = \frac{54 : 6}{60 : 6} = \frac{9}{10}$$

Es gibt für zwei Natürliche Zahlen immer einen gemeinsamen Teiler, der auch der größte ist: Mathematiker kürzen diesen Begriff gern mit »ggT« ab: »größter gemeinsamer Teiler«. Ein Beispiel: 12 und 18 haben die Zahlen 2, 3 und 6 als gemeinsame Teiler. ggT ist 6. Für 5 und 7 wäre der ggT die 1.

Ebenso gibt es für zwei Natürliche Zahlen auch ein gemeinsames Vielfaches, das auch das kleinste ist. Auch dieser Begriff lässt sich abkürzen, und zwar mit »kgV« ab: »kleinstes gemeinsames Vielfaches«. Ein Beispiel: Für 12 und 18 ist 36 das kgV. Für 5 und 7 wäre das kgV $5 \cdot 7 = 35$.

Sind Zähler und Nenner eines gekürzten Bruchs keine Primzahlen, dann kann man sie zerlegen und erhält damit ein »Röntgenbild« – wie hier:

$$\frac{9}{10} = \frac{3 \cdot 3}{2 \cdot 5}$$

So schön und interessant die Primzahlen für Mathematiker sein mögen: Mit Brüchen umgehen kann man auch ohne sie. Und nur selten sind sie die letzte Rettung – wie in dieser Aufgabe:

Übung 05.03:

Sara Kropf erhält einen Brief von ihrer Freundin Klara, mit dem sie zunächst nichts anzufangen weiß:

»Sara Ich bin schon im Wein Keller und genieße viele Flaschen am Weg liegt erstes und letztes ein Haus neben dem anderen brauche nichts muss nüchtern werden und dringend Erste Hilfe Kurs machen Deine Klara«

Dann fällt ihr ein, dass sie und Klara früher in der Schule eine Art »Primzahlengeheimschrift« benutzt haben, um sich Briefe zu schreiben, die nur sie beide verstehen konnten. Kannst auch du den Inhalt des Briefes enträtseln?

Das Erste, was du wahrscheinlich tun wirst, ist, die einzelnen Wörter durchzunummerieren. Anschließend pickst du dir die Zahlen heraus, die **Primzahlen** sind. Die Wörter, die zu diesen Zahlen gehören, bilden die für Sara wichtige Botschaft. So entstand bei mir diese Tabelle:

1	2	3	4	5	6	7
Sara	Ich	bin	schon	im	Wein	Keller
8	9	10	11	12	13	14
und	genieße	viele	Flaschen	am	Weg	liegt
15	16	17	18	19	20	21
erstes	und	letztes	ein	Haus	neben	dem
22	23	24	25	26	27	28
anderen	brauche	nichts	muss	nüchtern	werden	und
29	30	31	32	33	34	35
dringend	Erste	Hilfe	Kurs	machen	Deine	Klara

Sobald Sara den Hilferuf ihrer Freundin entschlüsselt hat, macht sie sich auf in den Flaschenweg, um Klara dort aus dem Keller im letzten Haus zu befreien.

Zusammenfassung

Nun ist es aber wirklich so weit: Nach diesem Kapitel verlassen wir das Thema Brüche. (Allerdings nicht für ewig, denn diese Geschöpfe werden uns immer mal wieder über den Weg laufen.)

Jedenfalls weißt du genauer, was die Rationalen Zahlen ($\mathbb{Q}$) sind. Und du kennst jetzt auch ein paar weitere Regeln für den Umgang mit Brüchen:

Für die Multiplikation von Brüchen gilt:
Zähler mal (•) Zähler und Nenner mal (•) Nenner. Ergebnisbruch muss eventuell noch gekürzt werden. Setzt du für a, b, c, d beliebige Natürliche Zahlen ein, dann kannst du diese Formel ausprobieren:

$$\frac{a}{b} \cdot \frac{c}{d} = \frac{a \cdot c}{b \cdot d}.$$

Für die Division von Brüchen gilt:
Ersten Bruch mit Kehrwert vom zweiten malnehmen (•). Ergebnisbruch muss eventuell noch gekürzt werden. Setzt du für a, b, c, d beliebige Natürliche Zahlen ein, dann kannst du diese Formel ausprobieren:

$$\frac{a}{b} : \frac{c}{d} = \frac{a \cdot d}{b \cdot c}.$$

Für den Kehrwert gilt:
Zähler und Nenner vertauschen. Setzt du für a und b beliebige Natürliche Zahlen ein, dann gilt diese Formel: $\frac{a}{b} \updownarrow \frac{c}{d}$.

Zuletzt hast du noch von den Primzahlen gehört, die man nicht unbedingt braucht, die aber durchaus nützlich sind.

Ein paar Fragen ...

1. Hat die 0 einen oder mehrere Teiler? Kann die 0 Teiler einer anderen Ganzen Zahl sein?
2. Was kommt dabei heraus, wenn ich einen Bruch mit seinem eigenen Kehrwert malnehme?
3. Rudi Pfiffig meint, eine andere Regel für das Dividieren (:) von Brüchen gefunden zu haben: »Man nimmt jeweils Zähler mit Nenner und Nenner mit Zähler mal.«
4. Ist die 1 etwa keine Primzahl?
5. Rudi Pfiffig behauptet: »Es gibt nur eine einzige Primzahl, die eine gerade Zahl ist.«

... und ein paar Aufgaben

1. Berechne und kürze, so weit möglich:

   a. $\frac{3}{8} \cdot \frac{4}{7} \cdot \frac{5}{6}$ b. $\frac{3}{4} \cdot \frac{5}{6} : \frac{7}{8}$

2. Addiere die Brüche $\frac{1}{2}$ und $\frac{2}{3}$. Dann teile das Ergebnis durch $\frac{3}{4}$.

3. Multipliziere die Brüche $\frac{1}{2}$ und $\frac{2}{3}$. Dann ziehe vom Ergebnis $\frac{3}{4}$ ab.

4. Der kleine Peter hat sich zwei Zahlen ausgedacht, von denen er meint, dass sie sich nicht in Primzahlen zerlegen lassen: **44.100** und **9.699.690**. Versuch es trotzdem!

5. Probier mal, die Brüche von $\frac{1}{2}, \frac{2}{3}$ bis $\frac{9}{10}$ möglichst geschickt miteinander malzunehmen (·)!

(Die Lösungen zu allen Fragen und Aufgaben stehen hinten im Buch.)

6

Verhältnisse

Verglichen wird überall: Was ist besser, was ist schlechter? Wer ist schöner, wer hässlicher? Was ist größer, was ist kleiner? Wo ist es billiger, wo teurer? In einigen Fällen kann dir die Mathematik leider nicht weiterhelfen, aber wenn es z.B. um messbare Größen geht, dann bist du hier richtig.

In diesem Kapitel lernst du

- etwas über »Kilo« und »Milli«
- wie du Unterschiede und Verhältnisse berechnest
- etwas über Maßstäbe
- proportionale und umgekehrt proportionale Zuordnungen kennen

Gleich oder verschieden?

Ehe man überhaupt etwas vergleichen kann, muss man Größen und Maßeinheiten haben, die von allen als gleichwertig akzeptiert werden. Wenn du etwas verkaufen willst und dafür »einen Zehner« verlangst, dann meinst du damit wohl Euro und nicht z.B. Kieselsteine (die sollen auch mal Zahlungsmittel gewesen sein).

Und gibt jemand als Körpergewicht »75 Kilo« an, dann müsste klar sein, dass er Kilogramm meint und nicht etwa Kilometer. Glücklicherweise versteht man (fast) überall auf der Welt unter Gramm und Meter dasselbe Maß. Was uns direkt zur ersten Aufgabe führt:

Übung 06.01:

Wie viel Meter (m) ein Kilometer (km) ist und wie viel Gramm (g) ein Kilogramm (kg), weißt du bestimmt – oder?

Aber wie ist es damit: Wie viel Meter (m) ist ein Millimeter (mm), wie viel Gramm (g) ist ein Milligramm (mg)?

Klar ist: Um auf »Kilo« zu kommen, wird mit **1000** malgenommen:

$1\ km = 1000\ m \qquad 1\ kg = 1000\ g$

Aber wie sieht es mit »Milli« aus? Hier ist es umgekehrt: Hier wird durch **1000** geteilt:

$$1\ mm = \frac{1}{1000}\ m = 0{,}001\ m$$

$$1\ mg = \frac{1}{1000}\ g = 0{,}001\ g$$

Dabei kannst du das Ergebnis natürlich als Bruch oder als Kommazahl schreiben.

Die Vorsilben Kilo- und Milli- kommen aus dem Griechischen bzw. Lateinischen und haben beide etwas mit der Zahl **1000** zu tun: Deshalb kann man sagen: Wo »Kilo« draufsteht, sind **Tausender** drin, wo »Milli« draufsteht, sind **Tausendstel** drin.

Um Gewicht und Größe soll es auch in der folgenden Aufgabe gehen:

Übung 06.02:

Bei ihrer Geburt hatten Beppo und Benno mit 50 cm beide die gleiche Größe. Während Beppo aber 4,5 kg wog, hatte Benno ein Gewicht von 3,6 kg. Vergleiche die Unterschiede und die Verhältnisse.

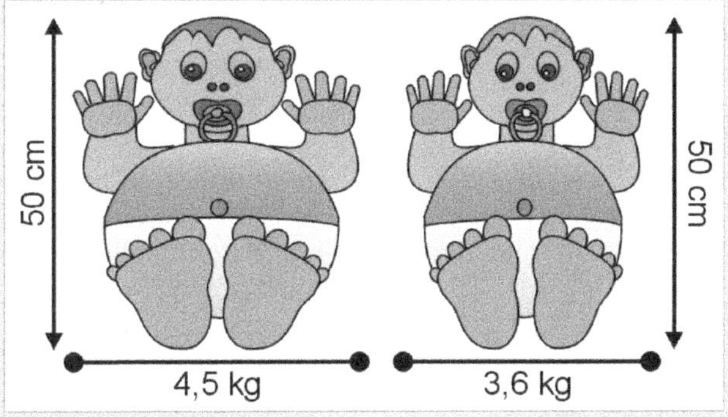

Man kann sagen: Beppo und Benno waren als Babys gleich groß, doch verschieden schwer. Was aber ist denn hier mit Unterschied und mit Verhältnis gemeint?

Der Unterschied zwischen zwei Zahlwerten ist die **Differenz**. Es muss also abgezogen (–) werden.

Das Verhältnis zwischen zwei Zahlwerten ist der **Quotient**. Es muss also geteilt (:) werden.

Was die Größe der beiden Babys angeht, gibt es keinen Unterschied. Mathematisch ausgedrückt: Der Größenunterschied zwischen Benno und Beppo beträgt 0:

$$50 - 50 = 0$$

Beim Verhältnis der Größen könnte man von »ausgewogen« oder »gleich« sprechen. Die Mathematiker sagen dazu: Das Größenverhältnis zwischen Benno und Beppo beträgt 1:

$$50 : 50 = 1$$

Ganz anders sieht es beim Geburtsgewicht aus (wobei wir hier bei kg bleiben – du kannst aber auch in Gramm rechnen):

4,5 - 3,6 = +0,9   3,6 - 4,5 = -0,9

Je nachdem, welche Zahl wir von welcher abziehen, kommt für den Unterschied +0,9 kg oder –0,9 kg heraus. Das **Plus** bedeutet hier, dass Beppo **mehr** wiegt als Benno, das **Minus** heißt: Benno wiegt **weniger** als Beppo. Stimmt ja auch beides.

Beim Verhältnis der Gewichte zueinander erhalten wir diese Werte:

4,5 : 3,6 = 1,25   3,6 : 4,5 = 0,8

Auch hier hängt das Ergebnis davon ab, welche Zahl durch welche geteilt wird. Dass die erste Zahl **größer** ist als 1, bedeutet hier, dass Beppo **mehr** wiegt als Benno. Die zweite Zahl ist **kleiner** als 1, und Benno wiegt ja auch **weniger** als Beppo.

Offenbar gibt es hier jeweils eine Art »Maßzahl« oder »Vergleichszahl«. Was die besagt, siehst du in dieser Tabelle:

Wert	Unterschied
= 0	Alles gleich, kein Unterschied
> 0	Das erste »Objekt« ist größer, schwerer, dicker, schneller usw.
< 0	Das erste »Objekt« ist kleiner, leichter, dünner, langsamer usw.
Wert	**Verhältnis**
= 1	Alles gleich, alles »im Lot«
> 1	Das erste »Objekt« ist größer, schwerer, dicker, schneller usw.
< 1	Das erste »Objekt« ist kleiner, leichter, dünner, langsamer usw.

Als Antwort auf unsere Aufgabe könnte man sagen: Beppo war als Baby 0,9 kg bzw. 900 g schwerer als Benno (Unterschied). Oder: Beppo war als Baby etwa 1,25 mal so schwer wie Benno (Verhältnis).

Maßstab

Weil viele Dinge in Wirklichkeit groß bis riesig sind, müssen sie in ihrer Darstellung verkleinert werden. So passt zum Beispiel dein ganzes Hei-

matland auf eine Landkarte – wenn es nicht zu groß oder der Maßstab nicht zu klein ist.

Übung 06.03:

Tina und Kuno machen eine Fahrradtour. Weil die Beschilderung gut ist, kommen sie zuerst problemlos voran. Doch plötzlich fehlt jeder Hinweis, wie es weitergeht. »Lass uns auf die Karte schauen«, meint Tina. Nach kurzem Suchen hat sie dort die Stelle gefunden, an der sie gerade sind.

»Ist der nächste Ort weit entfernt?«, fragt Kuno. »Etwa 7 Zentimeter«, meint Tina, »und der Maßstab ist mit 1:50.000 angegeben.« Wie weit müssen die beiden noch fahren, bis sie den nächsten Ort erreichen?

Auch beim Maßstab geht es um ein Verhältnis zwischen zwei Werten: Hier ist die erste Zahl die Länge einer Strecke auf der Karte, die zweite Zahl bezeichnet die tatsächliche Streckenlänge.

Hier beträgt die Strecke auf der Karte $\frac{1}{50000}$ des wirklichen Weges. Oder andersherum: Die wirkliche Strecke ist 50.000 mal so lang wie die auf der Karte (1 cm entspricht 50.000 cm = 500 m).

Ausgesprochen wird das übrigens »1 **zu** 50.000«. Der auf der Karte gemessene Streckenwert muss nun mit der zweiten Zahl malgenommen werden:

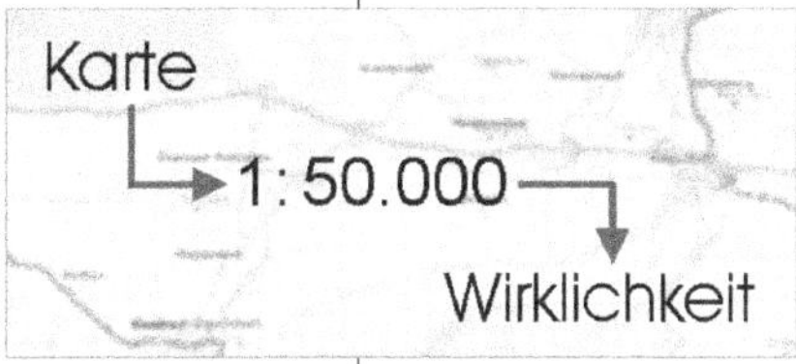

7	·	5	0.	0	0	0	=	3	5	0.	0	0	0

Eine Riesenzahl kommt da heraus. Das ist die Strecke, die in Wirklichkeit noch zu fahren ist. In Kilometern gemessen wäre das schon fast eine Fahrt zum Mond. Aber die Maßeinheit hat sich beim Malnehmen ja **nicht** geändert: Wir haben immer noch Zentimeter (cm). Und die müssen wir jetzt schrittweise in Meter (m) und dann in Kilometer (km) umrechnen:

3	5	0.	0	0	0	:	1	0	0		=	3.	5	0	0				m
		3.	5	0	0	:	1	0	0	0	=			3,	5		k	m	

Tina und Kuno haben also bis zum nächsten Ort noch 3,5 km Fahrt vor sich.

Meistens misst man Strecken auf einer Land- oder Wanderkarte in Zentimetern (cm). Hier gilt als Faustregel:

1. Karte (cm) **mal** Maßstabszahl → Wirkliche Strecke (cm)
2. Wirkliche Strecke (cm) **durch** 100 → Wirkliche Strecke (m)
3. Wirkliche Strecke (m) **durch** 1000 → Wirkliche Strecke (km)

Man kann auch kürzer sagen:

1. Karte (cm) **mal** Maßstabszahl → Wirkliche Strecke (cm)
2. Wirkliche Strecke (cm) **durch** 100.000 → Wirkliche Strecke (km)

Dass ein Maßstab nicht immer nur mit »Eins zu« beginnen muss, zeigt die folgende Aufgabe:

Übung 06.04:

Kuno ist Autofan und hat einen roten Ferrari – als Modell im Maßstab 1:24. Tina will ihre panische Angst vor Spinnen loswerden und hat sich dazu ein Plastikmodell der giftigen »Schwarzen Witwe« im Maßstab 4:1 besorgt.

Ein Ferrari ist im Original ca. 4,20 m lang, die »Schwarze Witwe« etwa 4 cm. Wie groß sind die beiden Modelle?

Um die Länge des Ferrarimodells zu berechnen, wandeln wir erst einmal die Meter des Originals in Zentimeter um: **4,20 m = 420 cm**. Hier rechnen wir **nicht** wie bei der letzten Aufgabe. Dort war die Strecke auf der Radwanderkarte das »Modell« und die wirkliche Strecke das »Original«. Hier ist es **umgekehrt**, also benötigen wir diesmal auch die umgekehrte Rechenoperation, es muss also nicht multipliziert, sondern dividiert (**:**) werden:

4	2	0	:	2	4	=	1	7,	5	

Beim Maßstab steht vor dem Doppelpunkt die »Messzahl« für das **Modell**, dahinter die für das **Original**. Maßstab heißt also: »Modell zu Original«.

Ein Maßstab von 1:1 (»Eins zu Eins«) bedeutet, dass Modell und Original gleich groß (oder gleichartig) sind. Übrigens gibt es auch Maßstäbe, bei denen gar keine 1 vorkommt, wie z.B. 2:5 oder 5:2. (Das entspricht den Maßstäben 1:2,5 und 2,5:1.)

Würden wir die Länge von Kunos Automodell wieder auf das Original umrechnen, so geht das – wie oben bei der Radwanderkarte – mit Hilfe der Multiplikation:

$$17{,}5 \cdot 24 = 420$$

Aber was ist mit Tinas Spinne? Hier führt offenbar der gleiche Rechenweg wie bei Kuno nicht zum Ziel, denn das Modell ist ja hier **größer** als das Original!

> Vereinfacht lässt sich sagen: Vom »Kleinen« zum »Großen« wird multipliziert, vom »Großen« zum »Kleinen« wird dividiert.

Dann müssen wir hier wohl wieder malnehmen (·) – wobei wir bei den Zentimetern bleiben können:

$$4 \cdot 4 = 16$$

Kunos Automodell ist demnach 17,5 cm und Tinas Spinnenmodell 16 cm lang.

Zuordnungen

Es müssen nicht immer die gleichen Größen sein, die einander zugeordnet sind. Viele Dinge aus dem täglichen Leben lassen sich z.B. über den Preis vergleichen: So könnten 2 Liter Milch etwa so viel kosten wie 3 Äpfel oder 5 Bleistifte. Oder 7 km Busfahrt so viel wie 5 Minuten Karussellfahrt.

Auch bei der folgenden Aufgabe geht es um den Preis:

> Übung 06.05:
>
> Die beiden Sumos Benno und Beppo kaufen wieder mal ein – diesmal nur ein paar Happen für »Zwischendurch«. Für 4 Kraftpakete bezahlt Beppo 30 Euro. Benno begnügt sich mit 3 Packungen. Was muss er zahlen?

Hier gibt es ein Verhältnis zwischen Kraftfutter und Preis. Es gilt diese Zuordnung:

4	P.		↔		3	0,	0	0	€

Um nun herauszufinden, wie viel Euro 3 Pakete kosten, sollten wir erst einmal den Preis für ein **einzelnes** Paket ausrechnen. Dazu müssen wir teilen:

3	0,	0	0	:	4	=	7,	5	0

Nun lassen sich diese beiden Werte zuordnen:

1	P.		↔		7,	5	0	€

Der nächste und letzte Schritt führt uns zum Preis von 3 Paketen, wenn wir den neu erhaltenen Wert malnehmen:

7,	5	0	·	3	=	2	2,	5	0

Womit wir unsere dritte Zuordnung und auch die Lösung der Aufgabe haben:

3	P.		↔		2	2,	5	0	€

22,50 € muss Benno also für seine »Zwischenmahlzeit« zahlen.

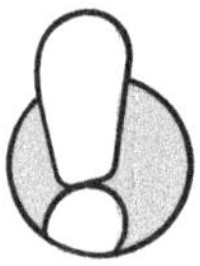

Das ganze Rechenspiel wird Dreisatz genannt:

Dabei geht man von einer Startzuordnung aus, z.B. 4 → 30,00.

Daraus errechnet man die Einheitszuordnung (bei der immer eine 1 im Spiel ist), z.B. 1 → 7,50.

Abschließend kommt man auf die Zielzuordnung, z.B. 3 → 22,50.

Auch die nächste Aufgabe lässt sich mit dem Dreisatz lösen, wenn auch ein bisschen anders. Und die beiden Sumobrüder sind auch hier wieder dabei:

Übung 06.06:

Benno und Beppo machen Trainingsurlaub auf einer kleinen Insel. Sie haben Vorrat für 6 Tage dabei. Ganz unverhofft taucht Hippo auf. Er konnte sich als einziger Überlebender eines Schiffsunglücks auf die Insel retten. Nun muss der Vorrat für drei reichen (zumal Hippo beileibe kein Leichtgewicht ist). Nach wie vielen Tagen ist alles aufgebraucht?

Und wieder gibt es ein Verhältnis zwischen zwei Größen. Diesmal lassen sich Personen und Tage zuordnen. Dabei gehen wir zunächst davon aus, dass der Vorrat nur für Beppo und Benno reichen muss (und jeder gleich viel abbekommt):

2 P. ↔ 6 Tage

Auch hier sollten wir erst einmal ausrechnen, wie lange eine **einzelne** Person mit dem ganzen Vorrat auskommen würde. Dazu müssen wir malnehmen:

$6 \cdot 2 = 12$

Wenn der Vorrat für nur eine Person reichen muss, reicht er länger, nämlich doppelt so lang. Das führt uns zu dieser Zuordnung:

1 P. ↔ 12 Tage

Im nächsten und letzten Schritt erfahren wir, wie lange der Vorrat für 3 Personen reicht, wenn wir den neu erhaltenen Wert aufteilen:

$12 : 3 = 4$

Womit wir bei unserer dritten Zuordnung und auch bei der Lösung der Aufgabe angekommen sind:

3 P. ↔ 4 Tage

Der Vorrat, den die beiden Sumobrüder auf die Insel mitgenommen haben, ist also schon nach 4 Tagen aufgebraucht.

Proportional und umgekehrt

Vom Rechenweg her gesehen sind sich die beiden letzten Aufgaben ähnlich. Aber irgendetwas ist dennoch anders. Bei Aufgabe 06.05. sah das Rechenschema so aus:

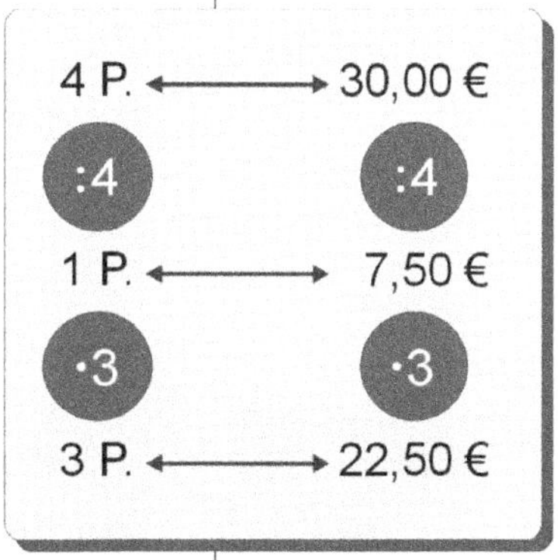

Auf **beiden** Seiten der Zuordnung **Pakete ↔ Preis** fanden jeweils die gleichen Rechenschritte statt: Zuerst wurde geteilt, anschließend wurde malgenommen. Verallgemeinert gilt für diese Zuordnung: Je **mehr** Pakete gekauft werden, desto **mehr** muss dafür bezahlt werden.

Ganz anders bei Aufgabe 06.06. Dort ergab sich dieses Rechenschema:

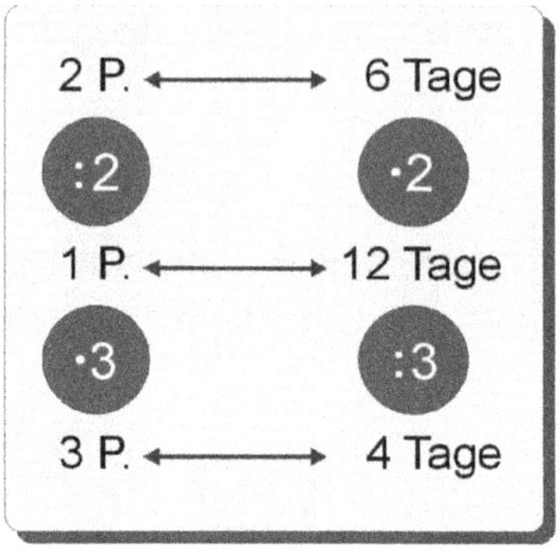

Hier gab es auf jeder Seite der Zuordnung **Personen ↔ Tage** einen **anderen** Rechenschritt. Offenbar gilt für diese Zuordnung: Je **mehr** Personen da sind, desto **weniger** Tage reicht der Vorrat.

Eine Zuordnung, bei der gilt »Je mehr, desto **mehr**«, heißt proportional oder auch **direkt proportional**:

Beide Größen werden im **gleichen** Verhältnis größer oder kleiner. Ein Beispiel: 4 Äpfel kosten 2 Euro. Dann kosten 2 Äpfel die Hälfte, 8 Äpfel das Doppelte.

Eine Zuordnung, bei der gilt »Je mehr, desto **weniger**«, heißt umgekehrt proportional oder auch **indirekt proportional**:

Beide Größen werden im **umgekehrten** Verhältnis größer oder kleiner. Ein Beispiel: 4 Arbeiter erledigen einen Auftrag in 2 Tagen. Dann würden 2 Arbeiter doppelt so lange und 8 Arbeiter halb so lange brauchen.

Ob du das wirklich verstanden hast, kannst du gleich in der folgenden Aufgabe überprüfen:

Übung 06.07:

Freddy Brauser nimmt an einer Autorallye teil. Im ersten Durchgang sind insgesamt 154 km zu fahren. Nach fast genau 2 Stunden ist Freddy am Ziel. Wie schnell ist er etwa gefahren?

Im zweiten Teil muss Freddy versuchen, in 2,5 Stunden so weit wie möglich zu kommen. Hier fährt er mit einer Durchschnittsgeschwindigkeit von 66 km/h. Wie viele Kilometer schafft Freddy?

Machen wir uns an den ersten Teil der Aufgabe. Die Strecke, die Freddy fahren muss, ist auf 154 km festgelegt. Veränderlich sind also nur die Fahrzeit und die Geschwindigkeit. Und hier gilt: Je **schneller** Freddy fährt, desto **kürzer** ist seine Fahrzeit.

Wir haben es also mit einer **umgekehrt proportionalen** Zuordnung zu tun. Allzu viel rechnen müssen wir hier nicht, denn gefragt ist die Strecke, die Freddy in **einer** Stunde zurücklegt: Die Geschwindigkeit wird ja in Kilometern **pro** Stunde gemessen. Also genügt diese Rechnung:

$$154 : 2 = 77$$

oder ausführlicher mit Größenangaben:

$$154\,\text{km} : 2\,\text{h} = 77\,\text{km/h}$$

Freddy ist also im ersten Durchgang rund 77 km/h gefahren. (Das ist ein Mittelwert, denn man fährt ja nicht immerzu gleich schnell.)

Nun zur zweiten Rallyerunde: Festgelegt ist hier die Zeit. Deshalb gilt: Je **schneller** Freddy fährt, desto **länger** ist die erreichte Fahrstrecke.

Jetzt haben wir eine (direkt) **proportionale** Zuordnung vor uns. Auch hier genügt nur eine Rechnung:

$$2{,}5 \cdot 66 = 165$$

Und auch hier die ausführlichere Version mit allen Maßangaben:

$$2{,}5\,\text{h} \cdot 66\,\text{km/h} = 165\,\text{km}$$

Im zweiten Durchgang schafft Freddy eine Strecke von 165 km.

Gibt es eigentlich Zuordnungen, die weder direkt noch indirekt proportional sind? Na klar.

Nehmen wir als Beispiel das Wetter: Ich kann täglich jeder Uhrzeit eine bestimmte Temperatur zuordnen, etwa 0.00 Uhr ↔ 8 Grad und 6.00 Uhr ↔ 16 Grad. Wie viel Grad sind es um 12.00 Uhr? 24 Grad? Oder vielleicht immer noch 16 Grad? Oder gar nur 12 Grad? Ich weiß es nicht.

Hier kann man nur raten oder versuchen, mit möglichst vielen Hinweisen zu schätzen, wann welches Wetter zu erwarten ist.

Und so gibt es zahlreiche weitere Zuordnungen, bei denen wir mit unseren einfachen mathematischen Mitteln »machtlos« sind.

Zusammenfassung

Nun sind wir wieder ein ganzes Stückchen weiter gekommen. Zeit für eine Pause. Immerhin kennst du dich verhältnismäßig gut mit Maßstäben, Proportionen und Ähnlichem aus. Zumindest dies ist bestimmt hängen geblieben:

Für Maßstäbe gilt:
Das Verhältnis zwischen Modell und Original ist ein Quotient:
$Modell : Original = \frac{Modell}{Original}$ (gesprochen »zu«).
Für Zuordnungen gilt:
Proportionale Zuordnung → je mehr, desto mehr
Umgekehrt proportionale Zuordnung → je mehr, desto weniger
Für den Dreisatz gilt:
Aufstellen der Startzuordnung
Ermitteln der Einheitszuordnung (Division oder Multiplikation)
Ermitteln der Zielzuordnung (Multiplikation oder Division)

Ein paar Fragen ...

1. Außer Metern und Kilometern gibt es ja auch Zentimeter und Dezimeter. Wie lang bzw. groß sind die? Und was bedeutet eine Tonne?
2. Rudi Pfiffig meint: »Setzt man bei Verhältnissen Brüche ein, kann man auch sagen: Wenn der Bruch echt ist, dann ist das erste Objekt kleiner, ist der Bruch unecht, so ist das erste Objekt größer als das zweite.« Was meinst du?
3. Könnte man bei Tinas Spinnenmodell auch einen Maßstab mit »1 zu« angeben?
4. Was ist mit den Zuordnungen »Je weniger, desto weniger« und »Je weniger, desto mehr«?

... und ein paar Aufgaben

1. Opa Krause hat einige Landkarten in den Maßstäben 1:150.000, 1:250.000 und 1:1000.000. Wie lang ist ein dort gemessener Zentimeter in Wirklichkeit?

2. Herr Maier aus dem Norden will Frau Müller im Süden besuchen. Herr Maier misst 12 cm auf der Karte im Maßstab 1:300.000. Wie schnell ist er da, wenn er durchschnittlich 75 km/h fährt?

3. Bruno kauft 3 CDs, die zusammen 34,50 Euro kosten. Tina zahlt für ihre CDs 57,50 Euro. Kuno will 4 CDs kaufen.

4. Hier ist eine Variante der Aufgabe 06.06:
Die Sumos Benno und Beppo haben für ihren Inselurlaub Vorrat für 6 Tage eingepackt. Kaum sind sie 3 Tage da, taucht unverhofft Hippo als einziger Überlebender eines Schiffsunglücks auf. Ab jetzt muss der Vorrat für drei Schwergewichte reichen. Wie viele Tage reicht der Vorrat insgesamt?

5. 2 Meerschweinchen fressen 4 kg Heu in 20 Tagen. Wie lange würde diese Menge für 5 Meerschweinchen reichen? Und wie viele Meerschweinchen würden 10 Tage lang mit 3 kg Heu auskommen?

(Die Lösungen zu allen Fragen und Aufgaben stehen hinten im Buch.)

7
Prozente

Überall begegnet man ihnen: Ob beim Monatsgehalt mit oder ohne Abgaben und Steuern, ob beim Einkauf mit oder ohne Mehrwertsteuer, wenn Preise fallen oder steigen. Und nicht zuletzt bei den Wahlen: Keine Partei kann genug davon kriegen. Die Rede ist von Prozenten. Vor allem um die soll es in diesem Kapitel gehen.

In diesem Kapitel lernst du

- den Prozentbegriff kennen
- was Prozentwert und Grundwert bedeuten
- was mit Prozentsatz und Grundsatz gemeint ist
- das Prozentquadrat kennen

Vergleichbarkeit

Wie man zwei Werte vergleicht, weißt du noch aus dem letzten Kapitel. Deshalb dürfte dir diese Aufgabe wohl wenig Probleme bereiten:

Übung 07.01:

Wer hat denn nun mehr bekommen: Olga, deren Gehalt von 1.000 auf 1.050 Euro erhöht wurde, oder Erik, dessen Einkommen von 2.000 auf 2.080 Euro gestiegen ist?

Das Erste, was uns einfällt, wäre die Berechnung der Unterschiede:

1	0	5	0	-	1	0	0	0	=	5	0
2	0	8	0	-	2	0	0	0	=	8	0

So bekommt Olga 50 Euro mehr und Erik kann sich sogar über eine Zuzahlung von 80 Euro freuen. Aber ist damit eindeutig geklärt, wo der Zuwachs größer ist? Na gut, wir wissen ja auch noch, wie man die Verhältnisse errechnet:

1	0	5	0	:	1	0	0	0	=	1,	0	5
2	0	8	0	:	2	0	0	0	=	1,	0	4

Danach bekommt Olga nun das 1,05fache ihres vorigen Gehaltes, Erik dagegen nur das 1,04fache.

Irgendwie haben wir jetzt eine Art Unentschieden: Im ersten Fall kriegt Erik mehr, im zweiten Olga. Genau betrachtet ist das, was Olga und Erik zusätzlich bekommen, recht mickrig – verglichen mit dem, was sie üblicherweise im Monat verdienen. Eigentlich könnte man das Verhältnis doch auch so ausrechnen, indem man nur die Erhöhung mit dem alten Gehalt vergleicht:

5	0	:	1	0	0	0	=	0,	0	5
8	0	:	2	0	0	0	=	0,	0	4

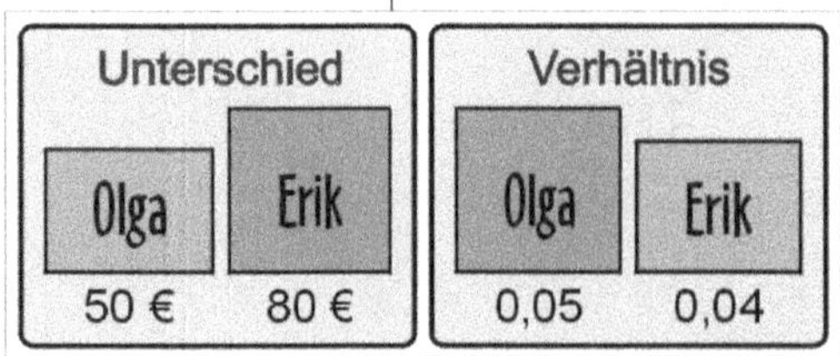

Dann wäre die Gehaltserhöhung bei Olga immer noch relativ höher als bei Erik, aber die Zahlen zeigen doch deutlicher, wie niedrig sie insgesamt ausgefallen ist.

Besonders schön finde ich hier die beiden Kommazahlen nicht. Wie wäre es, wenn wir sie mal in Brüche umwandeln, um ihre Optik etwas aufzupeppen?

$$50 : 1000 = \frac{50}{1000} = \frac{1}{20}$$

$$80 : 2000 = \frac{80}{2000} = \frac{1}{25}$$

Olga bekommt also $\frac{1}{20}$ mehr Gehalt, Erik $\frac{1}{25}$.

Aber was hat uns das jetzt gebracht? Ich sehe schon: Wir sind ein wenig über das Ziel hinausgeschossen. Um die beiden Brüche **vergleichbar** zu machen, müssen sie den **gleichen Nenner** haben. Versuchen wir's mal mit 100:

$$\frac{1}{20} = \frac{5}{100} \qquad \frac{1}{25} = \frac{4}{100}$$

Hundertstel haben in der Mathematik eine besondere Bedeutung: Oft lassen sich Verhältnisse mit Brüchen genauer darstellen als mit Kommazahlen. Um diese miteinander vergleichen zu können, benötigt man einen gemeinsamen Nenner. Der sollte aber nicht beliebig sein, sondern möglichst praktisch.

Da wir im Dezimalsystem arbeiten, würde sich zunächst die 10 anbieten. Zehntel wären aber in vielen Bereichen zu ungenau. Deshalb kam man auf die 100 – und natürlich auch auf einen neuen Namen:

Ein Hundertstel einer Zahl wird als 1 **Prozent** bezeichnet. Das Symbol dafür ist %. (Du findest dort die 2 Nullen von der 100 wieder.)

»Pro-Zent« (englisch: »per cent«) hat ebenso etwas mit 100 zu tun, wie z.B. Zentimeter oder Cent (1m = 100 cm; 1 Euro = 100 Cent).

Für die Fälle, in denen Prozente zu ungenau werden, weil die Messwerte sehr klein sind, gibt es noch **Promille.** Gemeint sind damit Tausendstel und das Symbol dafür ist ‰. Es gilt **1% = 10 ‰** bzw. **1 ‰ =** **0,1%.**

Unsere Brüche lassen sich nunmehr auch so darstellen:

$$\frac{5}{100} = 5\ \% \qquad \frac{4}{100} = 4\ \%$$

Damit sind wir so weit, dass wir sagen können: Olga bekam eine Gehaltserhöhung von 5 Prozent, Erik eine von 4 Prozent.

Grundig und Prozentig

Wenn es um das Berechnen von Prozenten geht, müssen – so die Mathematiker – gleich eine ganze Hand voll neuer Begriffe her: Da ist zum einen der Grundwert, dann kommt der Prozentwert und schließlich der Prozentsatz. Bloß: Was ist denn nun was? Klären wir das mit Hilfe der nächsten Aufgabe:

Übung 07.02:

So langsam wird es mal wieder Zeit für ein Kaffeekränzchen mit Martha, Erna und Berta. Diesmal gilt es, eine Torte mit Kirschen und Eierlikör zu vertilgen, die bereits geschickt in 10 gleiche Teile aufgeschnitten wurde.

Tante Martha genehmigt sich 2 Stückchen, Tante Erna gestattet sich 3, der Rest bleibt wieder für Tante Berta. Wie viel Prozent dieser Torte sind in jeder Tante verschwunden?

Wenn wir das Ganze erst mal wieder als Brüche aufschreiben, kommen wir auch schnell auf unsere Prozente:

$$\frac{2}{10} = \frac{20}{100} = 20\,\% \quad \text{(Martha)}$$

$$\frac{3}{10} = \frac{30}{100} = 30\,\% \quad \text{(Erna)}$$

$$\frac{5}{10} = \frac{50}{100} = 50\,\% \quad \text{(Berta)}$$

Zählt man alles zusammen, kommt man für die ganze Torte dann auf 100%. (Aber das hast du dir längst gedacht, dass ein Ganzes 100 Prozent entspricht.)

Nachdem die Torte verputzt ist, interessiert uns noch, was denn eigentlich was war – aus der Sicht der Prozentrechnung gesehen. Dass die ganze in 10 Stücke aufgeteilte Torte der **Grundwert** ist, dürfte wohl niemand bezweifeln. (Man hätte hier auch »Grundnahrung« sagen können.)

Die Stückchen, die jede Tante zu sich nimmt, bilden jeweils den **Prozentwert**. Bleibt für die Zahlen mit dem Symbol % noch **Prozentsatz** als Bezeichnung.

So ganz klar ist diese Rollenverteilung noch nicht? Dann schauen wir uns mal diese Tabelle an (in der sich Menschen begegnen, die sich wahrscheinlich noch nie gesehen haben):

	Grundwert	Prozentwert	Prozentsatz
Olga	1.000 Euro	50 Euro	5%
Erik	2.000 Euro	80 Euro	4%
Martha	10 Stück	2 Stück	20%
Erna	10 Stück	3 Stück	30%
Berta	10 Stück	5 Stück	50%

Findest du dich in der Tabelle zurecht? (Notfalls solltest du noch mal einen Blick in die Aufgaben 07.02 **und** 07.01 werfen.)

Wert oder Satz?

Damit du aber sicher bist, alles verstanden zu haben, darfst du dich gleich wieder an einer weiteren Aufgabe stählen:

Übung 07.03:

Bis jetzt erhielt Tina monatlich 20 Euro Taschengeld. Nun soll es um 10% erhöht werden. Wie viel Geld kommt jetzt dazu?

Auch Kuno hat eine Taschengelderhöhung um 10% zu erwarten, das sind 3 Euro. Wie viel Taschengeld hat Kuno bisher erhalten?

Auch hier bietet sich wieder eine Tabelle an, die zuerst natürlich noch ein paar Lücken hat:

	Grundwert	Prozentwert	Prozentsatz
Tina	20 Euro	?? Euro	10%
Kuno	?? Euro	3 Euro	10%

Gesucht ist also bei Tina der Prozentwert und bei Kuno der Grundwert. Aber wie sollen wir die Lösungen herausfinden?

Setzen wir doch die Werte einmal zueinander in Beziehung. Damit alles passt, darf natürlich eine vierte Größe nicht fehlen, die ich **Grundsatz** nennen möchte. Dieser hat immer den **festen** Wert 100%.

So lassen sich zuerst Grund**wert** und Grund**satz** zuordnen:

20 €	↔	100 %	(Tina)
?? €	↔	100 %	(Kuno)

Die zweite Zuordnung gilt für Prozent**wert** und Prozent**satz**:

?? €	↔	10 %	(Tina)
3 €	↔	10 %	(Kuno)

Wenn wir nun mal genau hinschauen, wie sich die »Sätze« verändern, dann können wir daraus auch unsere Schlüsse für die »Werte« ziehen.

Beginnen wir mit Tina, wo ja der **Prozent**wert gesucht ist. Um von 100% auf 10% zu kommen, müssen wir dividieren:

$$100 : 10 = 10$$

Und genau so machen wir es mit dem Grundwert, um auf den Prozentwert zu kommen:

$$20 : 10 = 2$$

Womit die zweite Zuweisung nun komplett wäre:

2 €	↔	10 %

Tina bekommt also 2 Euro mehr Taschengeld.

Weiter geht es mit Kuno, bei dem der **Grund**wert gesucht ist. Hier gilt es, von 10% auf 100% zu kommen, demnach müssen wir multiplizieren:

$$10 \cdot 10 = 100$$

Mit dem Prozentwert machen wir es ebenso, um auf den Grundwert zu kommen:

3	·	1	0	=	3	0

Womit wir auch diese Zuweisung vervollständigt hätten:

3	0	€		↔		1	0	0	%

Kuno hat also bisher 30 Euro Taschengeld bekommen.

Zusammenfassend können wir sagen: 10% von 20 Euro sind 2 Euro (für Tina) bzw. 10% von 30 Euro sind 3 Euro (für Kuno). Dies mündet in die allgemeine Formel: »Prozentsatz von Grundwert ist Prozentwert«.

Verwirrend ist nur manches Mal herauszufinden, welcher von den drei Werten denn nun jeweils gemeint ist. Da helfen vielleicht diese kleinen »Rechenkrücken«:

Den **Prozentsatz** findest du recht schnell: Es ist die Zahl, bei der das Prozentzeichen (%) steht. Bleiben noch zwei. Und da kann es manchmal knifflig werden. Der **Grundwert** ist der Wert, der 100% entspricht. In der Regel ist er Ausgangs- oder Basiswert. Und das andere wäre dann der **Prozentwert.**

Ein Beispiel: Bei Tina und Kuno entspricht jeweils das alte, ursprüngliche Taschengeld 100%. Damit haben wir den Grundwert. Und die Veränderung, also das, was hier beide mehr bekommen, ist dann der Prozentwert.

Das Prozentquadrat

Beim genaueren Hinschauen fallen uns ein paar weitere mögliche Zuordnungen auf, sodass wir insgesamt auf vier Paare kommen, die man miteinander vergleichen kann:

Grundwert	↔	Grundsatz
Prozentwert	↔	Prozentsatz
Prozentwert	↔	Grundwert
Prozentsatz	↔	Grundsatz

Alle vier Beziehungen führen uns zu diesem »Prozentquadrat«:

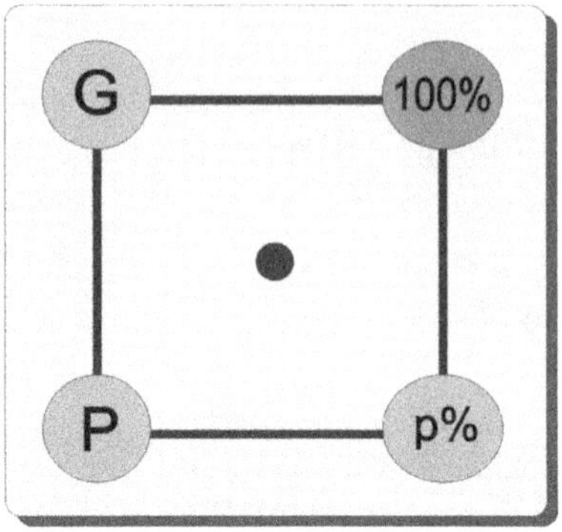

Hier sind die vier beteiligten Größen abgekürzt: 100% ist der feste Grundsatz, p% der Prozentsatz, **G** kürzt den Grundwert und **P** den Prozentwert ab. Links stehen die »Werte«, rechts die »Sätze«. Wenn du dir nun die verbindenden Linien als Bruchstriche bzw. als Symbole für die Division (/) denkst, bleibt der dicke Punkt in der Mitte als Symbol für die Multiplikation (•).

Damit haben wir die Möglichkeit, aus diesem Prozentquadrat direkt die nötigen Formeln für unsere Berechnungen abzuleiten. Gesucht ist ja immer **eine** Größe: Der Prozentsatz (p%), der Prozentwert (P) oder der Grundwert (G).

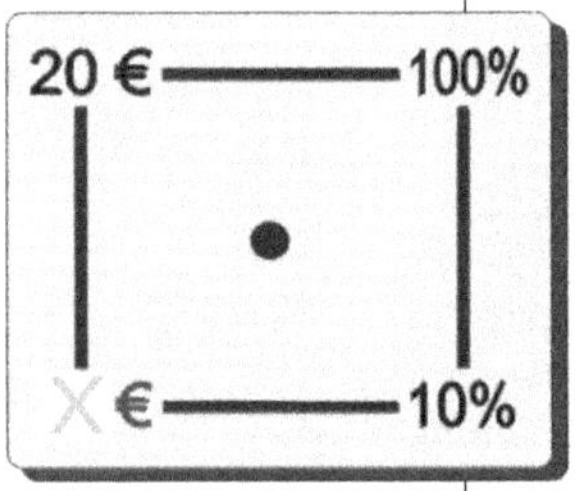

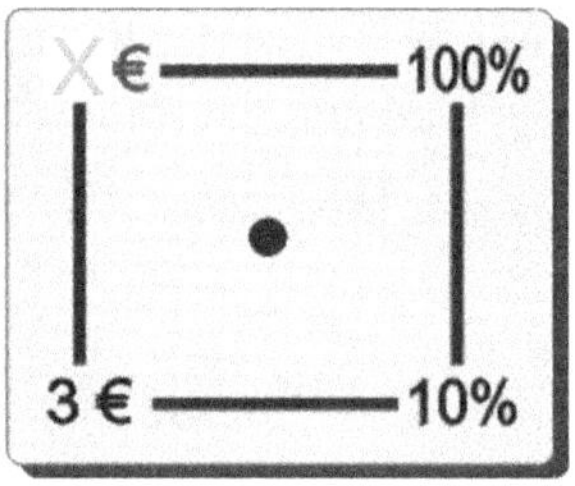

Wenn wir nun die Taschengeldaufgabe noch einmal am Prozentquadrat wiederholen, so ergibt sich dieses Bild – links für Tina, rechts für Kuno:

Für die Rechnung verpassen wir der unbekannten Größe als Symbol ein x. Das gefällt mir besser als ein Fragezeichen und ist in der Mathematik als Zeichen für etwas Unbekanntes durchaus üblich.

Für die Formeln beginnen wir im Prozentquadrat **immer** diagonal – also mit der Multiplikation. Bei Tina stehen sich da die Größen 20 € und 10% gegenüber, bei Kuno 3 € und 100%. Der Punkt in der Mitte heißt: Jetzt wird malgenommen. In welcher Ecke du anfängst, ist dabei egal. Hauptsache, du benutzt die Diagonale, in der zwei **bekannte** Größen stehen.

Anschließend fährst du weiter zur dritten Größe. Der Strich dazwischen bedeutet: Nun wird geteilt. Wenn wir die Maßangaben weglassen, bekommen wir diese Rechnungen:

$$x = 20 \cdot 10 : 100 = 2 \quad \text{(Tina)}$$
$$x = 3 \cdot 100 : 10 = 30 \quad \text{(Kuno)}$$

Würde man die Formeln als Brüche darstellen, sähe das so aus:

$$x = \frac{20 \cdot 10}{100} = \frac{200}{100} = \frac{2}{1}$$

$$x = \frac{3 \cdot 100}{10} = \frac{300}{10} = \frac{30}{1}$$

Und weil **2/1** und **30/1** jeweils die Ganzen Zahlen **2** und **30** ergeben, haben wir auch hier dieselben Lösungen wie oben.

In der Schule ist es oft üblich, drei Formeln auswendig zu lernen. Sie alle lassen sich aus dem Prozentquadrat ableiten (womit du also nur dieses kennen musst). Hier sind die drei im Überblick:

Prozentwert = Grundwert mal Prozentsatz durch 100

Grundwert = Prozentwert mal 100 durch Prozentsatz

Prozentsatz = Prozentwert mal 100 durch Grundwert

Über 100?

Mit den Informationen über die Taschengelderhöhungen bei Tina und Kuno dürfte es ein Leichtes sein herauszufinden, wie viel Taschengeld sie denn nun ab jetzt bekommen: Man zählt einfach den alten Betrag und die Erhöhung zusammen und schon hat man das neue Taschengeld:

$$20 + 2 = 22 \quad \text{(Tina)}$$
$$30 + 3 = 33 \quad \text{(Kuno)}$$

Das ist ja lächerlich einfach, meinst du. Da hast du zwar Recht, aber es geht ja noch ein bisschen weiter. Nun könnte man doch das alte mit dem neuen Taschengeld vergleichen und ausrechnen, wie viel Prozent da im Spiel sind. Gesucht ist also der **Prozentsatz** und mit Hilfe unseres Prozentquadrats kommen wir zu diesen Rechnungen:

$$x = 22 \cdot 100 : 20 = 110 \quad \text{(Tina)}$$
$$x = 33 \cdot 100 : 30 = 110 \quad \text{(Kuno)}$$

Das wären ja 110%. Geht das denn? Ist nicht 100% das Höchste, was möglich ist? Tatsache ist: Das alte Taschengeld ist unser Grundwert, das

neue unser Prozentwert. Und weil der nun mal höher ist als der Grundwert, muss auch der Prozentsatz über 100% liegen.

Ein gutes Beispiel ist die Mehrwertsteuer. Sie wird üblicherweise bei allem, was man so zu bezahlen hat, erhoben. Du merkst davon nichts, es sei denn, du bekommst mal eine Rechnung, in der etwas Ähnliches wie in der nächsten Aufgabe steht:

Übung 07.04:

Olga bekommt eine Rechung. »Für unsere Dienste erlauben wir uns, Ihnen 87,00 € inklusive 16% Mehrwertsteuer zu berechnen«, liest sie. Olga rätselt: Was hätte das Ganze eigentlich ohne diese Steuer gekostet? Weißt du es?

Es muss Olga nicht unbedingt interessieren, denn sie hat ohnehin die kompletten 87 Euro zu bezahlen. Aber es ist erkennbar, dass die Gesamtrechnung 116% entspricht, nämlich die 100% der eigentlichen Kosten **plus** die 16% für die Mehrwertsteuer.

Grundwert ist der Ausgangspreis ohne Mehrwertsteuer, und der ist gesucht. Bekannt ist also der Prozentwert. Und dieser Weg führt uns zur Lösung (das x können wir hier wieder weglassen):

87,00 · 100 : 116 = 75,00

Die Kosten ohne Steuern betragen also 75 Euro.

Alles verstanden? Dann schaffst du auch die nächste Aufgabe:

Übung 07.05:

In Olaf Wirrwarrs Krämerladen gibt es nichts zu kaufen, was es nicht gibt. Und die Preise gehen ständig auf und ab. Gerade gestern hat Olaf den Preis eines Taschenrechners von bisher 15 Euro um 10% erhöht, aber heute kostet er bereits wieder 10% weniger. Wie ist der Preis heute?

Du hast gar nicht gerechnet und behauptest: Natürlich 15 Euro. Unrecht hast du! Gehen wir das Problem streng mathematisch an und ermitteln zuerst, was der Taschenrechner gestern gekostet hat:

15,00 · 110 : 100 = 16,50

Der Grundwert betrug vorgestern 15,00 Euro, der Prozentsatz für die Erhöhung ist **100% + 10% = 110%**, denn die Frage ist ja nicht, um wie viel der Taschenrechner sich verteuert hat, sondern die nach dem **neuen** Preis. Und der ergibt sich als Prozentwert in Höhe von 16,50 Euro.

Das war gestern. Heute nun müssen von diesen 16,50 Euro wieder 10% abgezogen werden, womit der heutige Preis noch **100% - 10% = 90%** vom gestrigen beträgt. Und den ermitteln wir mit dieser Rechnung:

16,50 · 90 : 100 = 14,85

Bei Olaf einkaufen kann sich also lohnen – wenn man den richtigen Zeitpunkt erwischt.

Ein anderer Weg zum Ziel wäre dieser gewesen: Man berechnet jeweils, um wie viel der Preis gestiegen oder gefallen ist. (Die Frage zur Aufgabe hätte ja auch lauten können: »Um wie viel ist der Taschenrechner teurer bzw. billiger geworden?«)

Im ersten Schritt berechnen wir 10% von 15 Euro:

15,00 · 10 : 100 = 1,50

Die Preiserhöhung (+) beträgt also 1,50 Euro. Damit kostete der Taschenrechner bei Olaf gestern:

15,00 + 1,50 = 16,50

Im nächsten Schritt kümmern wir uns um die Preissenkung, das sind 10% von 16,50 Euro:

16,50 · 10 : 100 = 1,65

Weil der Preis gefallen ist (–), kostet der Taschenrechner bei Olaf heute:

16,50 - 1,65 = 14,85

Und hier zur besseren Übersicht noch mal alles kurz und knapp in einer Tabelle verpackt:

	Ausgangspreis	Änderung in Euro	Änderung in Prozent	Endpreis	Verhältnis zum Startpreis
gestern	15,00 €	+ 1,50 €	+ 10%	16,50 €	110%
heute	16,50 €	– 1,65 €	– 10%	14,85 €	90%

Die Antwort auf die Frage ganz zu Anfang, ob nun Olga oder Erik mehr Gehaltserhöhung bekommen, kann nur lauten: Es kommt darauf an. Wenn jemand im Monat z.B. 1.000 Euro verdient und ein anderer 10.000 Euro, so bekommen beide mit 5% **relativ** gesehen die **gleiche** Erhöhung ihres Einkommens (mathematisch = Verhältnis).

Während aber der eine mit 10.000 Euro eigentlich gar nicht auf eine Erhöhung seines ohnehin schon üppigen Gehalts angewiesen ist, hat der andere möglicherweise ein Mehr an Geld bitter nötig. Immerhin bekommt der, der es nicht unbedingt braucht, 500 Euro mehr, der andere nur 50. Damit ist die Erhöhung **absolut** gesehen **verschieden** (mathematisch = Unterschied).

Zusammenfassung

Wie viel Prozent dieses Buches du nun hinter dir hast, vermag ich nicht genau zu sagen, aber du kannst ja versuchen, es mit den Kenntnissen dieses Kapitels selbst zu berechnen.

Auf jeden Fall weißt du, dass Prozente dasselbe sind wie Hundertstel:

$$1\% = \frac{1}{100}.$$

Außerdem sind dir die Begriffe Prozentwert, Grundwert und Prozentsatz bekannt und du weißt, wie man sie berechnet:

	Bedeutung	Formel
Prozentwert	End- oder Zielwert als Anteil oder bei einer Erhöhung/Senkung bzw. Vermehrung/Verminderung	P = G·p/100
Grundwert	Basis- oder Startwert für einen Anteil, eine Erhöhung/Senkung bzw. Vermehrung/Verminderung	G = P·100/p
Prozentsatz	Verhältniswert in Hundertsteln (%)	p = P·100/G

Ein paar Fragen ...

1. Der alte Leopold erzählt über seine Arbeit: »Ich sammle Metallschrott und zahle fürs Kilo 1 Euro. Den verkaufe ich und kassiere pro Kilo 3 Euro. Und von den 2% Unterschied muss ich leben.« Was meinst du dazu?

2. Um wie viel Prozent unterscheidet sich eigentlich bei Olga und Erik das neue vom alten Gehalt?

3. Rudi Pfiffig verwendet diesen Weg, um mit der Mehrwertsteuer zu rechnen: »Will ich den Prozentwert, nehme ich mit 1,16 mal, will ich den Grundwert, teile ich durch 1,16.« Was hältst du davon?

4. Die Mehrwertsteuer soll von 16% auf 19% erhöht werden. »Das sind 3 Prozent«, behauptet Kuno. »Nein, es sind 3 Prozentpunkte«, widerspricht Tina. Was könnte Tina damit meinen?

... und ein paar Aufgaben

1. Schreibe die folgenden Brüche als Prozent: $\frac{1}{10}, \frac{1}{2}, \frac{1}{4}, \frac{3}{4}, \frac{1}{5}$.

2. Eine Variante von Aufgabe 07.03:
Tinas Taschengeld soll von 20 Euro um 25% und Kunos Taschengeld um 20% erhöht werden. Bis jetzt bekam Tina 20 Euro und Kuno 25% mehr als sie. Wie fällt die Erhöhung bei Tina und Kuno in Euro aus, wie viel Taschengeld erhalten sie künftig?

3. Olaf und Detlef bieten am Montag einen DVD-Player für 123,45 Euro an. Am Dienstag erhöht Olaf seinen Preis um 3%, Detlef reagiert mit einer Preissenkung um 7%. Am Mittwoch senkt Olaf den Preis des DVD-Players ebenfalls um 7%, worauf Detlef mit einer Preiserhöhung um 3% reagiert. Wo liegen die jeweiligen Preise jetzt?

4. Bruno will ein Fahrrad kaufen, auf das es 22% Rabatt gibt. Wenn er bar bezahlt, bietet der Händler ihm zusätzlich 3% Skonto. (Während Rabatt ein allgemeiner Preisnachlass ist, wird Skonto meist nur bei vorzeitigen Zahlungen gewährt.) Ursprünglich kostete das Fahrrad 1.298 Euro, was muss Bruno zahlen?

(Die Lösungen zu allen Fragen und Aufgaben stehen hinten im Buch.)

8

Zins und Zinseszins

Immer mehr Menschen machen Schulden, heißt es. Immerhin lässt sich mit geliehenem Geld eine Menge anfangen. Aber ausgeben kann man es nur einmal. Und zurückzahlen muss man das Geld irgendwann auch. Und nicht nur das. Besonders schmerzhaft ist es festzustellen, dass die Schulden im Laufe der Jahre mächtig gewachsen sind. Aber es geht ja auch umgekehrt: Wenn man Geld lange genug spart, hat es ebenfalls die Eigenschaft, sich zu vermehren.

In diesem Kapitel lernst du

- etwas über Schulden und übers Sparen
- die Bedeutung von Kapital und Zinsen kennen
- etwas über das Potenzieren
- was ein Zinsfaktor ist
- welche Rolle die Zeit spielt
- was Zinseszinsen sind

Leihgebühren

Borgst du dir von deinem besten Freund Geld, dann dürfte das in der Regel kein großes Problem sein – wenn der Betrag nicht zu groß ist, du das Geld baldmöglichst wieder zurückzahlst und das Ganze sich nicht allzu oft wiederholt.

Ganz anders als Freunde verlangen Geldinstitute wie Banken oder Sparkassen eine Gebühr dafür. So auch in der folgenden Aufgabe:

Übung 08.01:

Erik will sich ein fabrikneues Auto kaufen. Etwas Geld hat er dafür bereits angespart. Doch es fehlen ihm noch 10.000 Euro. Eine Bank kann ihm diesen Betrag leihen, will ihn aber nach einem Jahr zurück und verlangt dafür 11% Zinsen. Wie viel Geld muss Erik der Bank dann insgesamt zahlen?

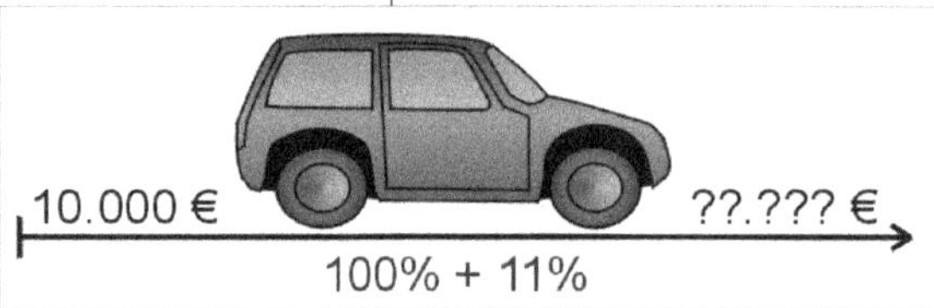

Damit es nicht so schrecklich klingt, haben die Banken und Sparkassen ein paar elegante Begriffe eingeführt: So gaben sie dem geliehenen Geld statt Schulden den Namen **Kredit** und nannten die Leihgebühr **Zinsen**.

Für den Kredit samt Zinsen ermitteln wir mit Hilfe der Prozentrechnung, dass dies einem Prozentsatz von **100% + 11% = 111%** entspricht. Und auch die Berechnung der Gesamtschulden ist nichts Neues:

$$10.000 \cdot 111 : 100 = 11.100$$

Was ist an dieser Aufgabe Besonderes? Es geht um Geld, aber hatten wir nicht auch im letzten Kapitel genug mit Geld zu tun?

Das Neue an diesem Beispiel ist die **Zeit** – in diesem Fall geht es um ein Jahr. Denn Zinsen bzw. Leihgebühren sind nahezu immer an Zeit gebunden. Schauen wir uns die Fortsetzung der Aufgabe an:

Übung 08.02:

Nach einem Jahr kommt Erik zur Bank und bittet um einen Aufschub der Rückzahlung, weil er das nötige Geld bisher nicht zusammenbekommen hat. Die Bank leiht ihm das Geld, was er ihr bis jetzt schuldet, für ein weiteres Jahr. Der Zinssatz bleibt derselbe von 11%. Wie viele Schulden hat Erik dann zu tilgen?

Die Rechnung ist wieder die gleiche. Der Prozentsatz beträgt 111 %, allerdings ist der Grundwert nun um einiges höher:

$$11.100 \cdot 111 : 100 = 12.321$$

Während Eriks Schulden anfangs 10.000 Euro betrugen, sind sie jetzt schon auf 11.100 Euro gewachsen, denn die Zinsen für ein Jahr schuldet Erik der Bank ja nun auch. Und ein weiteres Jahr später will die Bank von Erik sogar 12.321 Euro. Und wenn er die dann auch nicht tilgen kann?

Um zu sehen, wie es mit den Schulden weitergehen könnte, gehen wir von dem Geldbetrag aus, den Erik sich ganz zu Anfang geliehen hat, dem so genannten **Startkapital**.

Damit man besser erkennen kann, was da rechnerisch passiert, habe ich die jeweiligen Formeln als Brüche aufgeschrieben:

$$\frac{10.000 \cdot 111}{100} = 11.100$$

$$\frac{10.000 \cdot 111 \cdot 111}{100 \cdot 100} = 12.321$$

Für das 1. Jahr wird das Startkapital also mit 111 malgenommen und durch 100 geteilt. Für das 2. Jahr wiederholt sich dieser Prozess. Für das 3. und alle folgenden Jahre muss man also immer weiter mit 111 malnehmen und durch 100 teilen.

Nichts Besonderes, hättest du sowieso gewusst? Aber lässt sich dieses ewige »mal Prozentsatz durch 100« nicht einfacher gestalten? Als erster Schritt bietet sich die Möglichkeit an, den Bruch mit den Hundertsteln als Kommazahl zu schreiben:

$$\frac{111}{100} = 1{,}11$$

Zinsfaktor wird das hier genannt. Wenn wir jetzt unsere Berechnungen noch einmal mit Hilfe dieses Zinsfaktors wiederholen, ergibt sich folgendes Bild:

$$10.000 \cdot 1{,}11 = 11.100$$
$$10.000 \cdot 1{,}11 \cdot 1{,}11 = 12.321$$

Und für das 3. Jahr könnte man die Rechnung so fortsetzen (hier aus Platzgründen in zwei Zeilen):

$$10.000 \cdot 1{,}11 \cdot 1{,}11 \cdot 1{,}11$$
$$= 13.676{,}31$$

Wäre schön, wenn man das jetzt noch mehr vereinfachen könnte!

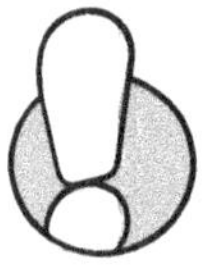

Du hast übrigens Recht, wenn du meinst, dass da eigentlich jedes Mal ein Minus (–) vor den Zahlen stehen müsste, mit denen Schulden bezeichnet werden, um sie von Guthaben abzugrenzen. Aber da wir im Falle von Erik ausschließlich mit Schulden gerechnet haben, gibt es hier keine Missverständnisse.

Solange Guthaben und Schulden nicht gemischt werden, kann man also getrost das negative Vorzeichen weglassen. Auf dem Konto dagegen werden Schulden natürlich mit einem Minus markiert.

Geldvermehrung

In der Hoffnung, dass Erik irgendwann seine Schulden komplett tilgen kann, verlassen wir ihn jetzt und kommen zu einer neuen Aufgabe, in der es um das Gegenteil von Schulden geht:

Übung 08.03:

Vor 10 Jahren haben Tinas Eltern für ihre Tochter ein Sparbuch mit 1.000 Euro zu einem jährlichen Zinssatz von 3% angelegt. Nun könnte Tina das Geld gut für den Kauf eines neuen gefederten Fahrrads gebrauchen. Sie rechnet mit 1.300 Euro. Wie viel Geld kann Tina abheben?

Wie du weißt, ist ein Sparbuch eine Art Vertrag mit einer Bank oder Sparkasse, ihr Geld zu leihen. Dafür gibt es eine jährliche Gebühr, die diesmal die Bank bezahlt (und nicht bekommt). Denn wenn du sparst, leihst du der Bank Geld. Deshalb kann man hier statt von Schuldzinsen auch von Sparzinsen reden (wobei es um die Schulden der Bank geht).

So hat Tina, der das Sparbuch gehört, ein Recht auf Zinsen. Aber wieso rechnet sie mit 1.300 Euro?

Sie hat einfach die 3% Jahreszinsen mal 10 (Jahre) genommen. Dann würde sie 30% Zinsen bekommen. Zusammen mit ihrem Startkapital macht das einen Prozentsatz von 130%. Und das wäre dann ihre Rechnung:

$$1000 \cdot 130 : 100 = 1300$$

Oder mit 1,30 als Zinsfaktor:

$$1000 \cdot 1{,}30 = 1300$$

Klingt schön einfach – zu einfach?

Bevor wir weiterrechnen, sammeln wir erst einmal einige Begriffe:

Die Sonderform der Prozentrechnung, mit der wir es hier zu tun haben, bezeichnet man als Zinsrechnung. Der Grundwert heißt hier Kapital und der Prozentsatz wird Zinssatz genannt. Der Prozentwert heißt oft Zinsen. Er kann aber auch die Summe aus Kapital **und** Zinsen sein. Dann kann man den Grundwert auch **Startkapital** und den Prozentwert **Zielkapital** nennen.

Nicht nur in der Schule bekommt man oft die bisherigen Formeln für die Prozentrechnung noch mal neu serviert, nur diesmal mit einigen anderen Buchstaben (z.B. K statt G und Z statt P). So lange es nur um die Zinsen für 1 Jahr geht, können wir getrost beim Prozentquadrat aus dem letzten Kapitel bleiben. Handelt es sich jedoch um andere Zeiten, wird es schon ein bisschen komplizierter.

Wenn wir uns an Eriks Schulden erinnern, mussten wir dort jedes Jahr einzeln berücksichtigen. Denn für die Zinsen (also die Leihgebühren) wurden ebenfalls wieder Zinsen erhoben, wenn sie nicht bezahlt worden waren (denn damit erhöhten sich ja auch die Schulden).

Und genau so ist es bei Tina: Nach einem Jahr hat sie nicht nur die 1.000 Euro, die ihre Eltern für sie angelegt hatten, sondern auch die Zinsen. Macht ein neues Guthaben von **1000 + 30 = 1030** Euro. Im zweiten Jahr muss die Bank also für diesen Betrag Zinsen zahlen – und so fort. Genannt wird das Zinseszins. In der folgenden Tabelle kannst du sehen, wie sich Tinas Sparguthaben von Jahr zu Jahr weiterentwickelt:

Jahr	Startkapital	ohne Zinseszins	mit Zinseszins
1	1.000,00	1.030,00	1.030,00
2	1.000,00	1.060,00	1.060,90
3	1.000,00	1.090,00	1.092,73
4	1.000,00	1.120,00	1.125,51
5	1.000,00	1.150,00	1.159,27
6	1.000,00	1.180,00	1.194,05
7	1.000,00	1.210,00	1.229,87
8	1.000,00	1.240,00	1.266,77
9	1.000,00	1.270,00	1.304,77
10	1.000,00	1.300,00	1.343,92

Zusätzlich steht hier auch der Zuwachs von Tinas Guthaben ohne Zinseszins. (Das wäre so, als würde Tina die Zinsen jedes Jahr abheben, dann bliebe der Sparbetrag ja bei 1.000 Euro stehen.)

Eine neue Rechenart

Was fehlt, ist der Rechenweg. Den findest du, wenn du noch mal genau bei Erik nachschaust. Wir beschränken uns jetzt bei Tinas Sparbuch auf die ersten drei Jahre, dann wird es Zeit, nach einer Vereinfachung zu suchen:

1	0	0	0	·	1,	0	3									=	1	0	3	0,	0	0
1	0	0	0	·	1,	0	3	·	1,	0	3					=	1	0	6	0,	9	0
1	0	0	0	·	1,	0	3	·	1,	0	3	·	1,	0	3	=	1	0	9	2,	7	3

Schon vor vielen Jahrhunderten kam es vor, dass man mehrmals hintereinander ein und dieselbe Zahl zu multiplizieren hatte, z.B. **2·2·2** oder **3·3·3·3**. Das schrie ja geradezu nach einer neuen Rechenart. Und so wurde das Potenzieren erfunden. Zwei Beispiele:

2	·	2	·	2			=	2	3	=	8	
3	·	3	·	3	·	3	=	3	4	=	8	1

Anstatt also lange Reihen von immer denselben Faktoren aufzuschreiben, benutzt man eine kleine Zahl, genannt Hochzahl oder Exponent, die man rechts oben an den Faktor »dranklebt«. Kommt z.B. die 2 dreimal vor, dann heißt der Exponent 3, kommt eine Zahl zehnmal vor, dann heißt der Exponent 10.

Auch hier haben die Mathematiker wieder ein paar Namen vergeben: Das ganze Gebilde heißt **Potenz**, die Zahl, die mit sich selbst malgenommen werden soll, trägt den Namen **Basis**, und der **Exponent** gibt die Anzahl der Faktoren an.

Ein paar Beispiele: Bei den Potenzen 2^3, 3^4, 5^2 heißen die Basen (= Mehrzahl von Basis) 2, 3, und 5; die Exponenten 3, 4 und 2.

Früher musste man schön brav jede vorkommende Zahl malnehmen, heute ist das kein Problem, weil der Taschenrechner das Potenzieren übernimmt. Das klappt natürlich auch mit Kommazahlen – wie wir gleich sehen werden.

Die meisten Taschenrechner haben heutzutage auch eine **Potenztaste.** Die ist allerdings nicht bei allen Geräten einheitlich:

^ y^x Potenztasten

Gerechnet wird dann so: Basis – Potenztaste – Exponent, z.B. 2^3 = 8.

Wir wenden unsere neuen Kenntnisse nämlich sofort auf Tinas Sparbuch an, indem wir die Berechnung für die ersten drei Jahre so schreiben:

$$1000 \cdot 1{,}03^{1} = 1030{,}00$$
$$1000 \cdot 1{,}03^{2} = 1060{,}90$$
$$1000 \cdot 1{,}03^{3} = 1092{,}73$$

In der ersten Zeile hätte man die 1 als Exponenten auch weglassen können. (Aber so weißt du nun schon mal, dass eine Zahl hoch 1 ihren Wert nicht ändert – so ähnlich wie du es schon vom Malnehmen mit 1 kennst.)

Interessant dürften die nächsten beiden Zeilen sein. Würde man diese Rechnungen fortsetzen – was wir nicht tun –, dann hätte man alle Zwischenergebnisse der folgenden Jahre. Uns genügt es, Tinas Kontostand nach 10 Jahren zu ermitteln:

$$1000 \cdot 1{,}03^{10} = 1343{,}92$$

Erinnerst du dich an die Regelung »Punkt vor Strich«? Danach hatten die Multiplikation (·) und Division (:) Vorfahrt vor Addition (+) und Subtraktion (–). Das gilt natürlich immer noch, nur kommt jetzt eine Rechenart hinzu, die Vorfahrt **vor allen** Grundrechenarten hat: das Potenzieren. Sonst müssten wir die letzte Gleichung eigentlich so schreiben:

$$1000 \cdot (1{,}03^{10}) = 1343{,}92$$

Da du die Aufgabe wahrscheinlich mit dem Taschenrechner nachprüfst, wirst du ebenfalls dieses Ergebnis bekommen, denn der Taschenrechner sollte die mathematischen »Vorfahrtsregeln« kennen. (Rechne auch noch mal die Aufgabe mit den Klammern nach!)

Allzu mächtig ist Tinas Guthaben zwar nicht gewachsen, aber immerhin. Warum sollten wir nicht einmal – mit unserer neuen Rechenart gewapp-

net – ausrechnen, wie es in ein paar Jahrzehnten aussehen würde, z.B. in 25 oder 50 Jahren?

1	0	0	0	·	1,	0	3	25	=	2	0	9	3,	7	8
1	0	0	0	·	1,	0	3	50	=	4	3	8	3,	9	1

Da hätte sich Tinas Geldanlage nach 25 Jahren wohl verdoppelt und nach 50 Jahren sogar mehr als vervierfacht. (Ob das etwas mit dem Spruch »Zeit ist Geld« zu tun hat?)

Startkapital oder Zielkapital?

Noch reicher wäre jemand anderer, wenn die Geschichte in der folgenden Aufgabe wirklich passiert wäre:

Übung 08.04:

Der alte Abraham behauptet, dass vor genau 2000 Jahren der Vater eines kleinen Jungen mit dem Namen Jesus ein Geldstück zur Bank in seinem Wohnort brachte. Der Inhaber der Bank erbot sich, ihm dafür jedes Jahr 1 Prozent Zinsen zu zahlen, solange das Geld dort verwahrt bliebe.

Die Bank, meint der alte Abraham, gibt es immer noch. Bisher hat dort keiner etwas von dem damaligen Konto abgehoben. Wie viel Guthaben könnte das heute sein, wenn das Geldstück von damals ein Cent wert war?

Wir lösen das Problem in weitaus weniger als 2000 Sekunden. Zuvor rechnen wir das Startkapital in Euro um (**1 Cent = 0,01 Euro**) und ermitteln den Zinsfaktor (**100% + 1% = 1,01**). Und schon ergibt sich diese Rechnung:

0,	0	1	·	1,	0	1	2000	=	4.	3	9	2.	8	6	2,	0	5

Lass dir das mal in den Augen und auf der Zunge zergehen: Mehr als 4 Millionen Euro gibt es von diesem Konto abzuheben.

Kehren wir zu alltäglicheren Geldbeträgen zurück. Nicht nur Tinas Eltern wollten für die Zukunft ihrer Tochter etwas Gutes tun:

Übung 08.05:

Die Eltern von Kuno haben ebenfalls vor genau 10 Jahren für ihren Sohn Geld angelegt. Ihr Ziel war, dass Kuno heute 2.000 Euro abheben kann. Wie viel Startkapital mussten Kunos Eltern bei einem jährlichen Zinssatz von 3% einsetzen?

Während bei Aufgabe 08.03 das Zielkapital gefragt war (»Wie viel ist jetzt auf dem Sparkonto?«), wird nun das Startkapital gesucht (»Wie viel wurde damals angelegt?«).

Klingt im ersten Moment schwierig, ist es aber gar nicht, wenn wir zunächst einmal die bisherige Formel benutzen. Dabei setzen wir für das uns unbekannte Startkapital mal wieder den Buchstaben x ein:

$$x \cdot 1{,}03^{10} = 2000$$

Wie du erkennen kannst, müssen wir hier wohl von hinten anfangen. Drehen wir die Rechnung also um, indem wir nicht malnehmen, sondern teilen:

$$x = 2000 : 1{,}03^{10} = 1488{,}19$$

Umgekehrt kommst du mit der bisherigen Formel auch tatsächlich von 1.488,19 Euro Startkapital zum Zielkapital von 2.000 Euro:

$$1488{,}19 \cdot 1{,}03^{10} = 2000$$

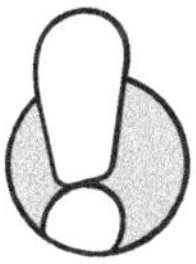

Nun sind zwei Formeln fällig, um zu berechnen, was aus einem Startkapital nach einigen oder vielen Jahren wird – bzw. umgekehrt:

Zielkapital = Startkapital mal Zinsfaktor hoch Jahre

Startkapital = Zielkapital durch Zinsfaktor hoch Jahre

Oder, wer's lieber kürzer mag, kann auch mit diesen Formeln rechnen:

$K_n = K_0 \cdot q^n$ fürs Zielkapital und $K_0 = K_n / q^n$ fürs Startkapital

(K = Kapital; n = Anzahl der Jahre).

Weitaus schwieriger als bei der Berechnung von Start- oder Zielkapital wird es, wenn der Zinssatz oder die Laufzeit (so nennt man die Anzahl der Jahre, die Kapital auf dem Konto ist) gesucht sind. Deshalb drücke ich mich auch hier und jetzt um die entsprechenden Formeln – zumal du dazu einige Rechenmethoden brauchst, die du noch gar nicht kennst.

Zinszeit

Was Erik angeht, so können wir sein finanzielles Problem zwar nicht lösen, aber wir sind in der Lage, ihm vorauszusagen, wie sein Schuldenberg im Laufe der Jahre wachsen könnte, wenn er ihn nicht baldmöglichst abträgt. Hier sind die ersten drei Jahre mit Zinsfaktor und Exponenten:

1	0.	0	0	0	·	1,	1	1		=	1	1.	1	0	0,	0	0
1	0.	0	0	0	·	1,	1	1	2	=	1	2.	3	2	1,	0	0
1	0.	0	0	0	·	1,	1	1	3	=	1	3.	6	7	6,	3	1

Würde Erik sein Problem 5 oder gar 10 Jahre vor sich her schieben, so sähe sein Schuldenkonto so aus:

1	0.	0	0	0	·	1,	1	1	5	=	1	6.	8	5	0,	5	8
1	0.	0	0	0	·	1,	1	1	10	=	2	8.	3	9	4,	2	1

Während diese Schulden wirklich unübersehbar sind, gibt es auch verdeckte Schulden, die oft gar nicht als solche wahrgenommen werden. Denn man muss keinen Kredit aufnehmen, um auf seinem Konto ins Minus zu rutschen. Weil es heutzutage ein Leichtes ist, bargeldlos mit einer Scheckkarte zu zahlen (indem man zusätzlich seine Geheimnummer eintippt oder einen Beleg unterschreibt), kann es schnell mal passieren, dass man mehr Geld ausgegeben hat, als auf dem Konto ist.

Die Bank oder Sparkasse hat seltsamerweise in der Regel nichts dagegen. Warum auch? Sie lässt sich eine solche Überziehung des Kontos – wie es auch genannt wird – gut bezahlen. Wie du richtig vermutest oder bereits weißt: Es ist wieder mal eine Leihgebühr fällig, zu einem deftigen Zinssatz, der durchaus 15% betragen kann:

Übung 08.05:

Olgas alter Motorroller ist kaputt, eine Reparatur lohnt sich nicht mehr. Deshalb kauft sie sich einen anderen gebrauchten Motorroller, muss dazu allerdings ihr Konto überziehen. Nach einem Monat empfiehlt ihr die Bank, für einige Monate einen Kleinkredit aufzunehmen, für den der Zinssatz statt 15% nur 9% betragen sollte. Olga leiht sich 500 Euro. Wie viel Geld zahlt sie nach 6 Monaten zurück?

Wenn wir hier von Zinssatz sprechen, meinen wir immer den **jährlichen** Zinssatz. Nun hat Olga aber nicht ein Jahr mit dem Zurückzahlen ihrer Schulden gewartet, sondern das bereits nach 6 Monaten, also einem halben Jahr, erledigt. Demnach müssten die Zinsen doch niedriger ausgefallen sein – oder?

Berechnen wir erst einmal alles für ein Jahr und sehen dann weiter:

$500{,}00 \cdot 1{,}09 = 545{,}00$

Mit dem Zielkapital allein können wir hier nicht allzu viel anfangen. Wie bringen wir hier die Tatsache unter, dass es sich nicht um ein ganzes, sondern nur ein halbes Jahr handelt?

Wenn wir die Zinsen halbieren und dann wieder zum Startkapital dazuzählen würden, könnte es passen:

545,00	-	500,00			=	45,00
		45,00	:	2	=	22,50
500,00	+	22,50			=	522,50

Jeder Monat hat 30 Tage

Aber so ganz sicher bist du dir nicht? Probieren wir's doch noch einmal für die Zinsen **allein**. Hierfür lautet der Zinsfaktor 0,09 (= 9%):

$500{,}00 \cdot 0{,}09 = 45{,}00$

Und weil statt einem ganzen nur ein halbes Jahr verzinst wird, können wir auch schreiben:

$500{,}00 \cdot 0{,}09 : 2 = 22{,}50$

Wäre das nicht so, als ob der Zinssatz nur 4,5% betragen hätte? Denn die Hälfte von 9% ist 4,5%. Wenn also Zinsen für **weniger** als ein Jahr anfallen, muss der Zinssatz entsprechend umgerechnet werden. Weil die Banken es aber nicht immer mit so glatten Zeiträumen wie einem Halbjahr oder Vierteljahr zu tun haben, rechnen sie in Tagen.

Dabei gilt als feste Regel: 1 Jahr hat 12 Monate mit je 30 Tagen = 360 Tage. (Und es ist egal, ob es z.B. um den Februar oder den Dezember geht: **Jeder** Monat wird mit 30 Tagen berechnet!)

Und damit müssen wir den »kleinen« Zinsfaktor mit der Formel »mal Anzahl der Tage durch 360« erst einmal umrechnen:

Zinsen = Kapital mal Zinsfaktor mal Anzahl der Tage durch 360.

Auf Tage bezogen, zahlt Olga ihre Schulden nach **6·30 = 180** Tagen zurück. Das führt uns zu dieser Rechnung:

$$500{,}00 \cdot 0{,}09 \cdot 180 : 360 = 22{,}50$$

Und damit hätten wir das gleiche Ergebnis wie oben. Allerdings umständlicher, meinst du? Dann nehmen wir doch mal an, Olga begleicht ihre Schulden schon nach 5 Monaten und 12 Tagen. Das müssen wir zuerst umrechnen:

$$5 \cdot 30 + 12 = 162$$

Statt 180 sind es jetzt 162 Tage. Und dafür muss Olga so viel Zinsen zahlen:

$$500{,}00 \cdot 0{,}09 \cdot 162 : 360 = 20{,}25$$

Man muss also in den Fällen, wo es nicht um ein ganzes Jahr geht, erst mal die Zinsen allein ausrechnen und sie dann zum vorhandenen Startkapital (Guthaben oder Schulden) addieren. Denn mit einem Versuch, gleich das ganze Kapital einzubeziehen, landen wir im Abseits:

$$500{,}00 \cdot 1{,}09 \cdot 162 : 360 = 245{,}25$$

Zur Freude der Schuldner und zum Ärger der Banken müsste nach dieser **falschen** Rechnung **weniger** zurückgezahlt werden, als man sich geliehen hat! (Und für Zinsen allein wäre es der glatte Wucher.)

Wir bleiben also bei der obigen Formel, die wir aber auch direkt durch die Addition des Startkapitals erweitern können, womit wir gleich das gesuchte Zielkapital hätten (aus Platzgründen mal wieder zweizeilig):

$$500{,}00 \cdot 0{,}09 \cdot 162 : 360$$
$$+ 500{,}00 = 520{,}25$$

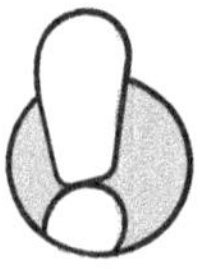

Die erweiterte Formel sähe demnach so aus:

Zielkapital =
Startkapital mal Zinsfaktor mal Tage durch 360 plus Startkapital.

Wichtig ist, dass der Zinsfaktor hier nur den Zinssatz der Zinsen enthalten darf!

Zusammenfassung

Na ja, zum Finanzfachgenie bist du nach diesem Kapitel noch nicht geworden. (Bei einer Bewerbung für einen Ausbildungsplatz als Bankkauffrau oder Bankkaufmann aber hättest du keine schlechten Karten.)

Auf jeden Fall weißt du, dass Zinsrechnung Prozentrechnung mit Geld und Zeit ist. Und du kennst ein paar wichtige Begriffe:

	Bedeutung	Formel
Kapital oder Startkapital	Basis- oder Startwert für einen Anteil oder eine Vermehrung (Verminderung)	$K = Z \cdot 100/p$
Zinssatz	Verhältniswert in Hundertsteln (%)	$p = Z \cdot 100/K$
Zinsen	End- oder Zielwert als Anteil von Kapital	$Z = K \cdot p/100$

Den Zinsfaktor hast du dabei doppelt kennen gelernt: einmal für die Zinsen und einmal für das Zielkapital. Damit lassen sich auch die Zinseszinsen ausrechen:

Zinsfaktor	Faktor für Vermehrung (Verminderung) von Kapital	$q = p/100$ $q = 1 + p/100$
Zinsen	End- oder Zielwert als Anteil von Kapital	$Z = Ko \cdot q^n$
Zielkapital	End- oder Zielwert bei einer Vermehrung (Verminderung) von Kapital	$Kn = Ko \cdot q^n$
Startkapital	Basis- oder Startwert bei einer Vermehrung (Verminderung) von Kapital	$Ko = Kn/q^n$

Du weißt, dass es beim Sparen oder Schuldenmachen nicht immer nur um Jahre (n) geht, sondern auch um Tage (t):

Zinsen	End- oder Zielwert als Anteil von Kapital	$Z = Ko \cdot q \cdot t/360$
Zielkapital	End- oder Zielwert bei einer Vermehrung (Verminderung) von Kapital	$K = Ko \cdot q \cdot t/360 + Ko$

Nicht zuletzt kennst du eine neue Rechenart und die dazugehörigen Fremdwörter:

Potenzieren Basis hoch Exponent gleich Potenz

Ein paar Fragen ...

1. Gibt es beim Potenzieren auch eine Vertauschungsregel wie beim Addieren und Subtrahieren? Es gilt ja z.B. $2+3 = 3+2$ und $2 \cdot 3 = 3 \cdot 2$.
2. »Ich kenne eine Zahl x, für die gilt $x+x = x \cdot x = x^x$«, meint Rudi Pfiffig. Gibt es die wirklich?
3. Was hat das Dezimalsystem mit Zehnerpotenzen zu tun (also mit 10^1, 10^2, 10^3 usw., wobei gilt $10^0 = 1^1$)?
4. Rudi Pfiffig behauptet: »Es gibt zwei verschiedene Arten von Zinsfaktoren: Die mit den 100% und die ohne die 100%.« Was soll das bedeuten?

... und ein paar Aufgaben

1. Wie heißen die Potenzen von 2^2 bis 10^2? Und wie heißen die Potenzen von 2^2 bis 2^{10}?
2. Bruno will eine Digitalkamera kaufen. Der Händler bietet zwei Möglichkeiten der Bezahlung: Komplette Zahlung von 189 Euro sofort oder eine Anzahlung von 25 Euro, den Rest in 12 Monatsraten zu jeweils 15 Euro. Wie viel Prozent mehr als der Barpreis kostet es Bruno, wenn er das Teilzahlungsangebot wählt?
3. Felix hat 28.000 Euro gewonnen. Er will davon jetzt so viel Geld anlegen, dass er in 20 Jahren 50.000 Euro hat. Die Sparkasse bietet einen Zinssatz von 4,5%.
4. Schon des Öfteren hat Olga ihr Konto überzogen. Meistens war sie so um die 50 Euro im Minus. Wie viel Zinsen muss sie dafür bei 15% zahlen, wenn sie ihr Konto für 1 Monat oder 11 Tage oder 3 Tage oder 1 Tag überzieht?
5. Eine Abwandlung der Aufgabe 08.04:
   Berechne das Vermögen, das für einen gewissen Jesus vor 2000 Jahren angelegt wurde, ohne Zinseszinsen, also wenn es jedes Jahr nur auf den einen Cent Startkapital 1% Zinsen gegeben hätte.
6. Erik hat vor, seine Schulden von 10.000 Euro so zu tilgen: Jedes Jahr zahlt er 5.000 Euro zurück. Wann ist er seine Schulden los? Und wie groß ist der Restbetrag, den er zuletzt zu begleichen hat?

(Die Lösungen zu allen Fragen und Aufgaben stehen hinten im Buch.)

9 Gleichungen

Es gibt einen Spruch, der so oder ähnlich lautet: »Alle Menschen sind gleich, nur manche sind gleicher«. Da hat es die Mathematik einfacher: Hier gibt es nur Gleichheit oder Ungleichheit. Doch die Mathematik liebt die Genauigkeit: Auch wenn etwas ungefähr gleich ist, ist es ungleich. Du verstehst kein Wort? Dann wird es höchste Zeit für das Thema Gleichungen.

In diesem Kapitel lernst du

- was eine Gleichung ist
- etwas über Terme
- was eine Variable ist
- wie man x isolieren kann
- was eine Probe ist

Die Sache mit der Waage

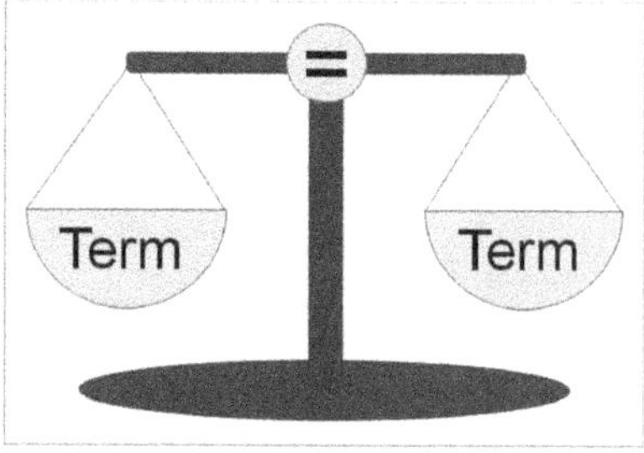

Du hast den Begriff schon im ersten Kapitel mal gehört (lang lang ist's her). Genau genommen besteht eine Gleichung aus drei Teilen: Links ist etwas, rechts ist etwas, dazwischen steht immer das Zeichen »=«.

Es ist wie bei einer Waage. Da sind die Schalen immer dann waagerecht (oder ausgewogen), wenn in beiden Schalen etwas **völlig Gleichwertiges** liegt. Beginnen wir mit einfachen Beispielen:

2	+	3	=	5		2	·	3	=	6

Der Rechenausdruck **2+3** ist genau das Gleiche wie **5**, und **2·3** entspricht exakt der Zahl **6**. Statt »Ausdruck« benutzen Mathematiker auch gern den Begriff Term. Jede Seite einer Gleichung ist ein Term – also das, was in den Waagschalen liegt (links z.B. **2+3** oder **2·3**, rechts z.B. **5** oder **6**).

Wenn du mal die letzten Kapitel zurückblätterst, dann findest du jede Menge Gleichungen: Ist irgendwo ein Gleichheitszeichen (=) mit im Spiel, ist es eine Gleichung. Demnach haben wir diese Dinger die ganze Zeit benutzt. Warum also noch mal ein Extrakapitel?

Jetzt kommt der Auftritt der großen Unbekannten:

2	·	x	+	5	=	1	1

Was hältst du von einer solchen Gleichung? Als Frage formuliert: »2 mal x plus 5 oder 2 mal wie viel plus 5 ergibt 11?«

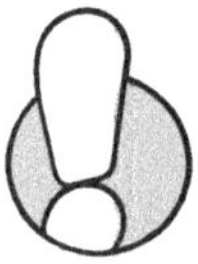

Das kleine x steht für irgendeine Zahl, die man noch nicht genauer kennt. Weil ihr Wert also nicht feststeht, nennt man diese Unbekannte Variable – in Schulen ist auch der Begriff Platzhalter üblich.

Vielleicht hast du schon durch Raten oder Probieren herausgefunden, welche Zahl x ist:

2	·	1	+	5	=		7
2	·	2	+	5	=		9
2	·	3	+	5	=	1	1

Mathematiker bevorzugen einen möglichst eindeutigen Rechenweg. Aber wie soll der aussehen? Kommen wir wieder zu unserer Waage. Dort liegt in der linken Schale der Ausdruck bzw. Term **2·x+5** und in der rechten Schale der Term **11**.

Um diese Gleichung zu lösen, müssen wir ein klares Ziel formulieren. Zum Schluss soll herauskommen, was x ist, also:

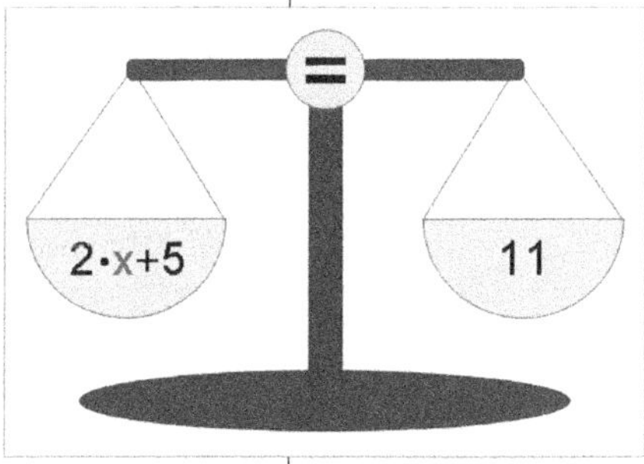

x	=	?	?

Wo du jetzt noch die beiden Fragezeichen siehst, soll später eine Zahl stehen.

Nun liegt da in der linken Waagschale außer dem x einiges »herum«, was uns eigentlich lästig ist, denn wir wollen ja das x **allein** in der linken Schale haben. Manche reden hier vom »Isolieren«: Alles außer dem x muss aus der linken Schale heraus.

Beginnen wir mit der 5: Weg damit! Aber halt, natürlich nur mathematisch korrekt: eine **+5** lässt sich nur durch **-5** entfernen: **+5-5 = 0** (also Nichts).

Sobald wir aber aus der **linken** Schale etwas herausnehmen, droht die rechte zu kippen: Die Waagschalen hängen schief:

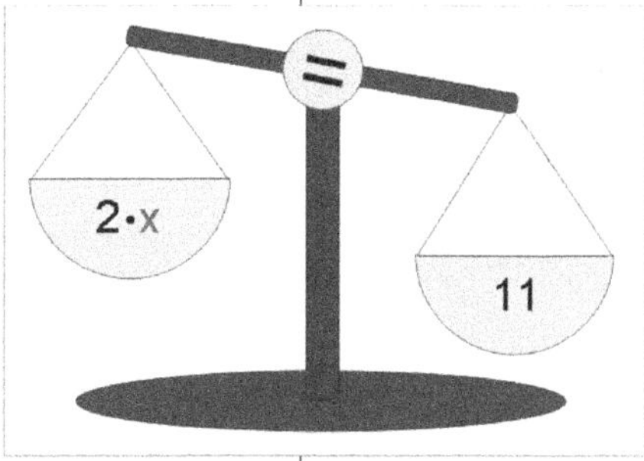

Deshalb müssen wir auch **rechts** das »Gewicht« um den Wert **5** vermindern. Das sieht rechnerisch dann so aus:

2	·	x	+	5	=	1	1		|	-	5
2	·	x			=		6				

Der senkrechte Strich (|) bedeutet: Hier muss auf **beiden** Seiten der Gleichung **dasselbe** gemacht werden! Wird eine **5** abgezogen, so steht links **2·x** allein und rechts wird **11-5** zu **6**. Man kann diese Rechnung auch ausführlich so darstellen:

2	·	x	+	5	-	5	=	1	1	-	5
2	·	x					=		6		

Und damit ist alles wieder im Lot:

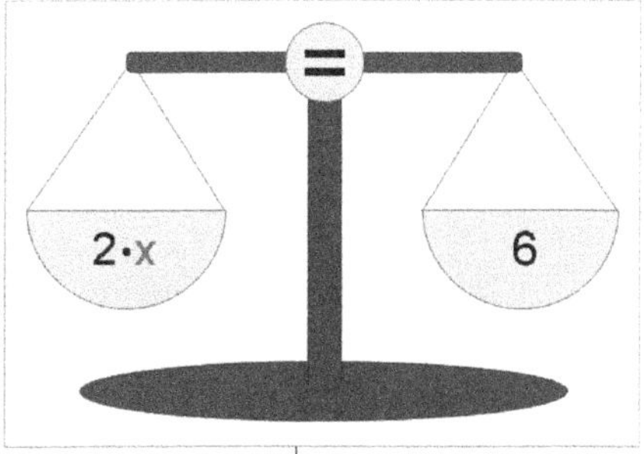

Nun sind wir die 5 auf der linken Seite los, jetzt muss die 2 dran glauben. Aber auch hier muss der trennende

Schnitt wieder mathematisch sauber geführt sein: Die 2 wird ja mit dem x multipliziert, das Gegenteil davon ist die Division:

2	·	x	=	6		|	:	2
		x	=	3				

Wir teilen auf **beiden** Seiten durch **2**, womit links nur noch **1·x** übrig bleibt, und rechts **6:2** zu **3** wird. Und weil **1·x** dasselbe wie x ist, können wir das »1 mal« ruhig weglassen. Auch hier die ausführlichere Version:

2	·	x	:	2	=	6	:	2
		x			=	3		

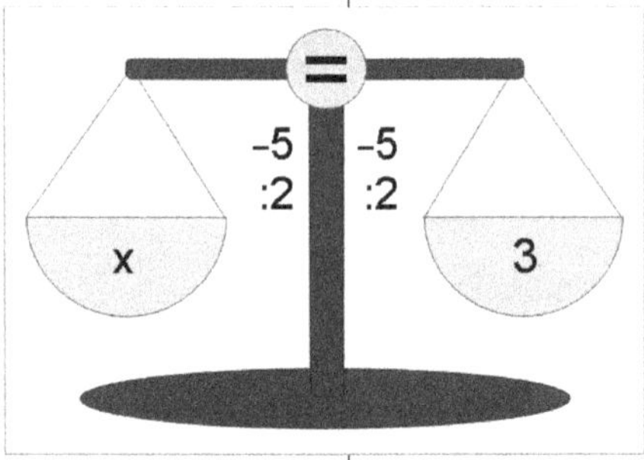

Damit sind wir am Ziel und haben die Lösung **x = 3**.

Und wie du siehst: Die Waagschalen sind weiterhin im **Gleichgewicht**.

Das isolierte X

Ob du das auch allein hinbekommst, kannst du sofort an dieser Aufgabe ausprobieren:

Übung 09.01:

Die Schatzjägerin Sara Kropf sitzt mal wieder in der Klemme. Sie muss das Alter eines siebenköpfigen Drachen erraten, ehe der sie entkommen lässt. Eine kleine Hilfe allerdings hat ihr das Ungeheuer gegeben: »Ziehst du vom Siebenfachen meines Alters 77 ab, so bekommst du 7070.«

Wie berechnet Sara die Zahl, die sie davor bewahrt, zur Grillmahlzeit des Drachen zu werden?

Wie du natürlich richtig vermutest, benötigen wir hier eine Gleichung, wobei wir das (noch unbekannte) Alter des Drachen mit x bezeichnen:

7	·	x	-	7	7	=	7	0	7	0

Da Siebenfache heißt, dass die Variable x mit 7 malgenommen werden muss. Davon wird dann 77 subtrahiert, damit 7070 herauskommt. Und nun rechnen wir mit der nötigen Umsicht, damit dem Drachen nicht eine der Waagschalen auf den Schwanz fällt:

$7 \cdot x - 77$	=	7070	| + 77
$7 \cdot x$	=	7147	| : 7
x	=	1021	

Als Sara dem Drachen sein wahres Alter von 1021 Jahren nennt, lässt er sie mit knirschenden Zähnen und qualmenden Nüstern gehen.

Beim Lösen einer Gleichung kann man in folgenden Schritten vorgehen, um die Variable x zu **isolieren:**

Erst die Werte entfernen, die ein Plus (+) oder Minus (–) mit sich führen, dann kommen die Werte mit einem Mal (•) oder Geteilt (:).

Dabei muss immer die **Umkehroperation** benutzt werden! Also Plus verschwindet mit Minus, Mal verschwindet mit Geteilt – und umgekehrt.

Ein paar Beispiele:

Das soll **weg**:	+5	–5	2•	:2
Das wird auf beiden Seiten gemacht:	–5 (Subtraktion)	+5 (Addition)	:2 (Division)	•2 (Multiplikation)

Das Ereignis mit dem Drachen hat Sara nicht abschrecken können, nach neuen Herausforderungen zu suchen. Deshalb ist sie auch schon wieder unterwegs:

Übung 09.02:

Vor einer Stunde ist Sara Kropf zum nächsten Abenteuer aufgebrochen. Da bemerkt ihr Freund Bodo Zapf, dass sie einen wichtigen Schlüssel vergessen hat. So schwingt er sich schnell auf sein Motorrad und rast hinterher.

Weil Sara keine Eile hat, ist sie mit einer Geschwindigkeit von 90 km/h unterwegs, Bodo folgt ihr mit 150 km/h. Wann holt er Sara ein?

Dass wir auch hier den unbekannten Wert mit x bezeichnen, ist klar. Wenn Bodo und Sara sich treffen, sind sie die **gleiche** Strecke gefahren. Sara fährt pro Stunde 90 km weit, Bodo 150 km, das könnte man schon mal in einem ersten Versuch gegenüberstellen:

$$150 \cdot x \qquad 90 \cdot x$$

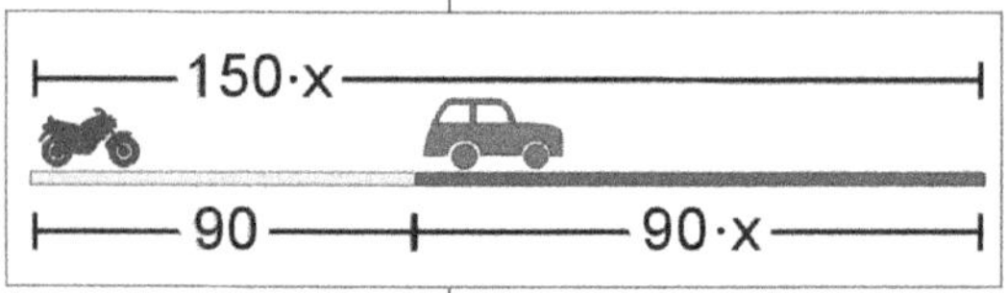

150·x ist die Strecke, die Bodo in einer bestimmten Zeit x fährt, **90·x** ist der Weg, den Sara zurücklegt. (Das wären in 1 Stunde 150 bzw. 90 km, in 2 Stunden **150·2=300** bzw. **90·2=180** km usw.)

Aber eine Gleichung haben wir damit noch nicht. Ehe wir das Gleichheitszeichen setzen, müssen wir noch eine wichtige Information hinzufügen: Sara ist bereits 1 Stunde unterwegs und damit schon 90 km gefahren:

$$150 \cdot x = 90 + 90 \cdot x$$

Die Variable x bezeichnet ja die **Fahrzeit** (in Stunden) und das, was auf beiden Seiten des Gleichheitszeichens (=) als Term steht, ist die **Fahrstrecke** (in km) – links die von Bodo, rechts die von Sara. Und wenn sich beide treffen, sind sie ja die **gleiche** Strecke gefahren.

Nun haben wir zwar eine Gleichung, das Vertrackte jedoch ist, dass x auf beiden Seiten steht. Deshalb müssen wir erst einmal dafür sorgen, dass ein x-Ausdruck verschwindet:

$$150 \cdot x = 90 + 90 \cdot x \qquad | -90 \cdot x$$
$$60 \cdot x = 90$$

Wir müssen den **kompletten** Ausdruck **90·x** abziehen, natürlich auf **beiden** Seiten! Damit verschwindet der Ausdruck rechts und übrig bleibt 90. Links verringert sich das Ganze entsprechend zu **150·x-90·x = 60·x.**

Zeitoptimierung

Der Rest dürfte für dich jetzt ein Kinderspiel sein:

$$60 \cdot x = 90 \qquad | : 60$$
$$x = 1{,}5$$

Bodo holt Sara also nach 1,5 Stunden ein.

Für mich ist damit die Aufgabe noch nicht zu Ende. Ich möchte schon noch wissen, wie weit beide zum gemeinsamen Treffpunkt gefahren sind:

1	5	0	·	1,	5				=	2	2	5
	9	0	+	9	0	·	1,	5	=	2	2	5

Mit dieser Rechnung haben wir außerdem gleich überprüft, ob wir für x den richtigen Wert ermittelt haben. Käme nämlich nicht **beide** Male dasselbe Ergebnis heraus, dann wäre etwas falsch.

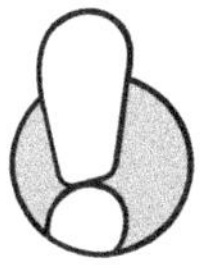

Man nennt das Nachprüfen einer Gleichung auch Probe. Hat man einen Wert für x ermittelt, kann man ihn überall dort einsetzen, wo x vorkommt, z.B.:

$150 \cdot x = 150 \cdot 1{,}5$ oder $90 + 90 \cdot x = 90 + 90 \cdot 1{,}5$.

Ergibt sich beim Überprüfen beider Seiten einer Gleichung derselbe Wert, ist die Lösung für x richtig.

Eigentlich wäre doch diese lange Raserei gar nicht nötig gewesen, oder?

Übung 09.03:

Bodo ruft Sara nach einer Stunde an – sie hat doch im Auto Telefon? – und vereinbart mit ihr, sie solle da warten, wo sie gerade ist. Wann ist Bodo bei ihr, wenn er wieder mit 150 km/h losdüst?

Bis zum vereinbarten Treffpunkt sind es die 90 km, die Sara bereits in 1 Stunde zurückgelegt hat. Diesen Weg muss Bodo nun fahren, was uns zu dieser Gleichung führt:

1	5	0	·	x	=	9	0

Verglichen mit der letzten Aufgabe ist diese Rechnung nun wirklich einfach. Deshalb kommen wir auch sehr schnell zum Ziel:

1	5	0	·	x	=	9	0		|	:	1	5	0
				x	=	0,	6						

Na ja, die 0,6 Stunden könnten wir schon noch in Minuten umrechnen:

0,	6	·	6	0	=	3	6

Aus 1,5 Stunden sind jetzt 36 Minuten geworden. Und Bodo muss statt 225 nur 90 km fahren.

Aber es geht noch kürzer:

> Übung 09.04:
>
> Sara schlägt – per Telefon – vor, kehrtzumachen und Bodo entgegenzukommen. Wann würde sie sich mit ihm treffen, wenn wir dieselben Geschwindigkeiten (150 km/h für Bodo und 90 km/h für Sara) voraussetzen?

Greifen wir die beiden Terme auf, die wir bei Aufgabe 09.02 aufgestellt haben, denn die brauchen wir hier wieder:

$$150 \cdot x \qquad 90 \cdot x$$

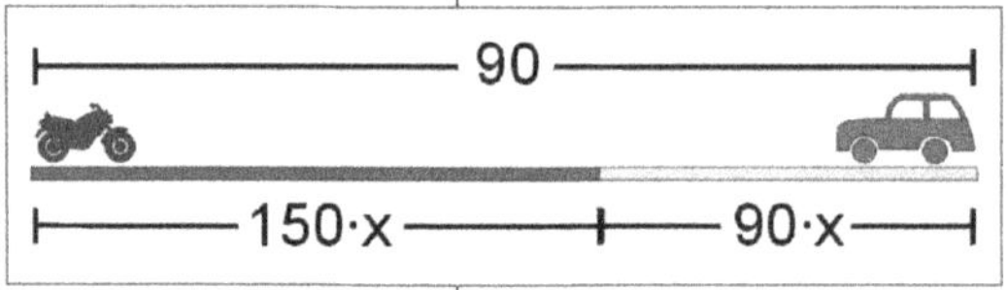

Mit dem linken Term berechnen wir die Strecke, die Bodo zu fahren hat, mit dem rechten Term ermitteln wir die Fahrstrecke von Sara.

Der gesamte Weg, um den es geht, beträgt wieder 90 km. Das ist auch die Summe der beiden Strecken, die Sara und Bodo zurücklegen:

$$150 \cdot x + 90 \cdot x = 90$$

Dass x auf der linken Seite gleich zweimal vorkommt, dürfte für uns kein Problem sein: Wir addieren einfach beide Ausdrücke (**150·x+90·x = 240·x**) und kommen dann auf diese Gleichung:

$$240 \cdot x = 90$$

Und nun geht es munter weiter – wie schon bei der letzten Aufgabe:

$$240 \cdot x = 90 \quad | :240$$
$$x = 0{,}375$$

Auch hier ist eine Umrechnung in Minuten sinnvoll:

$$0{,}375 \cdot 60 = 22{,}5$$

Sara und Bodo treffen sich nun schon nach 22,5 Minuten – Zeit, um anschließend gemütlich einen Espresso zu trinken, ehe Sara ihre Fahrt fortsetzt.

Interessant für mich ist noch die Probe: Wie viel km sind Sara und Bodo jeweils gefahren? Und ist die Gesamtstrecke wirklich 90 km? Setzen wir für x überall 0,375 ein:

$$150 \cdot 0{,}375 = 56{,}25$$
$$90 \cdot 0{,}375 = 33{,}75$$

Bodo hat eine Strecke von 56,25 km zurückgelegt, Saras Weg zurück war 33,75 km lang. Macht zusammen **56,25+33,75 = 90** km.

Ein paar Fehler gefällig?

Gerade bei Gleichungen kommen immer wieder Fehler vor, die natürlich zu einem falschen Ergebnis führen. Nehmen wir uns noch mal unser allererstes Beispiel vor:

2	·	x	+	5	=	1	1

In ihrem Bestreben nach Abkürzungen haben Mathematiker festgelegt, dass man diese Aufgabe auch so schreiben kann:

2	x	+	5	=	1	1

2·x und **2x** bedeuten also beide 2 mal x, weil bei dieser Mischung aus Zahlen und Buchstaben keine Missverständnisse auftreten können. Etwas anderes wäre z.B. **2·3** und **23** oder auch **x·2** und **x2**.

So bequem die verkürzte Schreibweise ist, sie scheint manchmal leider auch zu Fehlern zu verführen. Rechnen wir die Aufgabe mal weiter:

2	x	+	5	=	1	1		|	-	5
2	x			=		6				
2	x			=		6		|	-	2
	x			=		4				

Hier hat sich jemand der Zwei entledigt, indem sie einfach subtrahiert wurde: **2x-2 = x**. Sehr elegant, aber **falsch**, weil **2x** = **2·x** gilt. Also muss dividiert werden:

2	x			=		6		|	:	2
	x			=		3				

Einen anderen (beliebten) Fehler siehst du hier:

2	x	+	5	=	1	1	-	5	=	6	:	2	=	3

Sieht doch nicht schlecht aus, alles in einem Rutsch gerechnet, und am Schluss ja auch das richtige Ergebnis (**x=3**). Der Haken bei der Sache: Mehr als ein Gleichheitszeichen zu verwenden, ist zwar zulässig, aber dann müssen auch alle Terme wirklich **gleich** sein! So gilt natürlich **11-5 = 6**, aber **nicht 11-5 = 6:2**! Und **2x+5** ist hier selbstverständlich auch **nicht =3**!

Damit keine Missverständnisse entstehen können, muss eben mehrzeilig gerechnet werden, denn Gleichheitszeichen dürfen nur **gleichwertige** Terme verbinden. Es muss also z.B. statt:

$$3 \cdot 4 = 12 : 2 = 6$$

so heißen:

$$3 \cdot 4 = 12 \qquad 12 : 2 = 6$$

Keinen Fehler hat die folgende Aufgabe – oder doch?

Übung 09.05:

Bruno ist mit seinem Moped unterwegs, seine Geschwindigkeit beträgt 40 km/h. Nach einer halben Stunde folgen ihm Kuno mit seinem Moped und Tina mit ihrem Fahrrad. Kuno ist so schnell wie Bruno, Tina fährt mit 20 km/h. Wann holt wer Bruno ein?

Eigentlich lässt sich diese Aufgabe durch bloßes Nachdenken lösen: Wenn Kuno ebenso schnell ist wie Bruno, wie soll er ihn dann einholen? Bruno wird Kuno stets eine halbe Stunde voraus sein. Und weil Tina langsamer ist als Bruno, vergrößert sich der Abstand zwischen beiden sogar.

Aber wie sieht das mathematisch aus? Stellen wir dazu erst einmal die Gleichung für Bruno und Kuno auf:

$$40x = 20 + 40x$$

Links steht die Strecke, die Kuno in der Zeit x (Stunden) schafft, rechts die 20 km, die Bruno in einer halben Stunde bereits zurückgelegt hat, plus die Strecke, die er in x Stunden noch fährt. Und so geht die Rechnung weiter:

$$\begin{aligned} 40x &= 20 + 40x \qquad | -40x \\ 0 &= 20 \end{aligned}$$

Die Variable x ist verschwunden, und die Gleichung ist zur **Un**gleichung geworden, die da lautet **0 ≠ 20**. Aus mathematischer Sicht heißt das: Es gibt **keine** Lösung für x (was ja auch zu erwarten war).?

Mal sehen, wie es bei Tina aussieht. Hier ist die Gleichung:

$$20x = 20 + 40x$$

Auch hier links der Term für Tina, rechts der für Bruno. Sorgen wir jetzt wieder dafür, dass der x-Ausdruck rechts verschwindet:

$$\begin{aligned} 20x &= 20 + 40x \qquad | -40x \\ -20x &= 20 \end{aligned}$$

Na ja, ein Minus vor einem x-Wert hatten wir noch nicht, aber damit kommen wir auch noch zurecht. Wie wäre es damit:

-	2	0	x	=	2	0		|	+	2	0
			x	=	4	0					

Das würde bedeuten, dass Tina Bruno nach 40 Stunden einholt. Wäre im ersten Moment vielleicht denkbar, denn 40 Stunden sind eine lange Zeit und Tina ist ja langsam. Weil sie aber **langsamer** ist als Bruno, kann sie diesen **niemals** einholen!

In der Aufgabe steckt also ein Rechenfehler. Wir dürfen uns nicht durch das Minus vor dem x-Ausdruck täuschen lassen: Es heißt nicht »minus 20 plus x« oder »x minus 20«, sondern »minus 20 **mal** x« **(-20•x)**! Die Umkehroperation ist also die Division. Geteilt werden muss aber nicht durch 20, sondern durch –20! Damit sähe die (richtige) Rechnung jetzt so aus:

-	2	0	x	=	2	0		|	:	(	-	2	0	)
			x	=	-	1								

Die Klammern um die **-20** sind dazu da, keine Unklarheiten entstehen zu lassen: Sonst hieße es **:-20**, die Experten trennen also zwei Rechensymbole mit Hilfe von Klammern.

Nun haben wir eine Lösung, und die hat durchaus ihren Sinn: Tina ist 20 km von Bruno entfernt, benötigt also 1 Stunde, um ihn einzuholen, wenn er auf sie warten würde. Ihr **fehlt** also 1 Stunde, deshalb –1 als Lösung.

Da wir jedoch weder bei Kuno noch bei Tina eine positive Lösung erhalten haben, heißt das – nun auch mathematisch besiegelt –, dass beide Bruno niemals einholen werden, wenn ihm nicht der Treibstoff ausgeht oder er ohnehin irgendwann anhält.

Zusammenfassung

Jetzt wird es aber Zeit für eine Erholungspause. Nun weißt du einiges über Gleichungen und ein bisschen über Fehler – die man ja überall in der Mathematik machen kann.

Du kennst die wichtigsten Schritte, wie man die Variable x isoliert, um eine Gleichung zu lösen:

Alle x-Ausdrücke auf **eine** Seite bringen.
Beispiel: **7x-11 = 2x-6 | -2x → 5x-11 = -6**

Alle Werte mit Plus oder Minus von der x-Seite entfernen.
Beispiel: **5x-11 = -6 | +11 → 5x = 5**

Alle Werte mit Mal oder Geteilt von der x-Seite entfernen.
Beispiel: 5x = 5 | :5 → x = 1
Zur Probe x-Wert einsetzen.
Beispiel: 7•1-11 = -4 und 2•1-6 = -4 → stimmt!

Keine Fragen ...

... aber ein paar Aufgaben

1. Der Opa sagt zu seinem Enkel: »Wenn du mein Alter halbierst und davon 44 abziehst, kommt 0 heraus.« Der Enkel rechnet einen Moment nach, dann antwortet er dem Opa: »Wenn du mein Alter mal 9 nimmst, dann hast du dein Alter plus mein Alter.« Wie alt sind Opa und Enkel jeweils?
2. Zur letzten Aufgabe 09.05:
   Wenn Bruno, Tina und Kuno gleichzeitig starten, wann treffen sie sich dann – mathematisch gesehen? Stelle dazu zwei Gleichungen auf, eine für Bruno und Kuno, eine für Bruno und Tina.
3. Bauer Knolle hat 33 Tiere im Stall. Alle zusammen haben 88 Beine. Wie viele Schweine und wie viele Hühner sind es?

(Die Lösungen zu allen Fragen und Aufgaben stehen hinten im Buch.)

10

Funktionen und Graphen

Es gibt viele Alltagssituationen, in denen man sich zwischen verschiedenen Möglichkeiten entscheiden muss: Wann man wo wie viel wovon kauft, welchen Tarif man wählt – oft lässt sich ein solches Problem mathematisch angehen, um eine passende Lösung zu finden. Aber warum soll man dabei immerzu nur rechnen? Man könnte es doch auch einmal mit Zeichnen versuchen.

In diesem Kapitel lernst du

- was ein Koordinatensystem ist
- was Funktionen sind
- etwas über Graphen
- Wertetabellen kennen
- was ein Schnittpunkt ist
- was Steigung und Verschiebung bedeuten

Zuordnungen?

Auch wenn man etwas zeichnerisch darstellen oder lösen will, werden meistens dennoch Zahlen gebraucht. So auch in unserer ersten Aufgabe:

Übung 10.01:

Berta kann einfach nicht auf ihre süßen »Häppchen« verzichten. So schleppt sie sich immer wieder zu Gusto Appetitos Konditorei, um sich dort für 2 Euro den »Kuchen des Tages« zu holen.

Eines Tages macht Gusto ihr einen Vorschlag: »Sie zahlen jeden Monat 20 Euro extra und bekommen dafür Ihren Kuchen zu jeweils nur 1 Euro.« Berta gerät ins Grübeln: Lohnt sich dieses Angebot überhaupt, und wenn ja, wann?

Einige Kapitel zuvor – im sechsten – hatten wir das Thema Verhältnisse. Und auch hier gibt es ein Verhältnis zwischen Kuchen und Preis, wobei im Normalfall diese Zuordnung gilt:

1 Kuchen	$\leftrightarrow$	2 €
2 Kuchen	$\leftrightarrow$	4 €
usw.		

Nimmt Berta jedoch das Angebot Gusto Appetitos an, so haben wir eine weitere Zuordnung:

1 Kuchen	$\leftrightarrow$	21 €
2 Kuchen	$\leftrightarrow$	22 €
usw.		

Das sieht deshalb so teuer aus (und ist es anfangs auch), weil hier die 20 Euro »Grundgebühr« anfallen.

Wahrscheinlich hat Berta Kugelschreiber und Papier genommen und versucht, eine Liste aufzustellen, die vielleicht so aussehen könnte:

Anzahl	*Normal*	*Angebot*
0	*0 €*	*20 €*
5	*10 €*	*25 €*
10	*20 €*	*30 €*
15	*30 €*	*35 €*
20	*40 €*	*40 €*
25	*50 €*	*45 €*
30	*60 €*	*50 €*

Berta denkt in größeren Mengen und so hat sie die Tabelle in 5er-Schritte unterteilt, also nur die Kosten für 0, 5, 10, 15 usw. Törtchen aufgeschrieben. Für den Fall, dass sie mal im Urlaub ist und keine von Gustos Törtchen verspeisen kann, hätte sie immerhin 20 Euro Unkosten, wenn sie das Angebot annehmen würde. (Denn die 20 Euro extra wären ja wohl jeden Monat zu zahlen.)

Eine Stelle hat Berta besonders interessiert, deshalb hat sie diese auch rot eingekringelt: Dort kosten beide Möglichkeiten gleich viel. Und genau an dieser Stelle reift bei ihr die folgende Erkenntnis:

- »Verputze ich **weniger** als 20 Törtchen, dann lohnt sich Gustos Angebot **nicht**.«
- »Aber schaffe ich es, **mehr** als 20 Törtchen zu verarbeiten, dann hat Gustos Angebot durchaus seinen Reiz.«

Da hat sich Berta einige Mühe gemacht und die Lösung durch Probieren gefunden. Nicht auszudenken, wenn sie mal an ein Angebot gerät, das sich erst bei einer Anzahl über 100 oder 1000 lohnt – wie beispielsweise bei Telefontarifen, wo es um Gesprächseinheiten geht.

Die richtigen Koordinaten

Wie würde ein Mathematiker das Ganze angehen? Er würde sich erst einmal ein Blatt Papier nehmen – möglichst kariert – und darauf eine solche oder ähnliche Zeichnung anfertigen:

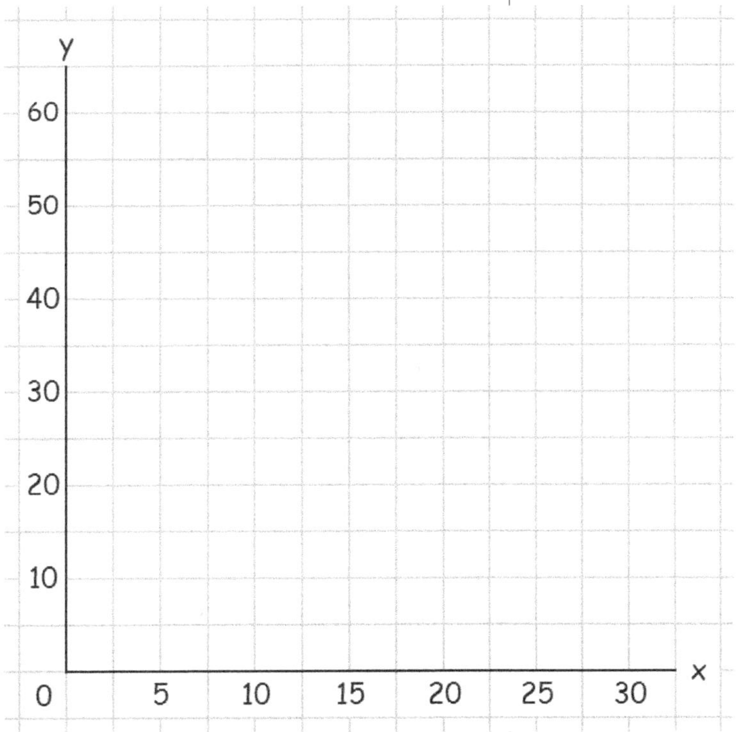

Er hat auch gleich einen Namen dafür: Koordinatensystem. Was ist das? Zunächst sehen wir ein Feld mit lauter Kästchen. Links und unten am Rand gibt es jeweils eine Strecke, die mit Zahlen beschriftet ist. Die waagerechte Strecke heißt **x-Achse**, die senkrechte Strecke wird **y-Achse** genannt.

Schön und gut, aber welchen Sinn hat dieses Gebilde, das man nicht gerade als Kunstwerk bezeichnen kann?

Was sind Koordinaten? Das sind Werte, die der Positionsangabe dienen. Damit ist ein Koordinatensystem kein Zahlensystem, aber zur Orientierung werden hier Zahlen benötigt.

Wahrscheinlich kennst du die Kennzeichnung an der Autobahn, wo man bei einer Panne oder einem Unfall angeben kann: »Wir sind an Kilometer 54,8«. Dabei geht es um eine Strecke, deshalb genügt hier eine Zahl zur Positionsangabe.

Bei einem Koordinatensystem geht es um eine Fläche bzw. Ebene, hier werden zwei Strecken (Achsen genannt) senkrecht aufeinander gesetzt und durchnummeriert, damit man genau ermitteln kann, an welcher Stelle sich ein Punkt befindet.

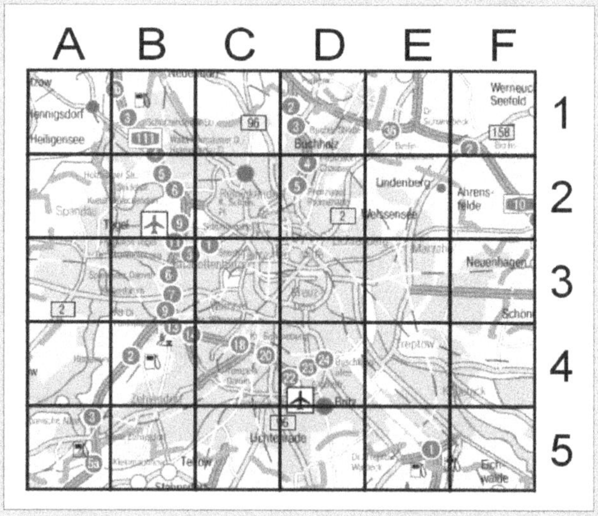

Etwas Vergleichbares kennst du vermutlich von Land- oder Straßenkarten, auf denen die Gesamtfläche meist in kleine Quadrate unterteilt ist, die mit Buchstaben und Zahlen gekennzeichnet sind. In unserem Falle haben wir es nur mit Zahlen zu tun.

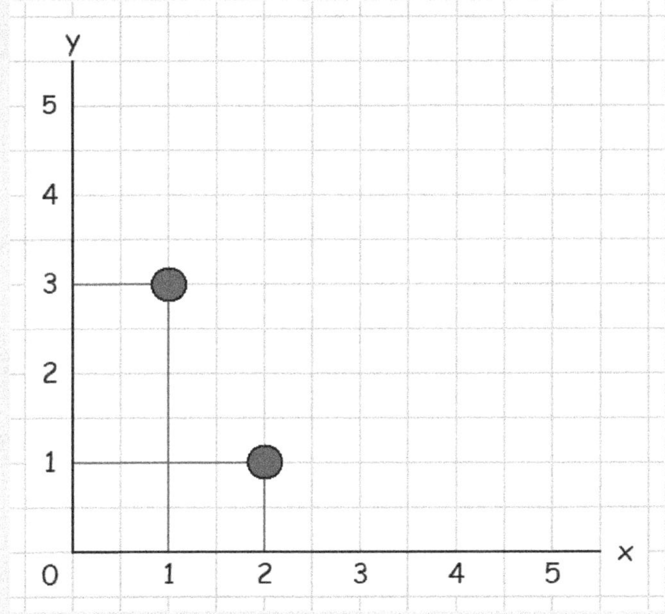

Bei Koordinaten gibt es immer einen x-Wert und einen y-Wert – so haben es die Mathematiker irgendwann festgelegt. Wie im Alphabet kommt immer zuerst der x-Wert, dann der y-Wert.

Nehmen wir an, du befindest dich mit einer anderen Person auf einer Fläche mit kariertem Muster – so wie die zwei Punkte im Bild. Ich habe hier die beiden Achsen von 0 bis 5 nummeriert. Dann hat der eine Punkt die Koordinaten **(1|3)** und der andere die Koordinaten **(2|1)**. Also gilt **x=1** und **y=3** bzw. **x=2** und **y=1**. Wer von den Punkten welcher ist? Das findest du selbst heraus.

Fährt man von der x-Koordinate aus nach **oben** und von der y-Koordinate aus nach **rechts**, so begegnen sich die beiden »Fahrstrecken« im betreffenden Punkt. (So dicke »Punkte« wie in dem obigen Beispiel verwenden Mathematiker natürlich nicht.)

Der Abstand der Nummerierung muss natürlich **nicht** für beide Achsen gleich sein – wie in dem obigen Beispiel –, sondern ist abhängig von der Aufgabe, um die es gerade geht.

Wenn sich so ein Punkt durch zwei Werte kennzeichnen lässt, könnte man ihn dann nicht auch für die Tabelle von Berta verwenden? Denn auch hier gibt es für jeden Punkt eine Zuordnung von x-Wert und y-Wert: Dabei steht x für die Anzahl der Kuchen und y für die Kosten.

Dabei begnügen wir uns zunächst mit den Werten für den »Normalfall« (1 Kuchen = 2 Euro). Die holen wir uns aus der Liste von Berta (siehe oben) und tragen sie in eine Tabelle ein. Mathematiker bevorzugen diese Darstellung – genannt Wertetabelle:

x	0	5	10	15	20	25	30
y	0	10	20	30	40	50	60

Davon brauchen wir jetzt nicht einmal alle Punkte, sondern nur zwei (du kannst dir einfach welche aussuchen). Und die zeichnen wir in unser Koordinatensystem ein:

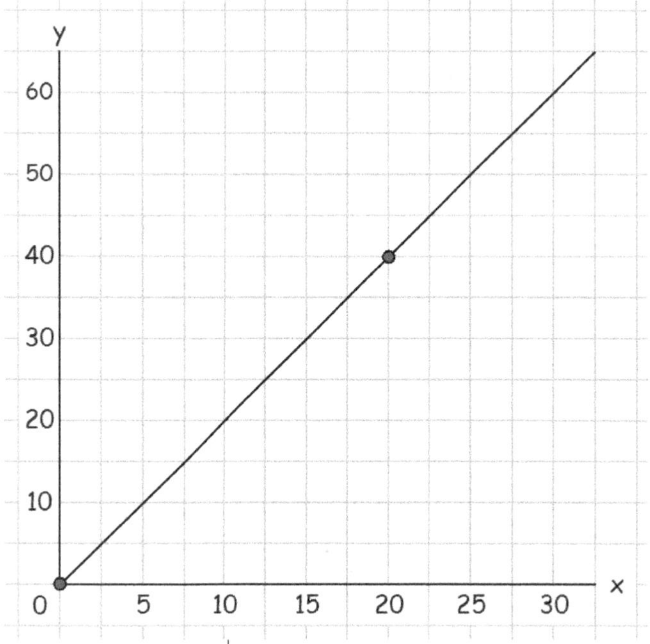

Anschließend verbinden wir beide Punkte und verlängern die Strecke noch ein bisschen – so weit das Koordinatensystem reicht.

Und nun dasselbe noch mal – für das Angebot von Gusto Appetito. Dazu zuerst wieder die passende Wertetabelle (mit den Zahlen aus Bertas Liste):

x	0	5	10	15	20	25	30
y	20	25	30	35	40	45	50

Pick dir zwei Punkte heraus – dieselben wie ich oder andere. Wir zeichnen sie in dasselbe Koordinatensystem wie eben ein, verbinden sie und heraus kommt so etwas:

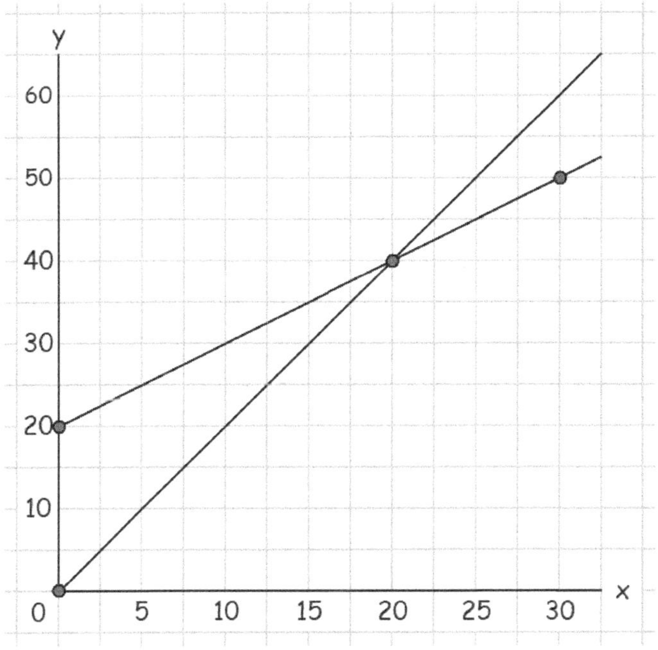

Nun haben wir zwei »schräge« Linien in unserem Koordinatensystem – von denen jede ein so genannter Graph ist. Und die kommen sich dann noch in die Quere und überschneiden sich in einem Punkt, der auch **Schnittpunkt** heißt. Und genau den sollten wir uns genauer anschauen: Er hat die Koordinaten **(20|40)** und bezeichnet damit eine wichtige Stelle für Bertas Kuchenkauf:

20 Kuchen kosten 40 Euro – sowohl im Normalfall (bei 2 Euro pro Stück) als auch bei Gustos Angebot (bei 1 Euro pro Stück, aber 20 Euro »Grundgebühr«).

Wenn wir nun Berta ein solches »Gemälde« zum Aufhängen in ihrer Küche schenken, könnte sie sich immer ein Bild machen, welche Möglichkeit in welcher Saison für sie die beste wäre.

Funktionsgleichungen

Wie gut, dass wir für unsere Graphen Bertas Liste zur Verfügung hatten. Was aber, wenn wir diese Daten selber ermitteln müssten?

Dann brauchen wir zuallererst eine Methode, mit der wir die entsprechenden Werte ausrechnen (wenn die gute Berta nicht alles nur durch bloßes Herumprobieren gelöst hat, kannte sie offenbar eine Rechenmethode).

Für die Berechnung der Kosten im »Normalfall« könnte die Formel **2·x** passen. Und die Kosten für das Angebot berechnen wir so: **1·x+20**. Wobei x für die Anzahl der Kuchen steht. Uns interessiert besonders, bei wie vielen Kuchen das normale und das Extra-Angebot »gleichziehen«. Versuchen wir's mit dieser Gleichung:

2	·	x	=	1	·	x	+	2	0

Links steht der Gesamtpreis der Kuchen bei 2 Euro das Stück, rechts der Gesamtpreis bei 1 Euro pro Stück plus die »Grundgebühr«.

Aus Bequemlichkeit lassen wir hier das Malzeichen vor dem x weg, damit wird **2·x** zu **2x**. Außerdem schreibe ich statt **1x** nur **x**, weil es dasselbe bedeutet. Anschließend können wir sofort mit dem Rechnen beginnen:

2	x	=	x	+	2	0		|	-	x
	x	=			2	0				

Das ging aber schnell! Du hättest lieber noch mal die ausführlichere Version? Bitte sehr:

2	·	x	=	x	+	2	0		|	-	1	·	x
1	·	x	=			2	0						

Und schon sind wir ebenso schlau wie nach diesem aufwändigen Gekritzel mit Koordinatensystem und Graphen.

Na ja, eigentlich wissen wir bloß, dass für Berta beim Kauf von 20 Kuchen beide Angebote gleichwertig sind. Punkt. Die Grafik dagegen zeigt uns sehr viel mehr, z.B. dass 20 Kuchen 40 Euro kosten (was wir hier natürlich bei der Probe auch herausbekommen würden: **2·20 = 20+20 = 40**).

Auch haben wir damit noch immer keine Tabelle – wie die von Berta. Widmen wir uns doch mal dem linken und dem rechten Term der Gleichung jeweils einzeln:

y	=	2	x		
y	=	x	+	2	0

Was soll jetzt das y hier? Noch eine Variable? Du vermutest richtig: x steht wieder für die Anzahl der Kuchen, y wieder für die Kosten. So sind wir flexibler und können für jeden Fall beliebig viele Kombinationen ermitteln – natürlich auch mehr als Berta in ihrer Tabelle.

Probieren wir das durch und erstellen wir zwei Wertetabellen. Weil der Graph eine Gerade ist und wir dafür nur zwei Punkte brauchen, haben wir gar nicht mal viel Arbeit. Ich habe mich hier dafür entschieden, alles für **x=0** und für **x=30** durchzurechnen. Hier das erste Angebot:

y	=	2	·	0		=		0		
y	=	2	·	3	0	=	6	0		

x	0	30
y	0	60

Für x=0 bekommen wir y=0, und für x=30 erhalten wir y=60. Alle Wertepaare tragen wir in eine (kleine) Tabelle ein. Nun das Gleiche noch mal für das andere Angebot:

y	=		0	+	2	0	=	2	0	
y	=	3	0	+	2	0	=	5	0	

x	0	30
y	20	50

Hier liefert uns die Rechnung für x=0 den y-Wert 20, und für x=30 ergibt sich y=50. Rechts steht wieder die Tabelle.

Man spricht hier auch von Wertepaaren: Je ein x-Wert und ein y-Wert, die die Koordinaten für einen Punkt beschreiben, bilden ein **Wertepaar**. Wir hätten also hier diese vier Wertepaare: (0|0) ; (20|60) und (0|20) ; (20|50).

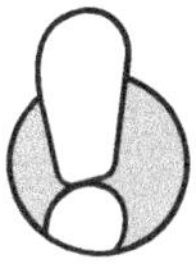

Nachdem wir nun zwei Graphen **und** zwei Gleichungen haben, können wir auch hier eine Zuordnung vornehmen: Zu jedem Graphen gehört eine Gleichung, die auch als Zuordnungsvorschrift oder **Funktionsgleichung** bezeichnet wird.

Zuordnungsvorschrift klingt nach Beamtendeutsch, ist aber dennoch verständlich: Eine Vorschrift, nach der eine Zuordnung ermittelt oder berechnet wird – Formel kann man auch sagen. Auch Gleichung ist klar, aber was ist eine Funktion?

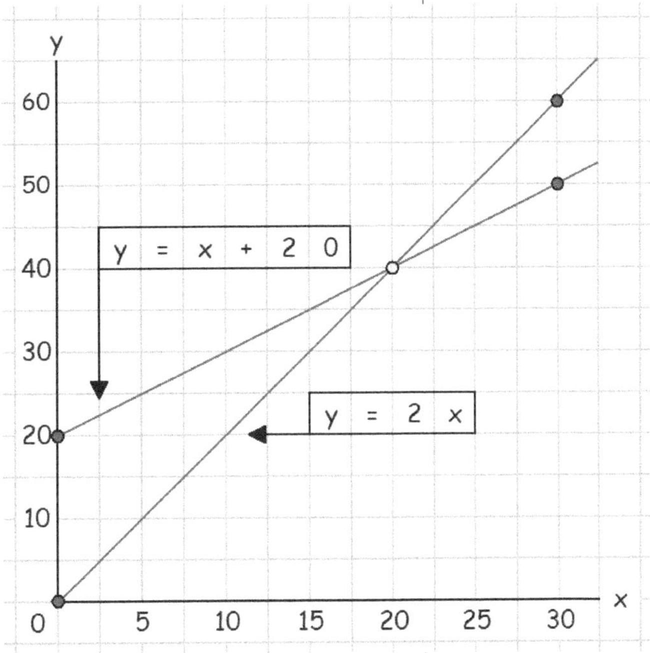

Eine Funktion ist eine Zuordnung von x-Werten und y-Werten. Dabei gilt: Für jedes x muss es **genau ein** y geben. Klingt ziemlich abstrakt? Dabei hatten wir in diesem Kapitel bis jetzt konkret damit zu tun – siehe weiter oben.

Trotzdem ein Beispiel: Jemand fährt mit einer bestimmten gleichbleibenden Geschwindigkeit, sagen wir 50 km/h. Dann gehört zu jeder gefahrenen Zeit (x) **genau eine** zurückgelegte Strecke (y), z.B. gehören zu 2 Stunden 100 km. Damit haben wir eine Funktion.

Eine Gegenbeispiel: Man kann **nicht** jedem Namen genau einen Menschen zuordnen, also haben wir hier **keine** Funktion.

Funktionsgleichungen sind Gleichungen, die zu einer Funktion gehören. Mit Hilfe einer Funktionsgleichung kann man alle Wertepaare einer Funktion berechnen bzw. zu jedem x ein passendes y ermitteln.

Experten schreiben Funktionsgleichungen übrigens auch so:

f	(	x	)	=	2	x		
f	(	x	)	=	x	+	2	0

Ausgesprochen wird das »f von x« und gemeint ist »Funktion von x«. Wir aber bleiben beim y.

Schnittpunkte

Ein Koordinatensystem ohne Graphen ist eigentlich recht witzlos. Dabei genügt schon ein einziger Graph, um sich ein Bild von einer Zuordnung machen zu können. Sogar eine ganz normale Gleichung lässt sich auch grafisch lösen:

Du meinst, diesmal sollten wir Sara ihrem Schicksal überlassen? Schließlich hat sie es sich ja selbst eingebrockt. Aber vielleicht reizt es dich ja dennoch, es wenigstens mal zu versuchen?

Übung 10.02:

Wie nicht anders zu erwarten, steckt Sara Kropf schon wieder in Schwierigkeiten. Aus einem Tempel führt nur die Lösung eines Rätsels heraus. Es gibt zwar jeweils drei Türen rechts und links von Sara. Die einen sind mit **+1** bis **+3** beschriftet, die anderen mit **-1** bis **-3**.

Dazu kann Sara in einer Inschrift lesen: »Ziehst du von eins das Doppelte vom Unbekannten ab, so hast du drei. Nur mit den Figuren findest du das Unbekannte, und es führt dich durch die richtige Tür. Alle anderen Türen bringen dir den Tod.«

Im Tempel befinden sich zwei verschiebbare Figuren, durch eine elastische Schnur verbunden. Der Boden ist wie ein Koordinatensystem gemustert, auch dort befinden sich Zahlen von **-3** bis **+3**.

Die Gleichung nach der Übersetzung der Inschrift »Ziehst du von 1 das 2fache vom Unbekannten ab, so hast du 3« sieht so aus (wobei das Unbekannte erst mal nur x heißt):

1	-	2	x	=	3

Rechnerisch ist diese Aufgabe wohl schnell gelöst:

1	-	2	x	=	3		|	-	1			
	-	2	x	=	2		|	:	(	-	2	)
			x	=	-	1						

Aber Sara muss ja die zwei Figuren so aufstellen, dass die elastische Schnur den passenden Graphen bildet! Es bleibt uns also nichts weiter übrig, als dafür eine geeignete Funktionsgleichung zu finden.

Hier hilft uns die Allgemeinform unserer Gleichung weiter. Bei der muss auf einer Seite **immer** eine 0 allein stehen, auf der anderen befindet sich der komplette Rest. Nachdem wir die Reihenfolge der Werte auf der linken Seite vertauscht haben, können wir uns auf den Weg zur Allgemeinform machen:

	1	-	2	x	=	3				
-	2	x	+	1	=	3		|	-	3
-	2	x	-	2	=	0				

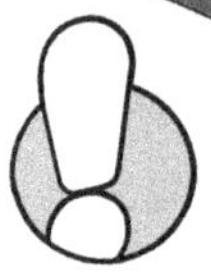

So sieht die Allgemeinform einer Gleichung aus: **ax+b = 0**, wobei du für **a** und **b** beliebige Zahlen einsetzen kannst – natürlich auch die 0 selbst. Die Allgemeinform fasst Gleichungen mit derselben Lösung zu einer Familie zusammen.

Ein Beispiel: Auf die Allgemeinform **2x-2 = 0** lassen sich unzählige Gleichungen wie z.B. **2x+2 = 4** oder **2x = 2** oder **2x-4 = -2** zurückführen. Sie alle haben dieselbe Lösung **x=1**.

Wenn wir nun die 0 durch y ersetzen, ist es nur ein kleiner Sprung bis zur zugehörigen Funktionsgleichung:

0	=	-	2	x	-	2
y	=	-	2	x	-	2

Außerdem brauchen wir zwei Wertepaare. Aber weil es um Saras Leben geht, habe ich vorsichtshalber gleich eine etwas weiter gefasste Tabelle erstellt:

x	-3	-2	-1	0	+1	+2	+3
y	+4	+2	0	-2	-4	-6	-8

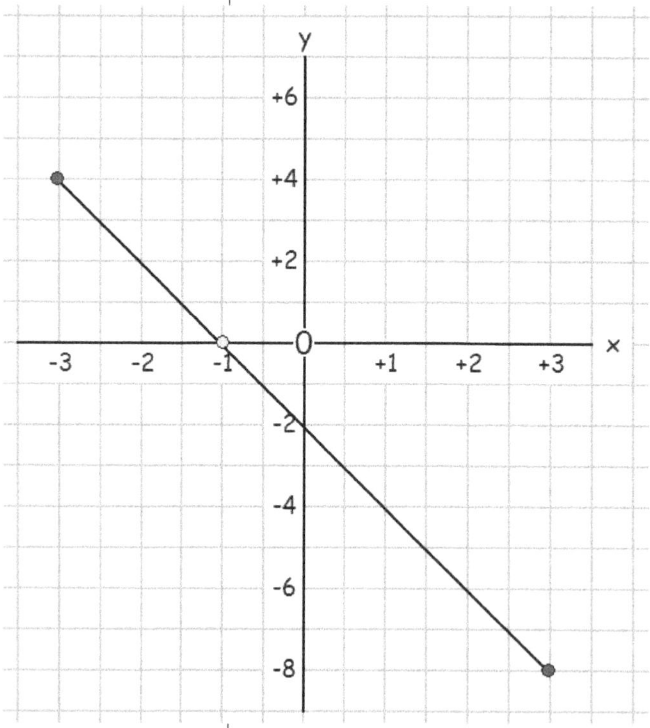

Da sind ja nun Werte, die in alle Richtungen weisen: Plus und Minus bunt gemischt. Also brauchen wir ein Koordinatensystem, in dem sich sowohl die x-Achse als auch die y-Achse in die negativen und positiven Zahlenbereiche erstrecken:

Ich habe mir zwei beliebige Punkte aus der Tabelle herausgegriffen, eingezeichnet und miteinander verbunden. Und dort, wo der Graph nun die x-Achse schneidet, hat x den Wert -1. Wieso ist das die Lösung?

Wenn du dich erinnerst: Wir haben aus der Gleichung $-2x-2 = 0$ die Funktionsgleichung $y = -2x-2$ gemacht. So wurde die 0 zum y. Daraus folgt: Das x, für das $y=0$ gilt, ist auch die Lösung unserer Ausgangsgleichung. Wenn du in der Wertetabelle für y die 0 suchst, findest du darüber den passenden x-Wert.

In diesem Koordinatensystem bilden die beiden Achsen ein Kreuz, weshalb man auch von **Koordinatenkreuz** spricht. Im Gegensatz dazu hatten wir vorher eine Art »Koordinaten-L«. Die x-Achse und y-Achse lassen sich jeweils beliebig weit in jede Richtung verlängern – zumindest theoretisch. Ab und zu kann es nötig werden, eine oder beide Achsen zu »stauchen«, also die Abschnitte gröber zu unterteilen: z.B. in 10, 20, 30 oder gar 100, 200, 300 usw.

Immer den Wert 0 hat y dort, wo der Graph die **x-Achse** schneidet. Also muss am Schnittpunkt die Lösung liegen.

Sara Kropf sollte die Figuren demnach so verschieben, dass die elastische Schnur über den Koordinaten **(-1|0)** schwebt. Dann öffnet ein Mechanismus die richtige Tür.

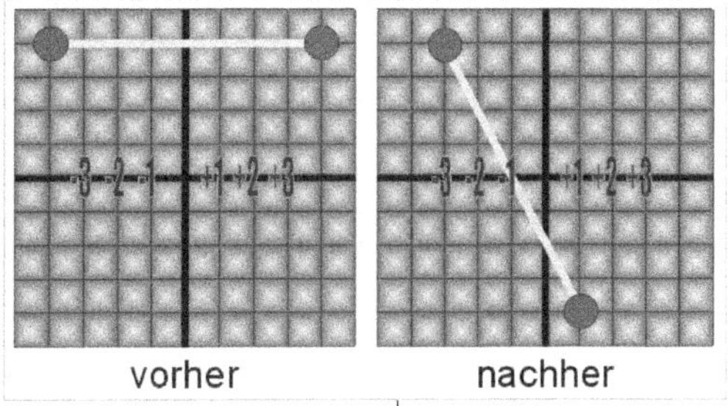

Des Tempelrätsels Lösung

Steigung ...

Es gibt noch einen weiteren Schnittpunkt: Der liegt dort, wo der Graph die **y-Achse** schneidet. Auch diese Stelle hat ihre Bedeutung, und die finden wir jetzt heraus.

Dabei bleiben wir von nun an beim kompletten Koordinaten**kreuz**. Dessen beide Achsen verlaufen waagerecht und senkrecht, während der Graph offenbar immer als »Schräge« auftritt. Und der Unterschied zwischen einzelnen Graphen scheint wohl nur in der Art der »Schräge« zu bestehen – genannt Steigung.

Kann man die Steigung an einer Funktions**gleichung** erkennen? Basteln wir uns doch gleich mal ein paar Beispiele und zeichnen die zugehörigen Graphen in ein Koordinatensystem. Zuerst die Funktionsgleichungen als Quartett:

(1)	y	=		2	x	+	1	(2)	y	=		x	+	1
(3)	y	=	-	2	x	+	1	(4)	y	=	-	x	+	1

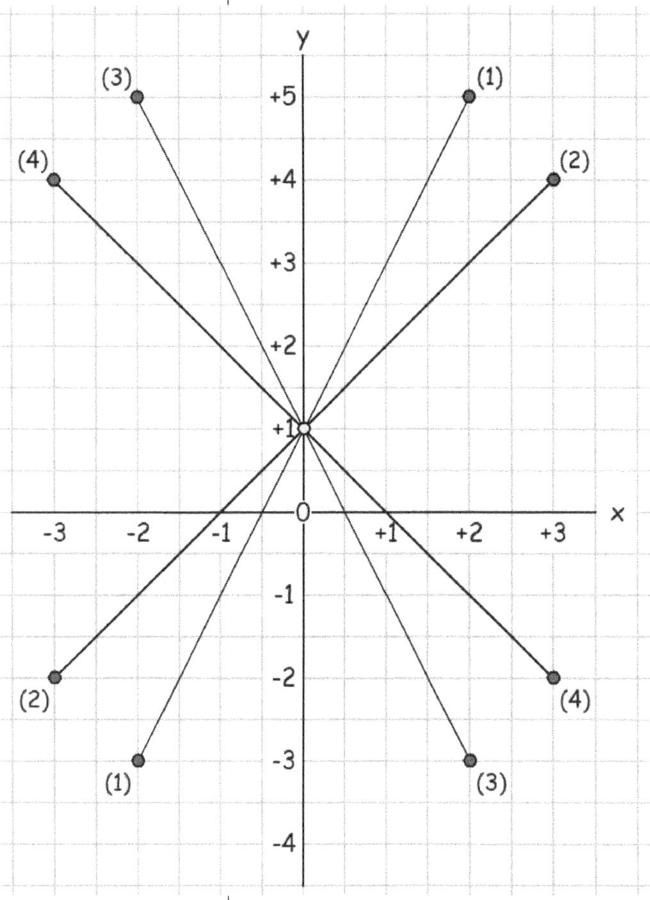

Alle vier sehen sich irgendwie ähnlich, aber völlig gleich sind sie dennoch nicht – wie du auch im folgenden Schaubild deutlich sehen kannst:

Und hier ist die zugehörige Wertetabelle. Sie fällt diesmal recht groß aus, weil wir gleich vier Funktionen zu versorgen haben:

	x	- 3	- 2	- 1	0	+ 1	+ 2	+ 3
(1)	y	- 5	- 3	- 1	+ 1	+ 3	+ 5	+ 7
(2)	y	- 2	- 1	0	+ 1	+ 2	+ 3	+ 4
(3)	y	+ 7	+ 5	+ 3	+ 1	- 1	- 3	- 5
(4)	y	+ 4	+ 3	+ 2	+ 1	0	- 1	- 2

Interessant ist, dass sich alle Graphen in ein und demselben Punkt schneiden. Ob das wichtig ist? Wir müssen später darauf zurückkommen.

Erst wollten wir uns um die Steigung kümmern, die ja für jede Funktion eine andere ist. Die **+1** am Ende spielt offenbar **keine** Rolle für die Steigung. Aber der Wert **vor** dem x, also der jeweilige Faktor, mit dem x malgenommen wird, scheint entscheidend für die Steigung zu sein.

Aber das x hat doch nicht überall einen Faktor – oder doch? Wir erinnern uns, dass x gleich 1 mal x gilt, also es dort eigentlich jeweils **1·x** oder **1x** heißen müsste.

Man erkennt das auch in der Wertetabelle, wo jeder y-Wert gleichmäßig zu- oder abnimmt, und zwar bei (1) und (3) in Zweier-Schritten, bei (2) und (4) in Einer-Schritten.

Schauen wir uns den Graphen zu jedem Faktor genauer an und fassen wir unsere dabei gewonnenen Erkenntnisse in einer Tabelle zusammen (wobei wir hier für **x** wieder **1x** einsetzen):

2x	Graph **steigt** steiler an	1x	Graph **steigt** flacher an
-2x	Graph **fällt** steiler ab	-1x	Graph **fällt** flacher ab

Also kann man sagen:

- Je **größer** die Zahl vor dem x ist bzw. der Faktor, mit dem x malgenommen wird, desto **steiler** geht es berg**auf**. Dabei muss die Zahl **positiv** sein!

Und auch umgekehrt passt es:

- Je **kleiner** die Zahl vor dem x ist bzw. der Faktor, mit dem x malgenommen wird, desto **steiler** geht es berg**ab**. Dabei muss die Zahl **negativ** sein!

Du kannst dir denken, dass eine Funktion mit der Gleichung y = **100x+2** einen Graphen hat, bei dem es furchtbar steil bergauf geht. Aber wenn der Faktor z.B. **0,5** oder **0,01** beträgt? Dann wird der Graph immer flacher.

Und was ist, wenn dieser Faktor auf **0** »heruntergekommen« ist? Dann hieße ja eine Funktionsgleichung z.B. y = **0x+2**. Und daraus würde y = **2**, weil 0 mal x gleich 0 ist. Der Graph dazu wäre eine **waagerechte** Strecke. Probiere es doch mal aus: Für **jedes** x gilt hier **y=2**.

... und Verschiebung

◇ Nachdem wir das geklärt hätten, bleibt noch die **+1** bzw. der gemeinsame Schnittpunkt. Denn irgendwie hängt das doch zusammen. Was würde passieren, wenn ich statt der **1** eine **2** nehmen würde? Oder für jede Funktionsgleichung eine andere Zahl?

◇ Am besten, wir stellen gleich eine neue Formation zusammen, wobei uns diesmal drei Funktionen genügen:

(1)	y	=	x	+	2	(2)	y	=	x
(3)	y	=	x	-	2				

◇ Nehmen wir die Wertetabelle vorweg:

	x	-3	-2	-1	0	+1	+2	+3
(1)	y	-1	0	+1	+2	+3	+4	+5
(2)	y	-3	-2	-1	0	+1	+2	+3
(3)	y	-5	-4	-3	-2	-1	0	+1

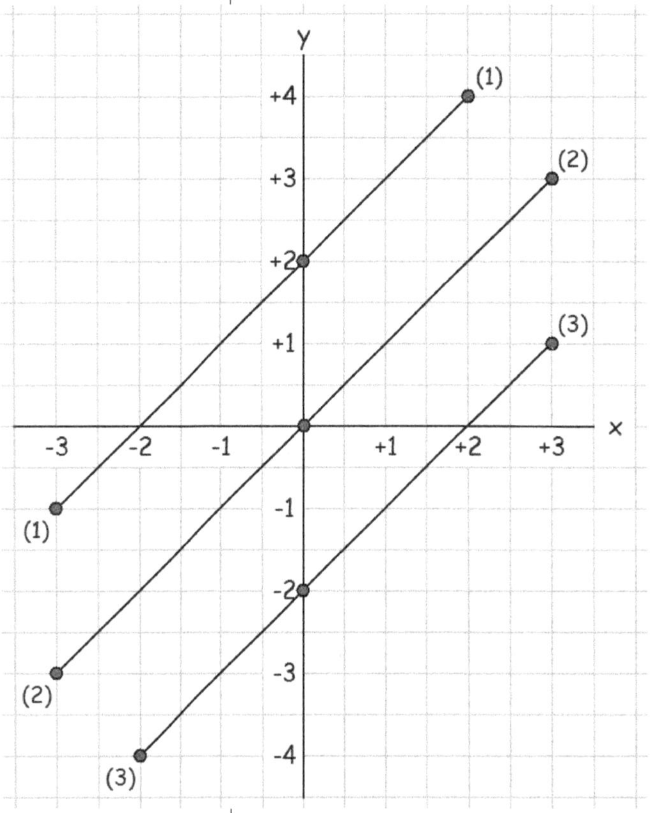

◇ Hier nimmt bei allen drei Funktionen jeder y-Wert gleichmäßig um 1 zu. Offenbar gibt es aber keinen gemeinsamen Schnittpunkt. Und so präsentiert sich das Trio dann als Graphenschar:

Wie du siehst, verlaufen alle Strecken parallel zueinander – wie Schienenstränge. Voraussetzung aber ist, dass die Faktoren vor dem x allesamt **gleich** sind. Würde man alle drei Gleichungen ganz ausführlich schreiben, so sähe das so aus:

(1)	y	=	1	·	x	+	2
(2)	y	=	1	·	x	+	0
(3)	y	=	1	·	x	-	2

Auch hier lassen sich unsere gewonnenen Erkenntnisse in einer Tabelle zusammenfassen:

x+2	Graph verläuft weiter **oben**
x+0	Graph verläuft durch **Ursprung**
x-2	Graph verläuft weiter **unten**

Mit dem Ursprung ist der Punkt gemeint, in dem sich x-Achse und y-Achse schneiden. Dieser Punkt hat die Koordinaten **(0|0)**. Der Wert, der als »Zusatzzahl« addiert oder subtrahiert wird, gibt also die Verschiebung des Graphen auf der y-Achse nach oben oder unten an.

Diese Zusatzzahl gibt also an, an welcher Stelle der Graph die y-Achse schneidet. Damit wäre endlich auch das »Rätsel« mit dem gemeinsamen Schnittpunkt der ersten vier Graphen geklärt: Für **alle** steht am Ende der Funktionsgleichung +1. Damit müssen sich alle in ein und demselben Punkt schneiden – dem Schnittpunkt der y-Achse.

Weil bei den anderen drei Graphen die Zusatzzahl verschieden ist, haben sie auch keinen gemeinsamen Schnittpunkt.

Allgemein haben die Funktionen, die du in diesem Kapitel kennen gelernt hast, diese Form:

$$y = a x + b \qquad y = -a x - b$$

Wobei **a** die Steigung und **b** die Verschiebung des zugehörigen Graphen angibt. (In der Schule wird statt **a** oft auch der Buchstabe **m** benutzt.)

Weil **a** und **b** natürlich auch 0 oder negativ sein können, ist die zweite Formel eigentlich überflüssig. In der folgenden Abbildung kannst du sehen, wie **a** und **b** die Lage eines Graphen bestimmen:

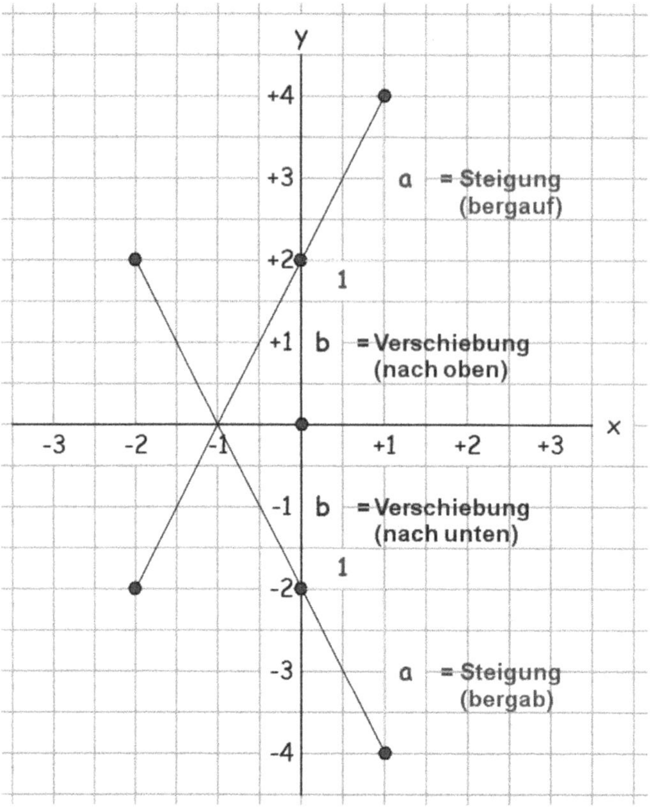

Der **Abschnitt** auf der y-Achse zwischen Ursprung und Schnittpunkt entspricht dem Wert von **b**: Ist der positiv, geht es nach oben; ist er negativ, geht es nach unten. Ist zum Beispiel **b=+3**, schneidet der Graph die y-Achse bei **+3**, ist **b=-11**, dann liegt der Schnittpunkt bei **y=-11**.

Verlässt man den Graphen und geht von einem Punkt aus **einen** Schritt nach rechts, dann ist es zum Graphen nach oben oder unten **a** Schritte weit – je nachdem, ob **a** positiv oder negativ ist. Ist zum Beispiel **a=2**, dann geht es einen Schritt nach rechts und 2 Schritte nach **oben**, ist **a=-5**, dann geht es einen Schritt nach rechts und 5 Schritte nach **unten**.

Das »Gebilde« aus dem Graphenabschnitt und dem kleinen »Umweg« wird **Steigungsdreieck** genannt. Woher der Name kommt, kann man sehen.

Und weil ein Graph so gerade ist wie bei einem Lineal, heißt die zugehörige Funktion auch Lineare Funktion.

Zusammenfassung

Puh! Ein etwas längerer Weg durch den Graphendschungel liegt nun hinter uns. Und du hast eine ganze Reihe neuer Begriffe kennen gelernt:

Koordinaten	Werte, die die Position eines Punktes angeben
Koordinatensystem	System aus zwei Achsen und einer Ebene, die in Quadrate unterteilt ist
Schnittpunkt	Punkt, in dem sich zwei Geraden (Graphen oder Achsen) schneiden
Ursprung	Schnittpunkt der x-Achse mit der y-Achse; Koordinaten = (0|0)
Funktion	Zuordnung von zwei Werten x und y, bei der es für jedes x genau ein passendes y gibt
Funktionsgleichung	Gleichung, mit deren Hilfe sich zu einem x-Wert der passende y-Wert ermitteln lässt
Graph	Zeichnerische Darstellung einer Funktion in einem Koordinatensystem
Steigung	Der Wert für die »Schräge« eines Graphen, ob er steigt oder fällt (= »negative Steigung«)
Verschiebung	Der Abschnitt, um den ein Graph auf der y-Achse vom Ursprung aus nach oben oder unten verschoben wird
Lineare Funktion	Funktion, deren Graph eine Gerade ist

Ein paar Fragen …

1. Dürfen die Werte für die Steigung a und die Verschiebung b auch Kommazahlen oder Brüche sein?
2. Wie heißt die Gleichung für eine Funktion, deren Graph genau auf der x-Achse verläuft?
3. Rudi Pfiffig behauptet: »Es gibt keine Funktion mit einem Graphen, der senkrecht verläuft. Sonst wäre die Steigung ja unendlich.«

… und ein paar Aufgaben

1. Löse die Aufgaben 09.02 bis 09.04 aus dem letzten Kapitel mit Hilfe von Graphen:
   Sara fährt mit 90 km/h, Bodo mit 150 km/h. Skaliere die y-Achse in

20er-Schritten. Jedes Mal ist Sara 90 km von Bodo entfernt. (a) Sara fährt weiter; (b) Sara wartet auf Bodo; (c) Sara fährt Bodo entgegen.

2. Versuche auch die Aufgabe 09.05 aus dem letzten Kapitel mit Hilfe von Graphen zu lösen:
   Bruno fährt mit 40 km/h los. Nach einer halben Stunde folgen ihm Kuno mit seinem Moped und Tina mit ihrem Fahrrad. Kuno ist so schnell wie Bruno, Tina fährt mit 20 km/h. Wann holt wer Bruno ein?

3. Olga hat die Wahl zwischen zwei Handy-Verträgen: Entweder sie zahlt pro Gesprächseinheit 30 Cent, aber keine Grundgebühren. Oder sie zahlt pro Monat 9 Euro extra, dafür kostet sie jede Einheit nur 20 Cent. Löse die Aufgabe grafisch. (Ermittle vorher Steigung und Verschiebung der Graphen.)

(Die Lösungen zu allen Fragen und Aufgaben stehen hinten im Buch.)

11

Punkte, Linien, Flächen

Sie sind unter uns. Wohin wir auch schauen, wohin wir auch gehen: Überall um uns herum gibt es sie. Auch die Mathematik befasst sich mit ihnen – und nennt das dann **Geometrie**. Was ich meine, sind keine außerirdischen Wesen, sondern nur Linien, Flächen, Körper. Wir fangen hier ganz klein an und strecken uns dann allmählich in alle möglichen Richtungen.

In diesem Kapitel lernst du

- was Punkte sind
- etwas über Linien
- etwas über Quadrate und Rechtecke
- wie man Flächeninhalt und Umfang berechnet
- weitere Vierecke und auch Dreiecke kennen

Am Anfang war der Punkt

Was ein Punkt ist, weiß doch jeder – oder? Die Dinger tauchen doch in diesem Buch am Ende jedes Satzes auf. Aber die Mathematiker müssen unbedingt mal wieder genauer hinschauen: »Das ist ja gar kein Punkt«, sagen sie und wedeln mit ihrer Lupe. »Das ist eine Fläche.«

Wenn wir mal durch dieselbe Lupe schauen, sehen wir tatsächlich so etwas wie einen schwarzen runden Fleck. Aber warum ist dieses Ding kein Punkt? Was ist denn ein Punkt?

Man könnte es so formulieren: Ein Punkt ist das kleinste mathematische »Ding«, das es geben kann. Eigentlich ist er gar nicht zu sehen, denn er ist unendlich klein, hat keine Länge, keine Breite, ist also nicht messbar.

»Dann ist er also nichts?«, könntest du fragen. Die Antwort ist »Jein«. In der Mathematik gibt es Dinge, die es in Wirklichkeit nicht geben muss. Man denkt sie sich einfach. Und so ist auch ein Punkt ein »gedachtes unendlich kleines Etwas«.

Damit wir uns trotzdem etwas darunter vorstellen können, macht man eben einen winzig kleinen Klecks irgendwohin und sagt vorsichtig: »So ungefähr sieht ein Punkt aus.« Und die Mutigeren drücken es so aus: »Das ist ein Punkt!«

Ein Punkt ist also nichts, weil er nicht greifbar und kleiner ist als jede Bakterie oder als ein Atom. Er existiert nur in unseren Köpfen. Doch er ist so wichtig wie die 0 bei den Zahlen. Auf die kann man auch nicht verzichten.

In der Wirklichkeit wird der Name Punkt für viele Zwecke benutzt – nicht zuletzt als Satzzeichen.

Wenn man einen Punkt in Bewegung setzt, bekommt man eine Linie. Auch hier geht es nur um eine gedachte und eigentlich nicht sichtbare Linie. Denn es gibt zwar eine Länge, aber keine Breite oder sonstige Ausdehnung. Eine Sonderform der Linie ist die Gerade:

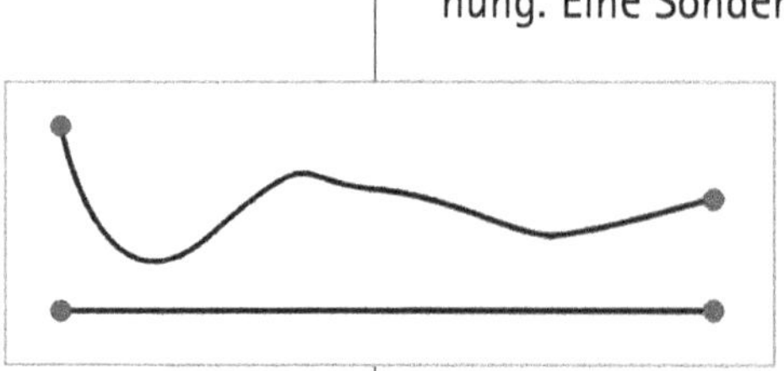

Während es bei einer Linie »irgendwohin« gehen kann, geht es bei einer Geraden immerzu nur in **eine** Richtung. Man könnte aber auch von **zwei** Richtungen sprechen: vorwärts und rückwärts.

Bei den beiden gezeigten Linien habe ich jeweils den Anfangs- und den Endpunkt eingezeichnet – übertrieben groß, damit man was fürs Auge hat.

Bei geraden Linien unterscheidet die Mathematik drei verschiedene Arten:

- Bei **Strecken** gibt es einen eindeutigen Anfangs- und Endpunkt, sie haben daher auch eine feste **messbare** Länge.
- Auch **Strahlen** haben einen eindeutigen Anfang, aber ihr Ende liegt irgendwo im Unendlichen.
- **Geraden** fangen irgendwo im Unendlichen an und hören irgendwo im Unendlichen auf.

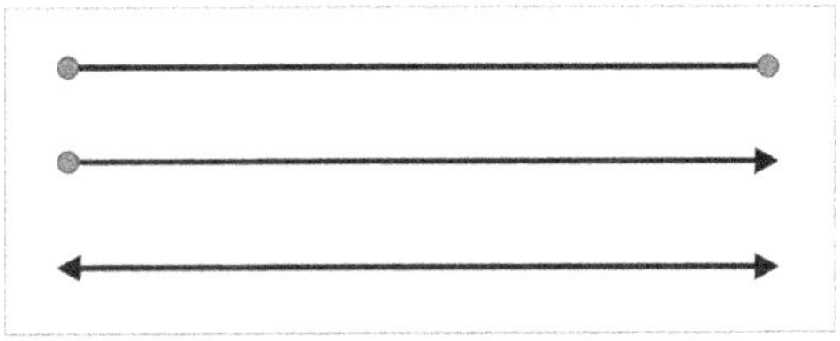

Hier ist unser Typentrio: Die Pfeilspitzen weisen darauf hin, dass es immer weiter geht. Die Kreise markieren Anfangs- bzw. Endpunkte.

Soll sich ein Punkt nicht nur nach vorn oder hinten, sondern auch noch beliebig nach rechts oder links bewegen können, genügt eine Linie nicht mehr: Wir brauchen eine Ebene. Wenn Punkte sich hier verbinden, wird daraus eine Strecke oder eine Fläche.

Und will sich unser Punkt noch nach oben oder unten räkeln, so wird die Ebene zum Raum. Verbinden sich genügend Punkte, so kann daraus nicht nur eine Strecke oder eine Fläche, sondern auch ein Körper werden.

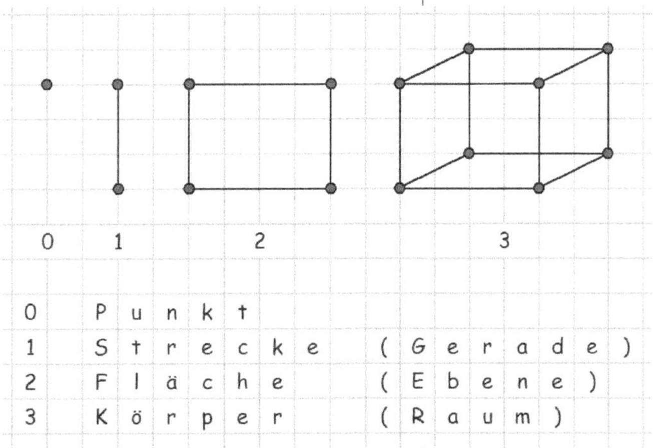

Man spricht hier auch von **Dimensionen**:

1. Weil ein **Punkt** keinerlei Ausdehnung hat, nennt man das Dimension 0.
2. Eine **Gerade** verläuft zwar in zwei entgegengesetzte Richtungen, die aber zu einer Ausdehnung zusammengefasst werden: Daher Dimension **1** – messbar als Länge. Auf einer Geraden haben unendlich viele **Strecken** Platz.
3. Bei einer **Ebene** gibt es vier Richtungen, wovon je zwei zusammengehören: Hier heißt die Dimension **2** – messbar als Länge und Breite. Auf einer Ebene können sich unendlich viele **Flächen** tummeln.
4. Im **Raum** schließlich gibt es eine dritte Ausdehnung (mit sechs Richtungen) und daher die Dimension **3** – messbar als Länge und Breite und Höhe (oder Tiefe). In einem Raum ist Platz für unendlich viele **Körper**.

Geraden, Ebenen und Räume sind mathematisch gesehen unendlich lang, breit, hoch (tief).

Seiten und Winkel

Allzu viel gibt eine Gerade nicht her: Wer sich dort bewegt, kann nicht mal überholen, es können nur alle gleichzeitig vorwärts oder rückwärts. In der Ebene dagegen gibt es viele Ausweichmöglichkeiten. Und während alle Strecken auf einer Geraden sich nur in ihrer Länge unterscheiden, können die Flächen vielfältige Formen haben.

Beginnen wir mit einer Figur, die auch als Basisfläche bezeichnet werden kann, dem Quadrat. Es hat vier Seiten, die **alle gleich** lang sind. Und es hat vier Winkel, die **alle gleich** groß sind.

Einen Winkel kann man eigentlich nicht sehen. Wenn zwei Strecken sich schneiden, ist der Winkel das, was dazwischen liegt. Er wird meistens mit einem griechischen Buchstaben wie α, β, γ (gesprochen Alpha, Beta, Gamma) bezeichnet.

Der Punkt, an dem sich beide Strecken treffen, heißt **Scheitelpunkt** des Winkels. Und die beiden Strecken, die den Winkel einschließen, werden **Schenkel** genannt.

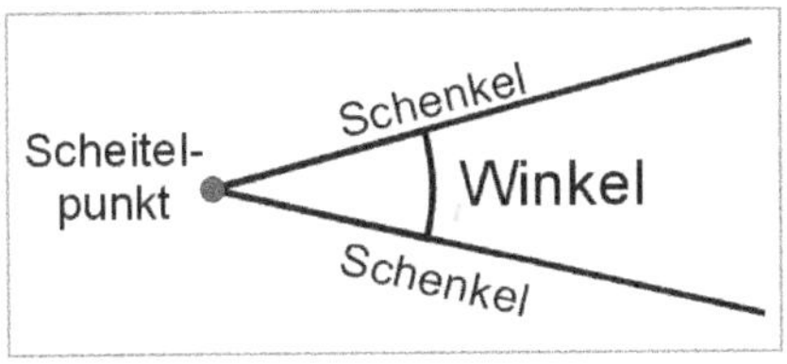

Gemessen werden Winkel in Grad (°), z.B. 30°, 45°, 90°, 180°, 360°. Wenn du dich einmal komplett um deine eigene Achse drehst, hast du einen Winkel von 360 Grad. Wiederholst du dies mehrere Male, kann es allerdings zu Schwindelanfällen kommen.

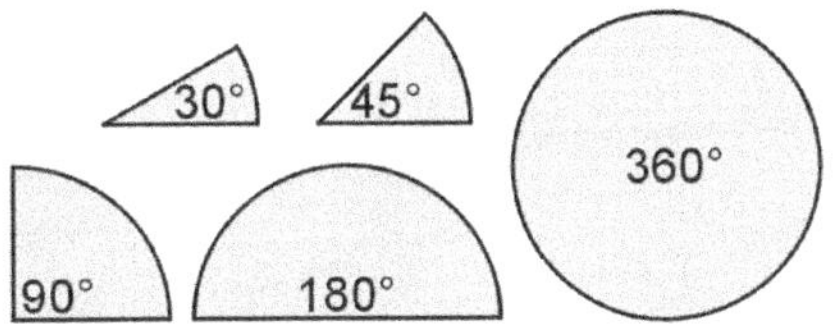

Zurück zu unserem Quadrat. Wenn wir das in die Länge ziehen, ist es nur noch ein Rechteck. Das war es vorher auch, nur sind jetzt nicht mehr alle Seiten gleich lang. Was ist das Besondere an einem Rechteck? Jeweils zwei Seiten, die sich **gegenüber** liegen, sind gleich lang. Und weiterhin sind alle vier Winkel gleich groß. (Ein Quadrat ist also auch ein Rechteck.)

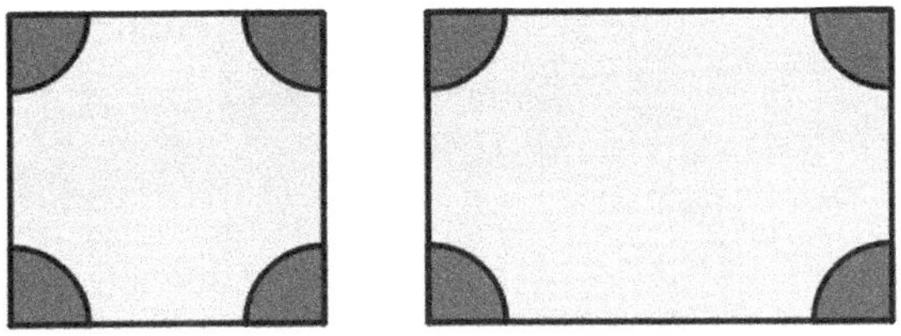

Diese beiden Figuren bieten zwei Besonderheiten, denen wir nicht nur im Bereich der Geometrie immer wieder begegnen:

- Die gegenüberliegenden Seiten sind parallel zueinander
- Die nebeneinander liegenden Seiten stehen senkrecht aufeinander

Fragt sich nur, was mit »parallel« und »senkrecht« genau gemeint ist. Klären wir das an zwei Beispielen:

- Damit eine Bahnfahrt möglichst sicher verlaufen kann, müssen die beiden Schienenstränge immer im gleichen Abstand voneinander sein. Das nennt man **parallel**.
- Wenn du dieses Buch aus großer Höhe herunterfallen lässt, dann ist seine Richtung **senkrecht** zum Boden.

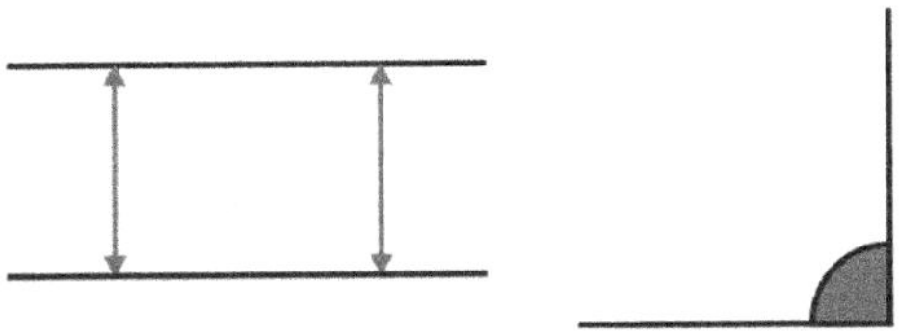

Ein anderes Beispiel findest du in deinem Zimmer: Jede Wand steht senkrecht auf dem Boden. Dagegen ist die Zimmerdecke parallel zum Fußboden ausgerichtet – es sei denn, du wohnst direkt unter dem Dach. So sollte es jedenfalls sein – aber es gibt ja auch schiefe

Wände. Und damit deine Möbel nicht zu rutschen anfangen, darf auch der Boden nicht schief sein: Er verläuft waagerecht.

Der Winkel zwischen zwei senkrecht aufeinander stehenden Strecken wird **rechter Winkel** genannt. Ein rechter Winkel hat immer 90 Grad. (»Senkrecht zueinander« heißt also auch: »Im rechten Winkel zueinander«.)

Quadrat und Rechteck

Was ist sonst noch interessant oder wichtig an Gebilden wie Quadraten oder Rechtecken? Da ist einmal das »Innere« – genannt Flächeninhalt oder auch kurz: Fläche. Und dann das »Äußere« – genannt Umfang.

Damit gibt es endlich wieder etwas zu berechnen:

Übung 11.01:

Ab und zu leisten sich Benno und Beppo mal ein Stück Schokolade, und zwar im Riesenformat. Während Benno am liebsten die »Ringer Sport« mit ganzen Haselnüssen vernascht, bevorzugt Beppo die »Rosa Pause« mit Erdbeerstückchen.

Bennos Schokolade sieht von oben aus wie ein Quadrat, dessen Seiten alle jeweils 4 dm lang sind. Das Naschwerk von Beppo ist von oben betrachtet ein 8 dm langes und 2 dm schlankes Rechteck. Wie groß sind Fläche und Umfang jeweils?

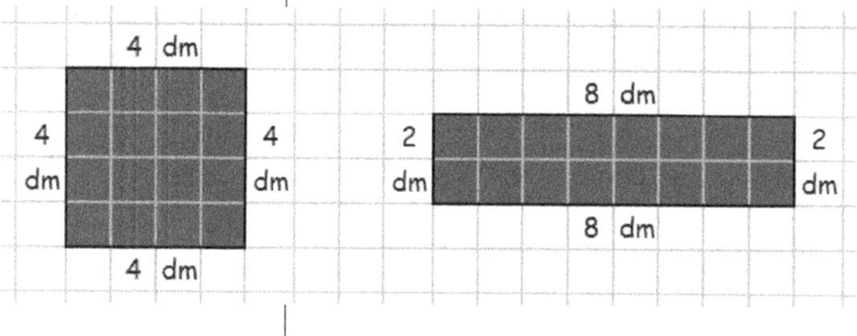

Am besten ist es, erst einmal von beiden Schokoladen eine Skizze anzufertigen. Natürlich nicht in Originalgröße, sondern in einem kleineren Maßstab.

Wie wir sehen, lassen sich beide Flächen in kleine Quadrate einteilen. Offenbar muss man einfach die Länge mit der Breite malnehmen, um den Flächeninhalt zu berechnen. Das tun wir jetzt mit beiden Schokoladenformaten:

A	(	Q	)	=	4	·	4	=	1	6	d	m	^{2}
A	(	R	)	=	2	·	8	=	1	6	d	m	^{2}

Damit hätten wir das Innere, also die Fläche von Bennos Quadrat bzw. Beppos Rechteck. Für den Umfang zählen wir alle Seiten (außen herum) zusammen:

u	(	Q	)	=	4	+	4	+	4	+	4	=	1	6	d	m
u	(	R	)	=	2	+	8	+	2	+	8	=	2	0	d	m

Du hast Recht: Das hätte man hier auch einfacher haben können. Mir ist es aber wichtig klar zu machen, dass man für den Umfang **immer** alle Seiten addiert! (Und wenn es etwas zu vereinfachen gibt, kann man das ja nach Belieben tun.)

Nun sind gleich ein paar Erklärungen nötig: **A** und **u** und **Q** und **R** – was bedeutet das? Nun: **Q** und **R** habe ich einfach aus Bequemlichkeit als Abkürzungen für Quadrat und Rechteck benutzt.

A (für das englische Wort »Area« = Fläche) und **u** dagegen werden in der Mathematik offiziell als Symbole für Flächeninhalt und Umfang eingesetzt. Dabei ist Groß- und Kleinschreibung wichtig! Es gilt nämlich: Punkte und Flächen werden mit **Groß**buchstaben, Linien mit **Klein**buchstaben gekennzeichnet.

Und zwei Rechenregeln haben wir nun auch:

Flächeninhalt (A) = Länge mal Breite

Flächenumfang (u) = Summe aller Seiten

Weil man das Quadrat als die Grundform aller Flächen ansehen kann, hat es auch den Flächenmaßen seinen Namen gegeben:

Während man bei Strecken z.B. in **Metern** (m) misst, geschieht das bei Flächen in **Quadratmetern**. Dabei benutzt man als Abkürzung ebenfalls das »m«, hängt aber oben hinten dran noch eine kleine 2. In der folgenden Tabelle siehst du die wichtigsten Maße und ihre Umrechnungen auf einen Blick (Ausgangswert ist 1 Meter bzw. 1 Quadratmeter):

Länge	Flächeninhalt
1 m	$1\ m \cdot 1\ m = 1\ m^2$
10 dm	$10\ dm \cdot 10\ dm = 100\ dm^2$
100 cm	$100\ cm \cdot 100\ cm = 10.000\ cm^2$
1.000 mm	$1.000\ mm \cdot 1.000\ mm = 1.000.000\ mm^2$

Weil eine Fläche immer das Produkt aus 2 Dimensionen ist, rechnet man Länge mal Breite und erhält so z.B. Quadratmeter.

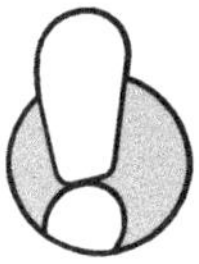

Du weißt, dass **$m^2 = m \cdot m$** bedeutet und dass es sich hier um eine Potenz handelt. Hat eine Potenz als Exponent eine 2, so spricht man auch von einer **Quadratzahl**.

Beispiele sind: $2^2 = 4$; $3^2 = 9$; $5^2 = 25$; $10^2 = 100$ usw.

Bequem beim Taschenrechner ist die **Quadrattaste**, die so aussieht:

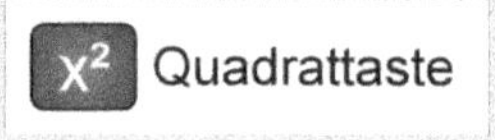

Sie wird nach Eingabe der Zahl gedrückt, die quadriert werden soll.

Schiefe Ecken?

Wenn nur alles so einfach wäre! Aber es gibt eben auch Flächen, die gar nicht so schön eckig wie Schokoladentafeln aussehen.

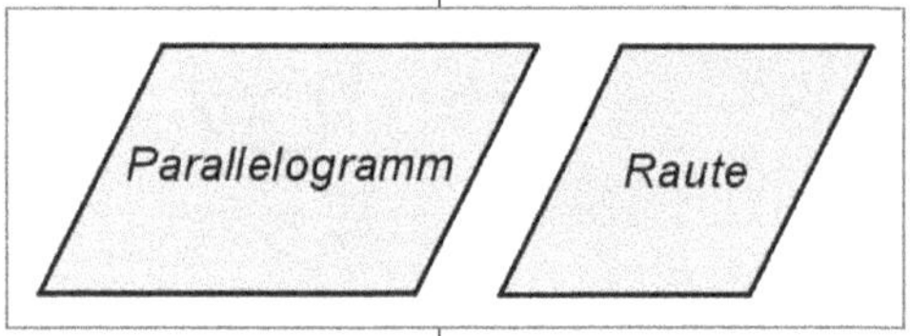

Wird ein Quadrat oder Rechteck gekippt, dass es schief steht wie der Turm von Pisa, so bleiben die jeweils gegenüberliegenden Seiten gleich lang, aber die Winkel verändern sich. Man nennt das Parallelogramm oder Raute, wenn alle vier Seiten gleich lang sind.

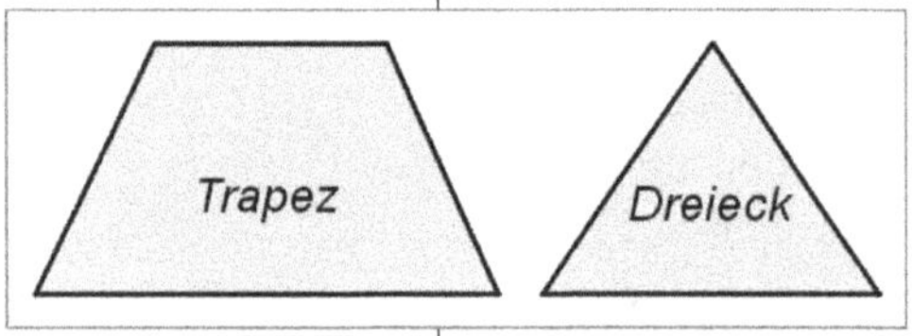

Kippt man zwei gegenüberliegende Seiten nach innen, erhält man ein Trapez. Und werden die beiden Seiten immer weiter aufeinander zu gekippt, verschwindet die obere Seite und heraus kommt dabei ein Dreieck.

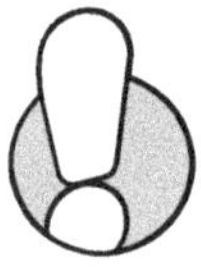

Ebenfalls zum Dreieck kommst du, wenn du durch ein Viereck eine **Diagonale** zeichnest. Das ist eine »schräge Linie«, die z.B. die Ecke links oben mit der rechts unten verbindet. Bei einem Rechteck entstehen dabei zwei gleich große Dreiecke.

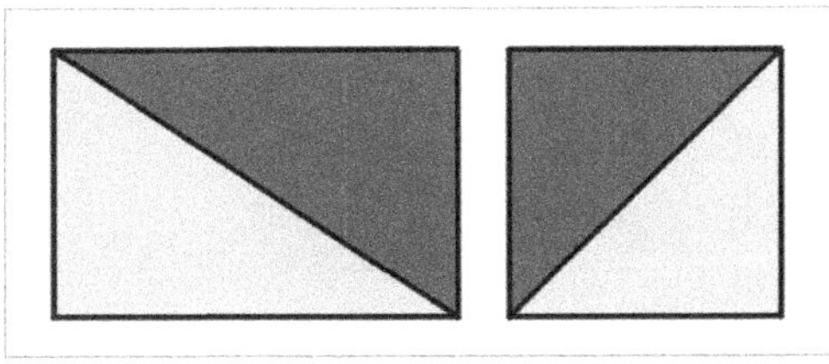

In der folgenden Tabelle sind alle Eigenheiten der oben genannten Figuren zusammengefasst:

Quadrat	**alle** Seiten gleich lang; **alle** Winkel gleich groß (90°)
Rechteck	gegenüberliegende Seiten parallel und gleich lang; **alle** Winkel gleich groß (90°)
Raute	**alle** Seiten gleich lang
Parallelogramm	gegenüberliegende Seiten parallel und gleich lang
Trapez	**zwei** gegenüberliegende Seiten parallel, andere Seiten beliebig
Dreieck	drei beliebig lange Seiten

Natürlich gibt es auch Vielecke mit mehr als 4 Ecken, aber die lassen wir hier mal beiseite. Es wird nämlich wieder Zeit für eine Aufgabe:

Übung 11.02:

Es geht um den Flächeninhalt von insgesamt sechs bebauten Grundstücken: Die beiden linken Grundstücke werden von Mitgliedern der Familie Aufrecht bewohnt. Auf den vier Grundstücken rechts hat sich der Clan der Großfamilie Schiefer angesiedelt.

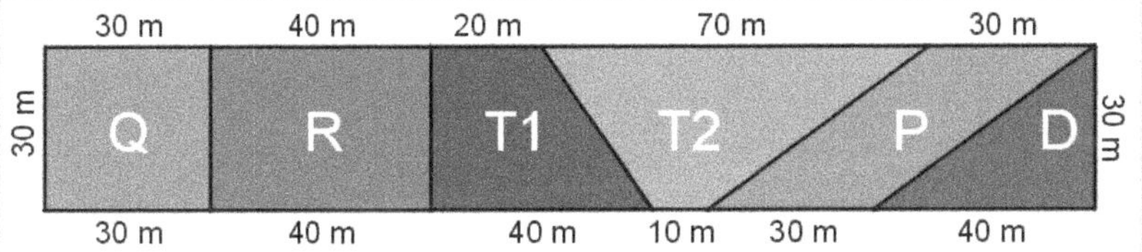

Die beiden Grundstücksflächen der Familien Aufrecht lassen sich recht schnell berechnen. Schwieriger wird es bei den »schiefen« Grundstücken. Wie bekommen wir da die einzelnen Flächeninhalte? Nicht mit dem Rasenmäher, aber mit der Schere müssen wir einigen der Flächen zu Leibe rücken:

Wir schnippeln und kleben uns einfach alle »schiefen« Figuren so zusammen, dass daraus Rechtecke werden. Dann können wir auch ihre Flächeninhalte berechnen.

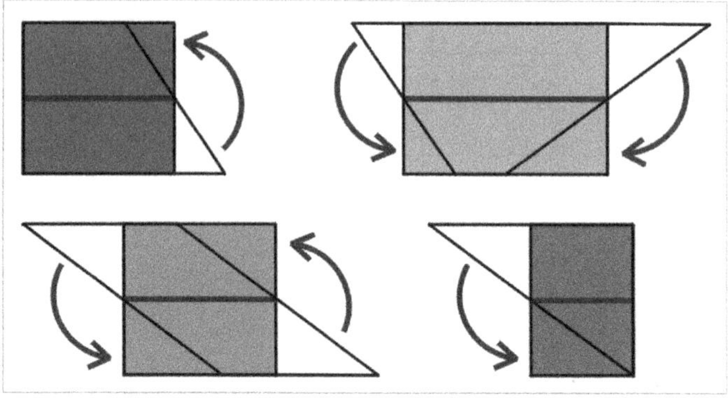

Nach dieser Bastelanweisung sind einige Ecken abgeschnitten und so wieder angesetzt worden, dass tatsächlich aus Trapez, Parallelogramm und Dreieck jeweils ein Rechteck geworden ist. Und so würde dann die Grundstücksreihe nach einer »Begradigung« aller Flächen aussehen (was dem Schieferclan wohl nicht recht wäre):

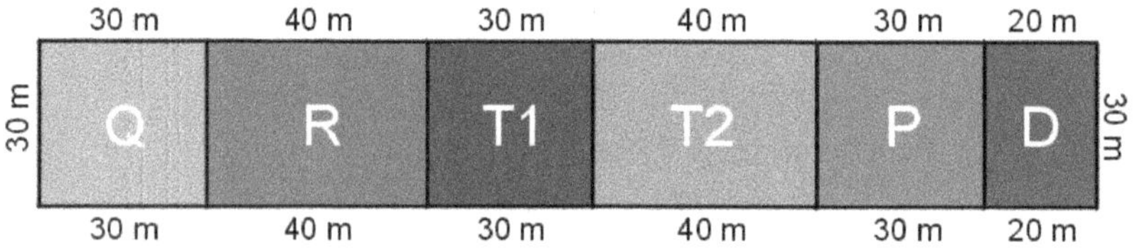

Damit kennen wir aber noch nicht die Maße der neuen Flächen.

Welche Flächenformen die Buchstaben Q, R, T, P, D symbolisieren sollen, kannst du dir selbst zusammenreimen. (Wenn nicht: Es sind die Anfangsbuchstaben für Quadrat, Rechteck, Trapez, Parallelogramm und Dreieck.)

Damit du vergleichen kannst, habe ich die Buchstaben in der letzten Abbildung beibehalten, obwohl wir dort lauter Rechtecke haben.

Mittel und Hoch

Wenn du dir unsere Bastelanweisung noch mal genauer anschaust, siehst du dort für jede Bastelfigur eine (dicke) **Mittellinie.** Die geht genau waagerecht durch die Mitte einer Figur.

Eine Mittellinie wird genau so berechnet wie ein Mittelwert. Ein anderer Name für Mittelwert ist **Durchschnitt.**

Willst du den Mittelwert oder Durchschnitt deiner Mathematikzensuren wissen, so zählst du sie erst einmal **alle** zusammen. Ein Beispiel: 3+4+2+4 = 13.

Dann teilst du diese Summe durch die **Anzahl** deiner Zensuren, in unserem Beispiel: 13:4 = 3,25.

Für eine Mittellinie brauchst du nur **zwei** Werte. In unserem Falle ist das jeweils die Länge der oberen und der unteren Seite. Die zählst du zusammen und teilst sie dann durch 2.

Rechnen wir also Stück für Stück die Mittellinien aller Grundstücke des Familienclans derer von Schiefer aus:

m(T1)	=	$\frac{20+40}{2}$	=	$\frac{60}{2}$	=	30 m
m(T2)	=	$\frac{70+10}{2}$	=	$\frac{80}{2}$	=	40 m
m(P)	=	$\frac{30+30}{2}$	=	$\frac{30}{2}$	=	30 m
m(D)	=	$\frac{0+40}{2}$	=	$\frac{40}{2}$	=	20 m

Addiert wird also jeweils die obere und untere Seite aller Figuren. Dass das Dreieck keine obere (vierte) Seite hat, macht gar nichts – die setzen wir einfach auf 0. Man kann das alles natürlich auch ohne Brüche lösen, aber ich finde es so schöner und übersichtlicher.

Die Kürzel bedürfen wieder einer Erklärung: **m** kürzt »Mittellinie« ab, und die Buchstaben **T, P** und **D** sind wieder aus meiner Bequemlichkeit entstanden. Sie stehen für Trapez, Parallelogramm und Dreieck. (T1 und T2 deshalb, weil wir es hier mit zwei Trapezen zu tun haben.)

Hier sind Brüche schon deshalb sinnvoller, weil wir sonst Klammern einsetzen müssten, z.B. (20+40):2 = 30.

Wenn wir uns die Grundstücksreihe anschauen, sehen wir, dass allesamt 30 m breit sind. Bei den »schiefen« Flächen passt der Ausdruck Breite nicht so gut, denn es handelt sich ja bei einigen von ihnen nicht um eine Seite, sondern 30 m ist der **Abstand** zwischen der oberen und der unteren Seite.

Auch hier haben die Mathematiker wieder einen Namen zur Hand: Der Abstand zwischen zwei parallelen Seiten wird Höhe genannt. Beim Dreieck ist das der Abstand zwischen einer Seite und dem gegenüberliegenden Punkt.

Wichtig ist: Die Höhenlinie muss **immer senkrecht** auf jeder betroffenen Seite stehen!

Wer es ganz genau nimmt, sagt statt Höhe auch **Flächenhöhe** (um sie von einer weiteren Höhe zu unterscheiden, die du später kennen lernst).

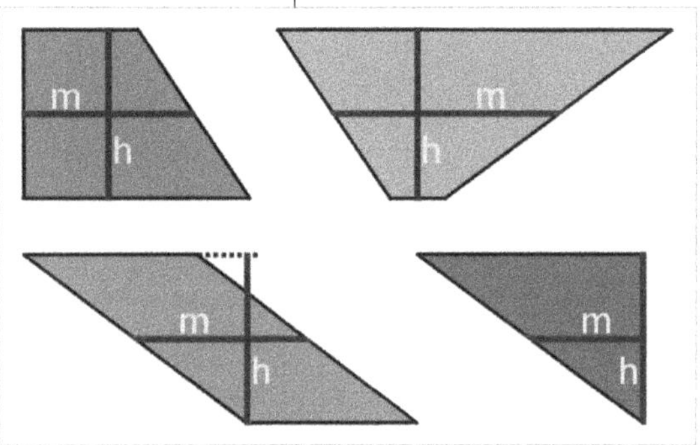

In der folgenden Abbildung haben wir alle Höhen und Mittellinien zusammen. Weil in einem Fall (beim Parallelogramm) die gegenüberliegende Seite zu kurz war, musste ich sie mal eben etwas verlängern, um den Abstand zu bestimmen. (Das siehst du an der gestrichelten Linie.)

Und wo bleibt der Lohn für all die Mühe? Nun, wir haben jetzt für alle Vierecke und Dreiecke, die du hier kennen gelernt hast, eine einzige gemeinsame Formel zur Berechnung des Flächeninhalts:

$$A = m \cdot h$$

Im Klartext heißt das: **Fläche gleich Mittellinie mal Höhe.**

Und weil in Quadraten, Rechtecken, Rauten und Parallelogrammen auch Mittellinien und Höhen zu finden sind, gelten die Formeln für alle diese Figuren.

Beim Rechteck wird dadurch die alte Formel nicht außer Kraft gesetzt: Denn hier sind die Breitseite und die Höhe immer **gleich lang**, dasselbe gilt für die Längsseite und die Mittellinie. Also gilt:

Fläche = Länge mal Breite = Mittellinie mal Höhe

Für das Dreieck hast du wahrscheinlich in der Schule gelernt:

Fläche = Grundseite mal Höhe durch 2

Da wegen der fehlenden »vierten Seite« die Mittellinie immer die **Hälfte** der Grundseite ist, lässt sich unsere Formel auch für **sämtliche** Dreiecke anwenden:

Fläche = Grundseite durch 2 mal Höhe = Mittellinie mal Höhe

Nun wird es aber endlich Zeit, die Flächeninhalte der einzelnen Grundstücke zu Aufgabe 11.02 auszurechnen:

A	(	Q	)	=	3	0	·	3	0	=		9	0	0	m	^{2}
A	(	R	)	=	4	0	·	3	0	=	1	2	0	0	m	^{2}
A	(	T1	)	=	3	0	·	3	0	=		9	0	0	m	^{2}
A	(	T2	)	=	4	0	·	3	0	=	1	2	0	0	m	^{2}
A	(	P	)	=	3	0	·	3	0	=		9	0	0	m	^{2}
A	(	D	)	=	2	0	·	3	0	=		6	0	0	m	^{2}

Also liegen die Flächen zwischen 600 und 1.200 Quadratmetern. (Davon gehören der Familie Aufrecht nur 2.100 m^2 und der Familie Schiefer 3.600 m^2.)

Hausanstrich

Kaum ist die eine Aufgabe gelöst, folgt schon die nächste, bei der du jetzt überprüfen kannst, ob du die Formel zur Flächenberechnung richtig einsetzt:

Übung 11.03:

Benno und Beppo wohnen als Nachbarn in jeweils einem kleinen Häuschen mit einer Doppeltür. Direkt neben ihnen lebt die schräge Simba. Jedes der drei Häuser ist insgesamt 6,60 m breit und 5,50 m hoch.

Alle drei wollen die kompletten Hausfassaden vorn neu streichen. Bei Benno und Beppo haben Tür und Fenster zusammen eine Fläche von 6 m^2, bei Simba sind es nur 4 m^2. Wie viel Fläche muss jeweils gestrichen werden?

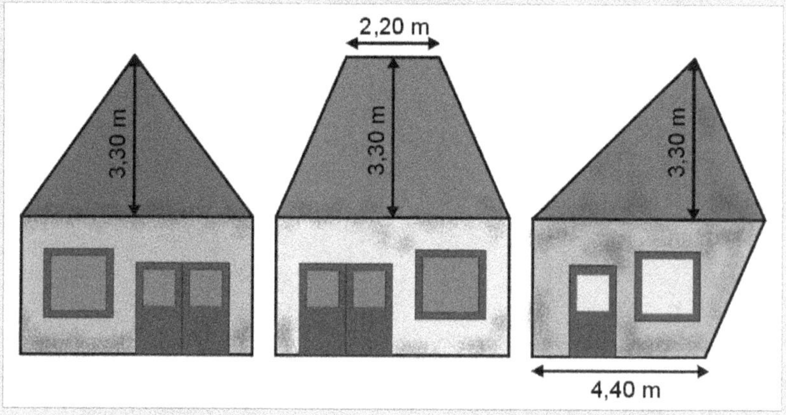

Lassen wir erst einmal Fenster und Türen weg, dann haben wir es mit sechs Flächen zu tun.

Hier noch mal die neue Rechenregel – in zwei Schritten:

Mittellinie (m) = Obere plus untere Seite, die Summe durch 2

Flächeninhalt (A) = Mittellinie (m) mal Höhe (h)

Und das sind die Maße, die sich aus dem Aufgabentext und der Abbildung sammeln und berechnen lassen:

	Benno (D1|R1)		Beppo (T1|R2)		Simba (D2|T2)	
	Dreieck1	Rechteck1	Trapez1	Rechteck2	Dreieck2	Trapez2
Oben	0,00 m	6,60 m	2,20 m	6,60 m	0,00 m	6,60 m
Unten	6,60 m	6,60 m	6,60 m	6,60 m	6,60 m	4,40 m
Mittel	3,30 m	6,60 m	4,40 m	6,60 m	3,30 m	5,50 m
Höhe	3,30 m	2,20 m	3,30 m	2,20 m	3,30 m	2,20 m

Mit »Oben« und »Unten« sind die jeweiligen Seiten gemeint (bei den Dreiecken gibt es für »Oben« jeweils 0 Meter). Darunter stehen die beiden Werte, die wir für die Berechnung der Flächeninhalte brauchen. Also ran ans Werk:

$A(D1) = 3{,}30 \cdot 3{,}30 = 10{,}89\ m^2$

$A(R1) = 6{,}60 \cdot 2{,}20 = 14{,}52\ m^2$

$A(T1) = 4{,}40 \cdot 3{,}30 = 14{,}52\ m^2$

$A(R2) = 6{,}60 \cdot 2{,}20 = 14{,}52\ m^2$

$A(D2) = 3{,}30 \cdot 3{,}30 = 10{,}89\ m^2$

$A(T2) = 5{,}50 \cdot 2{,}20 = 12{,}10\ m^2$

Nun fehlen nur noch die Summen – nicht zu vergessen abzüglich der Flächen für Fenster und Türen:

Benno:

$A = 10{,}89 + 14{,}52 - 6{,}00 = 19{,}41\ m^2$

Beppo:

$A = 14{,}52 + 14{,}52 - 6{,}00 = 23{,}04\ m^2$

Simba:

$A = 10{,}89 + 12{,}10 - 4{,}00 = 18{,}99\ m^2$

Vielleicht kommst du jetzt mit der Frage: »Und was ist mit den gegenüberliegenden Fassaden und den Seiten der Häuser?« Die haben wir hier vernachlässigt. (Von der Straße aus sieht man die Häuser sowieso nur von vorn. Und den Rest kann man ja auch noch später mal streichen.)

Zusammenfassung

Nun kennst du einige Arten aus der Welt der Vierecke. Und auch ein paar Dreiecke haben sich mal sehen lassen. Hier ging es hauptsächlich um die Berechnung von Flächeninhalten. Der Umfang einer Fläche lässt sich nur berechnen, wenn alle Seiten bekannt sind. Und beim Flächeninhalt sind

wir meist hilflos, wenn wir Mittellinie und Höhe nicht ermitteln können. (Es steht uns also zu diesem Thema noch einiges bevor.)

Immerhin kennst du die beiden Formeln für Inhalt und Umfang von dreieckigen und der meisten viereckigen Flächen:

$A = m \cdot h$	Flächeninhalt = Mittellinie mal Höhe
$u = a+b+\ldots$	Flächenumfang = Summe aller Seiten

Und du weißt, dass es zwei verschiedene Maße gibt, die zwar ähnliche Namen haben, aber niemals gleichgesetzt werden dürfen:

Kilometer, Meter, Millimeter	km, m, mm	Längenmaße
Quadratkilometer, Quadratmeter, Quadratmillimeter	km^2, m^2, mm^2	Flächenmaße

Nach Expertenmeinung muss man eigentlich bei allen Berechnungen die Maße mit dazuschreiben, also z.B. **$3m \cdot 4m = 12m^2$** statt **$3 \cdot 4 = 12m^2$**. Da aber die Verständlichkeit **nicht** darunter leidet, wenn man an einigen Stellen die Maßangaben weglässt, werde ich das in diesem Buch auch künftig tun.

Ein paar Fragen ...

1. Wenn man eine Strecke aus Punkten zusammensetzt, wie viele Punkte benötigt man dann für jeden Millimeter?
2. Wie viele Millimeter sind ein Quadratmeter?
3. Rudi Pfiffig meint: »Quadrate und Rauten, Rechtecke und Parallelogramme, das sind doch alles Trapeze. Und Dreiecke auch, da ist eben eine gegenüberliegende Seite unendlich klein.« Wie denkst du darüber?
4. Bei einem Quadrat gilt ja immer Länge gleich Breite. Folgt daraus auch $m = h$ sowie $A = m^2$ und $A = h^2$?

... und ein paar Aufgaben

1. Ein Quadrat hat eine Seitenlänge von 12 cm, ein Rechteck ist 18 cm lang und 8 cm breit. Aus beiden sollen jeweils zwei Dreiecke werden. Berechne die Flächeninhalte aller Vierecke und Dreiecke.

2. In allen Zimmern einer Wohnung sollen Böden aus Laminat verlegt und Fußleisten aus Holz angebracht werden. Jedes Zimmer hat zwei Türen, die jeweils 1 m breit sind. Wie viel Material wird mindestens gebraucht, wenn mit 5% Verschnitt zu rechnen ist?

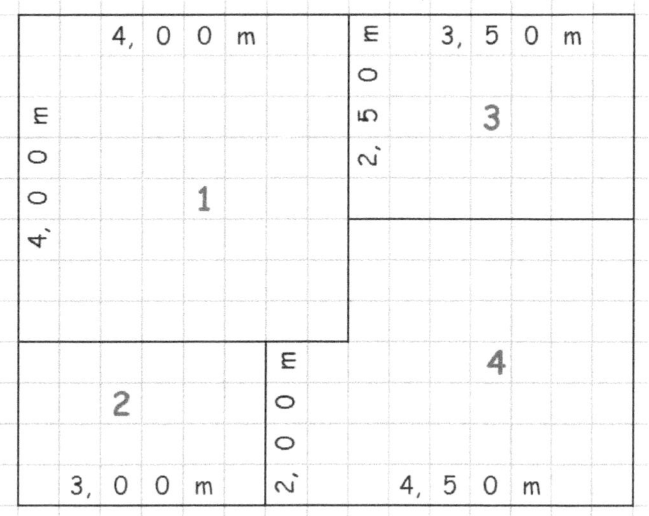

3. Eine Erweiterung der Aufgabe 11.03: Stell dir vor, Benno, Beppo und Simba hätten sich entschlossen, alle anderen Hausseiten auch noch zu streichen. Die Häuser sind 8,80 m lang und haben rechts und links jeweils 4 m^2 Fensterfläche. Die hintere Fassade sieht ebenso aus wie die vordere. Wie viel Fläche wäre dann pro Haus insgesamt zu streichen?

4. Es gibt ein altes chinesisches Spiel namens Tangram, bei dem man aus Teilstücken eines Quadrates die verschiedensten Figuren legen kann. Das große Quadrat hat eine Seitenlänge von 10 cm. Welche Inhalte haben seine Teilflächen?

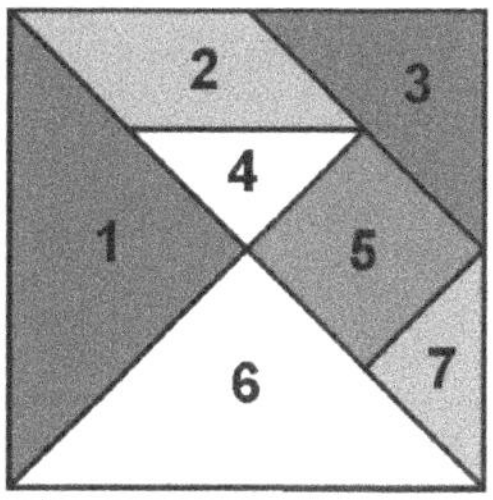

(Die Lösungen zu allen Fragen und Aufgaben stehen hinten im Buch.)

12

Geometrie in der Ebene

In der weiten Ebene der Geometrie kommt man in Situationen, aus denen nur das Ziehen einiger Wurzeln heraushilft, dabei gerät man jedoch schnell mal ins Irrationale. Immerhin kann da ein alter Grieche helfen, nicht im Rechenfluss unterzugehen. Alles unklar? Dann sollten wir uns jetzt auf den Weg zur Erkenntnis machen.

In diesem Kapitel lernst du

- dass es außer x auch x^2 gibt
- wie man Seiten berechnen kann
- etwas über Wurzeln
- was Irrationale und Reelle Zahlen sind
- den Satz des Pythagoras kennen

Quadratzahlen ...

Um den Umfang eines Vierecks oder Dreiecks auszurechnen, benötigt man zwar nur eine Formel, dazu aber die Werte **aller** Seiten. Die stehen leider nicht immer zur Verfügung – vor allem, wenn die Figur kein Rechteck oder Quadrat ist. Aber auch da kann es manchmal beim Ermitteln der Länge und Breite zu Problemen kommen:

Übung 12.01:

Zwei nebeneinander liegende Räume sind jeweils gleich breit. Der eine hat ein Quadrat mit $36 m^2$ als Grundfläche, der andere ein Rechteck mit $54 m^2$. Wie lang und wie breit ist jeder Raum?

Wie soll man da etwas berechnen? Vielleicht hilft ja nur ausprobieren? Na gut, ich spendiere eine Zusatzinformation: Die Räume sind 6 m breit. Erleichtert kannst du nun losrechnen, indem du die Flächenformeln als Ausgangsbasis nimmst. Fangen wir mit dem Rechteck an:

$$A(R) = 6 \cdot x = 54\ m^2$$

Weil die Länge der Fläche unbekannt ist, habe ich sie auf x gesetzt – womit wir eine Gleichung hätten, die sich so berechnen lässt:

$$6 \cdot x = 54 \quad | : 6$$
$$x = 9$$

Ebenso funktioniert es für das Quadrat:

$$A(Q) = 6 \cdot x = 36\ m^2$$

Auch hier setzen wir x für die unbekannte Seite und erhalten »im Nu« das Ergebnis:

$$6 \cdot x = 36 \quad | : 6$$
$$x = 6$$

War doch einfach! Und deswegen ärgere ich mich, dir das mit den 6 Metern Breite verraten zu haben. Denn wir hätten die Aufgabe auch ohne diese Information lösen können! Aber wie?

Tun wir doch mal so, als würden wir nur die Flächeninhalte beider Figuren kennen. Dann erhalten wir für das Quadrat diese Formel (weil ja alle Seiten gleich lang sind):

$$A(Q) = x \cdot x = 36\ m^2$$

Aber lässt sich eine solche Aufgabe überhaupt rechnerisch lösen? Im 8. Kapitel hast du das Potenzieren kennen gelernt, im letzten und in diesem Kapitel haben wir Quadratmeter als Maßeinheit benutzt. Mit diesem Wissen können wir unsere Gleichung auch so schreiben:

A	(	Q	)	=	x	2	=	3	6	m	2

Bevor ich weitere Erklärungen abgebe, stelle ich dir nun erst die komplette Rechnung vor, die uns zur Lösung bringt:

x	2	=	3	6		|	√
x		=	6				

Sieht ganz gut aus – aber leuchtet überhaupt nicht ein. (Du meinst, ich habe geschummelt, weil ich das Ergebnis $x = 6$ ja kenne?)

Auf das seltsam anmutende Zeichen (√) komme ich später, jetzt reden wir zuerst einmal über **Quadratzahlen.**

Wenn ich eine Zahl mit sich selbst malnehme, habe ich eine Potenz. Das weißt du aus dem 8. Kapitel. Der Exponent der Potenz, der die Anzahl der Faktoren bestimmt, ist hier 2. Dann wäre dies so etwas wie das »Kleine 1 hoch 2«:

1	·	1	=	1	2	=		1				6	·		6	=		6	2	=		3	6
2	·	2	=	2	2	=		4				7	·		7	=		7	2	=		4	9
3	·	3	=	3	2	=		9				8	·		8	=		8	2	=		6	4
4	·	4	=	4	2	=	1	6				9	·		9	=		9	2	=		8	1
5	·	5	=	5	2	=	2	5			1	0	·	1	0	=	1	0	2	=	1	0	0

Wenn du dir nun vorstellst, die Zahlen von 1 bis 10 wären die Seitenlängen eines Quadrats, dann verstehst du auch, warum wir hier von Quadratzahlen sprechen dürfen.

Dann hätten wir also bei jedem Flächeninhalt eines Quadrates auch eine Quadratzahl? Nicht ganz: Betroffen sind nur Ganze Zahlen, genauer nicht-negative Ganze Zahlen, wobei $0 \cdot 0 = 0^2 = 0$ ist. Natürlich dürfen diese Zahlen durchaus auch mal riesig sein, z.B. $12.345^2 = 152.399.025$.

Quadratzahlen sind demnach nicht an die Fläche eines Quadrates »gebunden«, sondern nur namensverwandt.

Werden beliebige Zahlen (einmal) mit sich selbst malgenommen, so heißt das auch **Quadrieren.** Und für das Ergebnis benutzt man dann ebenso den Ausdruck Quadrat wie für die gleichnamige Fläche. Ein Beispiel: Das Quadrat von 1,5 ist $1{,}5^2 = 2{,}25$. (Womit aber 2,25 keine Quadratzahl ist.)

... und Wurzeln

Und nun schalten wir den Rückwärtsgang ein: Ebenso wie zur Addition die Subtraktion, zur Multiplikation die Division gehört, lässt sich auch das Potenzieren umkehren. Und dafür gibt es wieder einen Namen: Das Radizieren oder **Wurzelziehen**.

Wer denkt da nicht an den Zahnarzt? Ganz ohne Schmerzen funktioniert es, wenn wir den Taschenrechner benutzen.

Glücklicherweise gibt es beim Taschenrechner die **Wurzeltaste**. Und die sieht so aus:

In der Regel wird sie **vor** Eingabe der Zahl gedrückt, aus der die Wurzel gezogen werden soll. (Bei manchen Taschenrechnern aber muss erst die Zahl, dann die Wurzeltaste gedrückt werden.)

$\sqrt{1} = 1$	$\sqrt{36} = 6$
$\sqrt{4} = 2$	$\sqrt{49} = 7$
$\sqrt{9} = 3$	$\sqrt{64} = 8$
$\sqrt{16} = 4$	$\sqrt{81} = 9$
$\sqrt{25} = 5$	$\sqrt{100} = 10$

Früher war das Wurzelziehen nicht so leicht wie eine Subtraktion oder Division. Wurzeln ließen sich nur mit aufwändigen Methoden ziehen. Die Wurzel aus einer Quadratzahl dagegen – vor allem einer unter 100 – war recht leicht zu ermitteln.

Das Zeichen vor den Zahlen ähnelt einer Wurzel und hat auch etwas von einem großen »V«. Wichtig ist, dass der obere waagerechte Strich **alle** Stellen der Zahl umfasst, aus der die Wurzel gezogen werden soll!

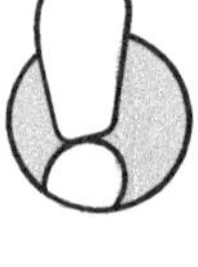

Genauer gesagt handelt es sich hier um Quadratwurzeln. Das bedeutet, dass es zu **jeder** Potenz auch eine Wurzel geben kann: Der Exponent muss also keine 2 sein und man spricht dann z.B. von »dritter Wurzel« oder »vierter Wurzel«.

Weil aber die Quadratwurzeln am meisten verbreitet sind, spricht man oft kurz von Wurzeln, wenn man eigentlich Quadratwurzeln (oder »zweite Wurzel«) meint.

Mit dem neuen Wissen können wir uns jetzt erneut an die obige Aufgabe wagen:

x	2	=	3	6		|	√
x		=	6				

Ziehen wir auf beiden Seiten die Wurzel, so wird auf der linken Seite aus dem x^2 (= x•x) ein x und auf der rechten Seite aus 36 (= 6•6) eine 6.

Und weil wir damit sowohl die Länge als auch die Breite des quadratischen Zimmers kennen, haben wir auch die Breite des benachbarten Raumes. Und nun dürfte es ein Leichtes sein, auch dessen Länge zu berechnen:

6	•	x	=	5	4		|	:	6
		x	=	9					

Schwieriger wird es, wenn wir uns an »krummen« Zahlen versuchen:

Übung 12.02:

Simba isst für ihr Leben gern die Supersportriegel von Caramba Dope, besonders die mit einem Geschmack nach Cola und Chips. Weil diese 10 cm mal 10 cm großen Quadratriegel so erfolgreich sind, will der Hersteller sie nun in einem zusätzlichen Format mit doppelter Fläche herausbringen. Wie lang und wie breit ist dieses Quadrat?

Bringen wir erst einmal in Erfahrung, wie groß die beiden quadratischen Flächen eigentlich sind:

A	(	Q1	)	=	1	0	•	1	0	=	1	0	0	c	m	2
A	(	Q2	)	=	2	•	1	0	0	=	2	0	0	c	m	2

Das erste Quadrat hat also 100 cm^2 Fläche, und das zweite ist mit 200 cm^2 doppelt so groß (daher die 2 mal 100). Setzen wir nun die unbekannte Seite auf x, so können wir mit dieser Gleichung weiterrechnen:

x	2	=	2	0	0		|	√
x		=	1	4,	1	4		

Damit müsste der neue Sportriegel etwa 14 cm lang und breit sein. So ganz genau wird man das also mit den 200 cm^2 nicht hinkriegen. Aber obwohl wir doch mit den Quadratzahlen so schöne ganze Werte haben, scheinen die Quadratwurzeln zumindest teilweise ganz schön krumm zu sein.

Irrationales?

Ob das nur eine Vermutung ist, lässt sich ja an einigen Wurzeln überprüfen. Damit die Quadratzahlen nicht so allein sind, bekommen sie etwas Gesellschaft. Und alles zusammen findest du in dieser Tabelle:

	Quadratzahl	Quadratwurzel	
1	1	1,0000	1
2	4	1,4142	2
3	9	1,7321	3
4	16	2,0000	4
5	25	2,2361	5
6	36	2,4495	6
7	49	2,6458	7
8	64	2,8284	8
9	81	3,0000	9
10	100	3,1623	10

Ein paar Wurzelwerte sehen recht »vernünftig« aus, denn es sind Ganze Zahlen. Die anderen haben offenbar viele Stellen hinter dem Komma. Genau genommen sogar **unendlich** viele. (Und von diesen Zahlen gibt es auch unendlich viele.)

Aber – so wendest du ein – dann lässt sich eine solche Zahl ja nicht als Bruch darstellen? Stimmt. Aber – so meinst du weiter – dann ist das ja gar keine Rationale Zahl? Stimmt auch. Aber – so fragst du schließlich – was ist es dann?

Frischen wir erst einmal unsere Erinnerung auf: Rationale Zahlen ($\mathbb{Q}$) waren doch alle Zahlen, die sich irgendwie auch als Brüche darstellen lassen. Sie müssen also endlich viele Stellen hinter dem Komma haben oder die Stellen müssen periodisch sein.

Mit **periodisch** sind Zahlen gemeint, bei denen sich hinter dem Komma etwas ständig wiederholt: So ist z.B. **1/3** als Kommazahl geschrieben **0,333...**, wobei sich die **3** endlos wiederholt. Oder nehmen wir den Bruch **1/7**. Der sieht als Kommazahl so aus: **0,142857...**, wobei sich die Ziffernfolge **142857** ständig wiederholt.

Wo packen wir jetzt die Zahlen hin, die offenbar bei den Rationalen Zahlen keine Heimat finden? Ganz einfach: Wir machen daraus eine neue Menge von Zahlen und nennen sie Irrationale Zahlen ($\mathbb{J}$).

Und das ist noch nicht alles: Die Rationalen und die Irrationalen Zahlen zusammen bilden eine noch größere Menge, nämlich die der Reellen Zahlen (ℝ).

Natürlich kann man auch aus »Kommazahlen« Wurzeln ziehen. Und demnach das Ergebnis einer Wurzel wiederum radizieren (wie dieser Rechenvorgang ja auch heißt). Gib doch einmal deinem Taschenrechner eine beliebige positive Zahl als Futter. Dann ziehe daraus die Wurzel. Und dann noch einmal, und immer wieder. Irgendwann wird das ganze Spiel irgendwo bei 1 enden – aber nur, weil die Rechengenauigkeit des Taschenrechners nicht mehr weiter reicht.

Mit den Reellen Zahlen sind nun erst einmal alle Zahlen erfasst, die wir uns denken können. (Was nicht heißt, dass es alle sind, die es gibt oder geben könnte.)

Wir werden immer wieder mal mit Zahlen zu tun haben, die nicht rational sind. In der Wirklichkeit aber müssen sie stets gerundet werden, weil sie sonst nicht praktisch verwendbar sind.

Pythagoras

Kommen wir zurück zu den Flächen. Während sich die Seiten eines Rechtecks oder Quadrates oft recht einfach berechnen lassen, scheint das bei »schrägen« Linien nicht zu klappen. Das führt uns direkt zur nächsten Aufgabe:

Übung 12.03:

Sara Kropf hat es wieder mal eilig. Der normale Weg zum Ziel ist für sie ein Unweg. Aber wenn sie diagonal über die unwegsame Wiese läuft, ist sie zwar etwas langsamer, dürfte aber einiges an Weg sparen. Wie lang ist die Abkürzung, wie viele Meter spart Sara?

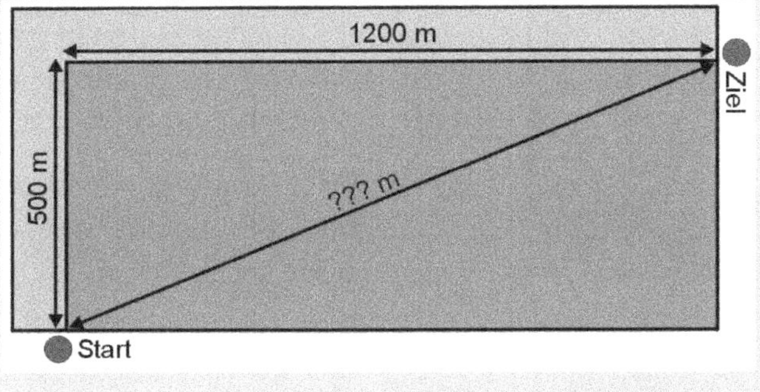

Die Gesamtlänge des normalen Wegs lässt sich leicht berechnen:

$500 + 1200 = 1700$

Die Abkürzung muss kürzer als 1700 m, aber auch länger als 1200 m sein. Aber wie viele Meter sind es genau?

Aus unserer mathematischen Ratlosigkeit hilft uns jetzt nur ein weiter Rückblick in die Geschichte vor über 2000 Jahren. Damals kam jemand auf die Idee, Diagonalen mit Hilfe von Quadrieren und Wurzelziehen zu berechnen. Wie dieser Jemand hieß, weiß man nicht. Ein Grieche namens Pythagoras aber hat die Formel wiederentdeckt und unter seinem Namen ist sie auch berühmt geworden – als Satz des Pythagoras.

Wie wird diese Formel (bzw. dieser Satz) benutzt?

- Wir ermitteln die beiden Quadratzahlen von 500 und 1200:

$500^2 = 250.000$

$1200^2 = 1.440.000$

- Dann zählen wir sie zusammen:

$250.000 + 1.440.000 = 1.690.000$

- Schließlich ziehen wir aus dieser Summe die Wurzel:

$\sqrt{1.690.000} = 1300$

Vergleichen wir nun die Abkürzung von 1300 m mit dem normalen Weg zum Ziel, dann stellt sich heraus, dass Sara einiges an Metern sparen kann:

$1700 - 1300 = 400$

Ganz beachtlich, genau 400 m. So gewinnt sie möglicherweise genau die Sekunden, die sie braucht, um pünktlich zu sein.

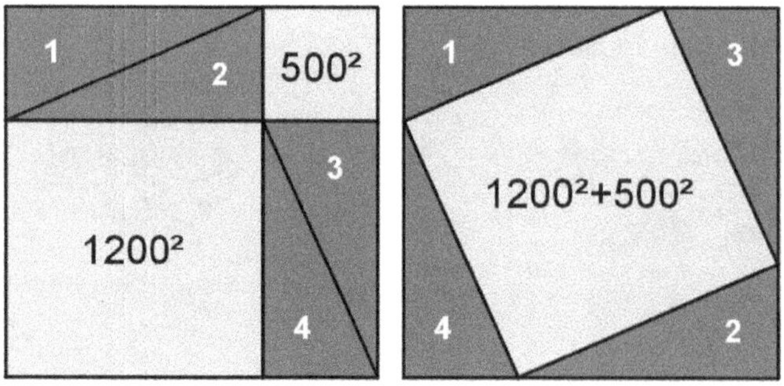

Auch wenn wir jetzt gönnerhaft sagen könnten: »Dieser Pythagoras wird mit seinem Satz schon Recht haben«, so wollen die Experten immer erst mal Beweise sehen, ehe sie eine Formel oder einen Satz anwenden.

Beweise für diesen Satz gibt es viele. Greifen wir einen heraus, den man wie ein Puzzle spielen kann.

Als »Spielfeld« denken wir uns ein riesiges Quadrat. Auf dem legen wir unser Rechteck mit der Diagonalen zweimal aus – wie in der Abbildung links. Die Flächen, die übrig bleiben, sind ein kleines und ein großes Quadrat.

Zerschnippeln wir jetzt unsere Rechtecke entlang ihrer Diagonalen zu insgesamt vier gleich großen Dreiecken. Dann verschieben wir diese wie in der Abbildung rechts. Nun bleibt in der Mitte eine Fläche, die ein bisschen schief liegt, aber eindeutig ein Quadrat ist.

Da wir an der Fläche unseres »Spielfeldes« nichts geändert haben, muss dieses (schiefe) Quadrat rechts **denselben** Flächeninhalt haben wie die **zwei** Quadrate in der Abbildung links! Womit der Satz des Pythagoras bewiesen wäre. Denn egal, welche Werte wir verwenden, das Puzzlespiel bliebe stets das gleiche.

Damit der Satz des Pythagoras allgemein gültig sein kann, muss er auch allgemein formuliert werden – also ohne konkrete Zahlen. Deshalb kann man die betroffenen Seiten einfach mit den Buchstaben **a**, **b** und **c** bezeichnen. Dann gilt: $a^2+b^2=c^2$.

Setzt man die Werte aus unserem Beispiel ein, dann sieht diese Formel so aus: $500^2+1200^2=1300^2$.

Dreiecksgeschichten

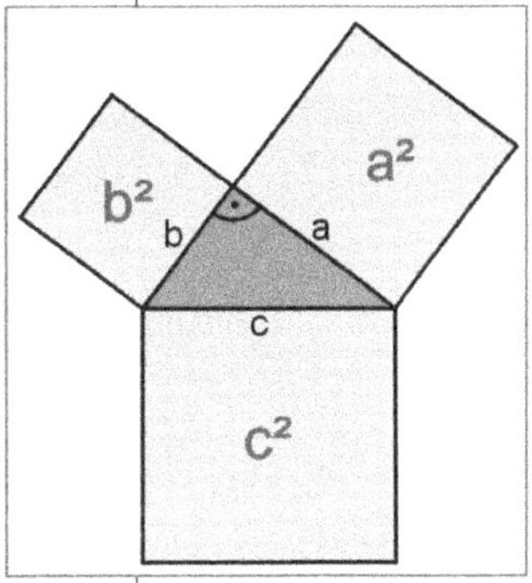

Offenbar hat der Satz des Pythagoras nicht nur mit Diagonalen von Rechtecken zu tun, sondern auch mit Dreiecken. Genauer hingeschaut erkennen wir, dass es sich dabei um so genannte **rechtwinklige** Dreiecke handelt. Dreiecke also, in denen ein Winkel 90° beträgt. (Das Symbol dafür ist ein Viertelkreis mit einem Punkt darin.)

Für das rechtwinklige Dreieck haben die Experten natürlich auch ein paar – griechisch klingende – Namen bereit:

Die längste Seite wird **Hypotenuse** genannt, und die beiden kürzeren Seiten heißen **Katheten**. Diese beiden Seiten sind auch die Schenkel des rechten Winkels.

Nach Meinung der Experten gehören diese Namen auch in die Formel des Pythagoras, die statt $a^2+b^2=c^2$ nun so klingt: **Summe der Quadrate der Katheten gleich Quadrat der Hypotenuse.** (Damit kann man Nichtmathematiker beeindrucken – oder abschrecken.)

Widmen wir uns noch einmal der letzten Aufgabe. Setzen wir die Pythagorasformel ein und versuchen, sie wie eine Gleichung mit x zu lösen:

x	²	=	5	0	0	²	+	1.	2	0	0	²		
x	²	=	1.	6	9	0.	0	0	0				|	√
x		=	1.	3	0	0								

Berechnet wurde hier die »Schräge« bzw. die längste Seite des Dreiecks. Aber es kann ja auch mal sein, dass eine der anderen Seiten gefragt ist.

Übung 12.04:

Crazy Daisy will sich ein Häusle bauen. Es soll in der Mitte 4 m hoch sein, die Dachschrägen sollen bis zum Boden reichen und eine Länge von 5 m bzw. 8,50 m haben. Wie breit wird das ganze Haus?

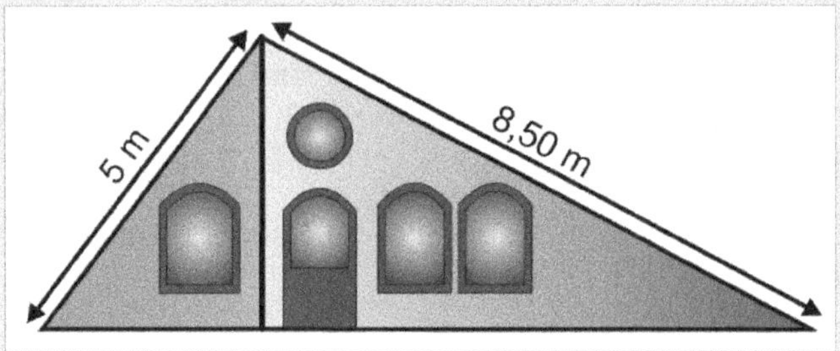

Weil die ganze Hausfront nicht automatisch ein rechtwinkliges Dreieck sein muss, benutzen wir hier die **Höhe**, um das große Dreieck in zwei kleine aufzuteilen, die garantiert rechtwinklig sind. Nur dann kann der »Pythagoras« funktionieren. Nun müssen wir die fehlenden Seitenabschnitte getrennt berechnen und dann die Ergebnisse addieren.

Schauen wir zuerst nach **links** und nennen wir dort den unteren Abschnitt x. Dann bekommen wir diese Rechnung:

x	²	+	4,	0	0	²	=	5,	0	0	²							
x	²	+	1	6,	0	0	=	2	5,	0	0		|	-	1	6,	0	0
					x	²	=		9,	0	0		|	√				
					x		=		3,	0	0							

Das linke Stück ist also 3 m lang. Damit ist das x frei für den **rechten** Seitenabschnitt. Die Rechenweg verläuft hier ebenso wie für die linke Seite:

x	2	+	4,	0	0	2	=	8,	5	0	2							
x	2	+	1	6,	0	0	=	7	2,	2	5		|	-	1	6,	0	0
					x	2	=	5	6,	2	5		|	√				
					x		=		7,	5	0							

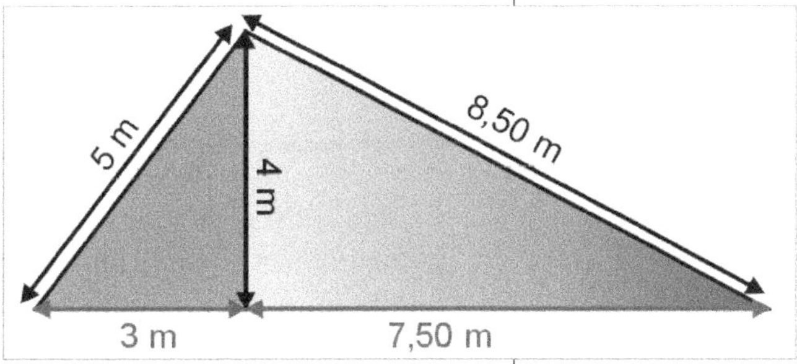

Nun müssen wir nur noch beide Werte zusammenzählen:

3,	0	0	+	7,	5	0	=	1	0,	5	0

Dann wissen wir, dass Crazy Daisys Häusle 10,50 m breit werden wird.

Zusammenfassung

Nun kennst du dich schon recht gut mit Vierecken und mit Dreiecken aus. Du weißt, wie man aus einem beliebigen zwei rechtwinklige Dreiecke macht, um diesen mit dem »Pythagoras« zu Leibe zu rücken.

Und weil sich jedes Vieleck in Dreiecke zerlegen lässt – egal wie viele Ecken die Figur hat –, könntest du künftig auch mit Vielecken zurechtkommen.

Fast nebenbei haben wir es über die Wurzeln noch einmal geschafft, den Zahlenbereich zu erweitern. Dabei gilt:

Für Quadrate und Quadratwurzeln gilt:

Wenn man eine beliebige Zahl mit sich selbst malnimmt, erhält man ihr Quadrat. Zieht man daraus die Wurzel, so bekommt man wieder die ursprüngliche Zahl.

Allgemein sehen die Formeln dafür so aus (wobei a und b beliebige positive Zahlen sind):

$$a^2 = a \cdot a = b \text{ und } \sqrt{b} = \sqrt{a \cdot a} = a$$

Für rechtwinklige Dreiecke gilt:
»Die kurzen Seiten zum Quadrat ergeben zusammen dasselbe wie die längste Seite zum Quadrat.«
Allgemein sieht die Formel dafür so aus (wobei a, b und c beliebige positive Zahlen sind und c für die **längste** Seite steht): $a^2 + b^2 = c^2$

Ein paar Fragen ...

1. Rudi Pfiffig behauptet: »Die Fläche eines Quadrates kann man auch berechnen, indem man die Diagonalen miteinander malnimmt und das Ergebnis dann halbiert.« Was hältst du davon?
2. Wie kann man in einem gleichseitigen Dreieck (das heißt, alle drei Seiten sind gleich lang) die Höhe berechnen?

... und ein paar Aufgaben

1. Ein Süßwarenhersteller hat bisher Schokolade im Rechteckformat mit 14,5 cm Länge und 8,5 cm Breite hergestellt. Nun erwägt er, seine Schokolade auch in einem quadratischen Format mit gleicher Fläche herauszubringen. Wie lang und breit wäre die neue Süßigkeit?
2. Es wird bald Nacht und Sara Kropf muss irgendwo ihr Dreieckszelt aufstellen. Geschützt zwischen zwei Bäumen findet sie einen etwa 1,50 m breiten Platz. Wie hoch ist das Zelt in der Mitte, wenn die »schrägen« Dachplanen jeweils 1,50 m breit sind?
3. Eine Nachfrage zu Aufgabe 12.04:
   Wie breit wäre Crazy Daisys Haus, wenn der Winkel oben »im Dach« ein rechter Winkel wäre?
4. Toni möchte nachts heimlich seine Freundin Resi besuchen. Die wohnt unterm Dach und der Fenstersims zu ihrem Zimmer liegt in einigen Metern Höhe. Tonis Leiter ist 3,30 m lang. Zum Anstellen an die Hauswand hat er unten am Boden etwa 1,10 m Platz. Wie weit reicht die Leiter?
5. Kuno und Tina wollen einen Drachen bauen. Sie machen eine Zeichnung und tragen einige Maße ein. Die anderen wollen sie berechnen. Hilfst du ihnen dabei?

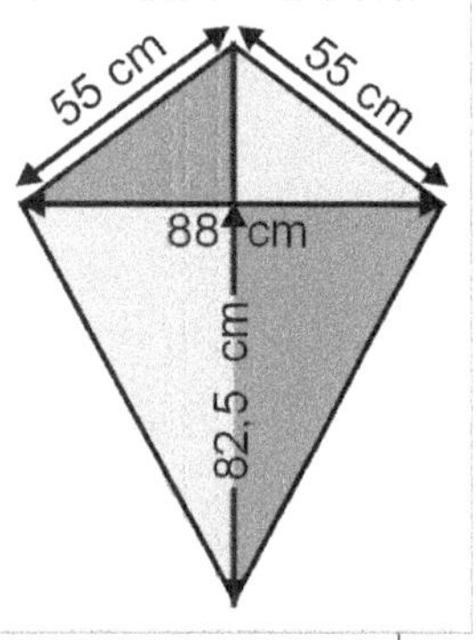

(Die Lösungen zu allen Fragen und Aufgaben stehen hinten im Buch.)

13

Geometrie im Raum

Nachdem wir uns jetzt lange genug in der Ebene aufgehalten haben, geht es in die Weiten des Raums. In der Natur hieße das Klettern nach oben oder Tauchen nach unten. Nach einigen Flächen lernen wir jetzt eine Familie von Körpern kennen – und berechnen.

In diesem Kapitel lernst du

- etwas über Quader und Prismen
- was Körperhöhe und Grundfläche bedeuten
- was ein Mantel ist und wie man ihn berechnet
- wie man Rauminhalt und Oberfläche berechnet

Oberfläche ...

Wenn man eine Anzahl von Papierblättern aufeinander stapelt, so bekommt man einen Packen. Mathematisch gesehen handelt es sich hierbei um einen Quader. Auch das Zimmer, in dem du gerade bist, ist ein solcher Quader, allerdings ein ziemlich großer. Und schon landen wir bei unserer nächsten Aufgabe:

Übung 13.01:

Langsam wird es Zeit für Kuno, sein Zimmer zu renovieren. Der Boden soll mit Laminat ausgelegt werden, die Wände und die Zimmerdecke will Kuno neu tapezieren. Das Zimmer ist 4,40 m lang, halb so hoch und 3,30 m breit. Die Tür und das Fenster haben zusammen eine Fläche von 5 m². Wie viel Laminat und wie viel Tapete braucht Kuno mindestens?

Na, das sind doch lauter Rechtecke, wirst du sagen. Um die Aufgabe zu lösen, müssen wir die alle einzeln berechnen und Tapete und Bodenbelag die passenden Flächen zuordnen. Von der Zimmermitte aus betrachtet könnten die Rechenwege so aussehen:

4,40	·	3,30	=	14,52	(oben)
4,40	·	3,30	=	14,52	(unten)
4,40	·	2,20	=	9,68	(links)
4,40	·	2,20	=	9,68	(rechts)
3,30	·	2,20	=	7,26	(vorn)
3,30	·	2,20	=	7,26	(hinten)

Eigentlich hätten wir uns einige Rechnungen sparen können, denn die jeweils gegenüber liegenden Flächen sind offenbar genau **gleich** groß.

Von den sechs Flächen wird nur eine – die untere – mit Laminat belegt (14,52 m²), der Rest wird tapeziert, wobei wir nicht vergessen dürfen, von der Summe dieser Flächen die 5 m² für Tür und Fenster abzurechnen:

14,52	+	2	·	9,68	+	2	·	7,26	=	48,40
				48,40	−	5,00			=	43,40

Weil es beim Renovieren immer »Verschnitt« gibt, ist Kuno gut beraten, mehr als 14,5 m² Laminat und 43,4 m² Tapete einzukaufen. Weil diese Materialien ohnehin nur in »runden« Mengen angeboten werden, müssen

wir also kräftig aufrunden, z.B. auf 15 bis 16 m^2 für den Boden und 44 bis 45 m^2 für den Rest.

Auch ein Quader hat etwas »Äußeres«, genannt Oberfläche, und etwas »Inneres«, das man Rauminhalt oder Volumen nennt.

Die Oberfläche lässt sich mit unseren bisherigen Mitteln leicht berechnen: Es ist die Summe aller Flächen, die du auf dem Quader finden kannst.

Erinnert dich das an die Summe aller Seiten beim Umfang eines Dreiecks oder Vierecks? Ebenso wie die Formel für den Umfang bei **allen** Vielecken passt, gilt die Oberflächenformel für **alle** »eckigen« Figuren im Raum.

Während die Flächen zwei Dimensionen haben, kommt beim Quader eine dritte hinzu. Wenn man also in der Ebene ein Rechteck oder ein Quadrat in eine neue Richtung ausdehnt, dann bekommt man einen Quader oder Würfel und landet im Raum. Aus einer (zweidimensionalen) Fläche wird ein (dreidimensionaler) Körper.

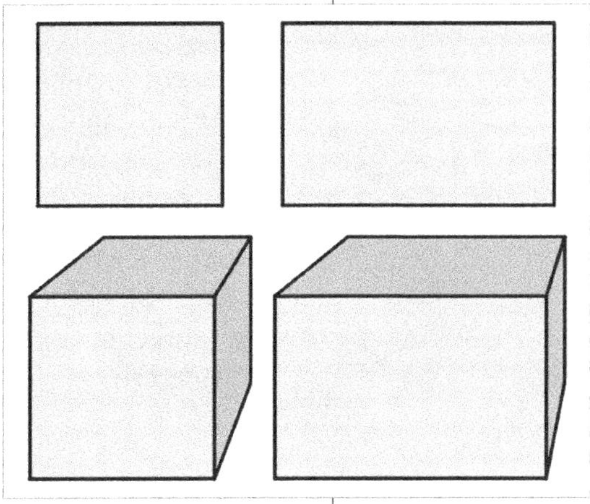

... und Rauminhalt

Wie bekommt man nun heraus, wie viel da jeweils »drinnen« ist? Bei Rechteck oder Quadrat haben wir gerechnet: Länge **mal** Breite. Und hier erweitern wir die Formel einfach um die dritte Größe. Damit landen wir bei: Länge **mal** Breite **mal** Höhe.

Nebenbei bemerkt sagt man für Länge, Breite und Höhe hier statt Seiten auch gern mal **Kanten**.

Es muss ja nicht gleich eine neue Aufgabe sein, wir könnten ja auch mal das Volumen von Kunos Zimmer berechnen:

$$V = 4{,}40 \cdot 3{,}30 \cdot 2{,}20 = 31{,}944\ m^3$$

Auf die neue Maßeinheit (m^3 statt der bisher bekannten m^2) kommen wir gleich.

Jetzt haben wir zwei neue Rechenregeln:

Rauminhalt (V) = Länge mal Breite mal Höhe

Oberfläche (O) = Summe aller Flächen

Wie das Quadrat bei den Flächen, gibt es auch bei den Körpern eine Grundform: den Würfel. Der ist eigentlich ein Quader, aber einer, bei dem **alle** 12 Kanten (Seiten) **gleich** lang bzw. **alle** 6 Flächen **gleich** groß sind.

Und damit kommen wir zu den Raummaßen oder Körpermaßen. **Meter** (m) für die Länge von Strecken, Seiten und Kanten sowie **Quadratmeter** (m^2) für Flächeninhalte kennst du bereits. Hinzu kommen **Kubikmeter** (m^3) – wobei »Kubus« das Fremdwort für »Würfel« ist.

Wie du siehst, wird hier an das »m« oben hinten noch eine kleine 3 gehängt. Die folgende Tabelle zeigt dir die wichtigsten Raummaße und ihre Umrechnungen auf einen Blick (Ausgangswert ist 1 Meter bzw. 1 Kubikmeter):

Länge	Rauminhalt
1 m	$1\ m \cdot 1\ m \cdot 1\ m = 1\ m^3$
10 dm	$10\ dm \cdot 10\ dm \cdot 10\ dm = 1.000\ dm^3$
100 cm	$100\ cm \cdot 100\ cm \cdot 100\ cm = 1.000.000\ cm^3$
1.000 mm	$1.000\ mm \cdot 1.000\ mm \cdot 1.000\ mm = 1.000.000.000\ mm^3$

Weil ein Volumen immer das Produkt aus 3 Dimensionen ist, rechnet man Länge mal Breite mal Höhe und erhält so z.B. Kubikmeter.

Dass m^3 = **m·m·m** bedeutet und es sich hier ebenfalls um eine Potenz handelt, kannst du dir denken. Hat eine Potenz als Exponent eine 3, so spricht man auch von einer **Kubikzahl**.

Beispiele sind: $2^3 = 2 \cdot 2 \cdot 2 = 8$; $3^3 = 27$; $5^3 = 125$; $10^3 = 1000$ usw.

Prismen

Man kann sagen, dass die Oberfläche eines Quaders aus lauter Rechtecken, die eines Würfels aus lauter Quadraten besteht. Und was ist mit den anderen Figuren, die du im letzten Kapitel kennen gelernt hast? Mit Dreieck und Trapez zum Beispiel?

Nehmen wir einen Quader noch einmal genauer unter die Lupe. Dazu falten wir die »Verpackung« auseinander wie bei einer Schachtel.

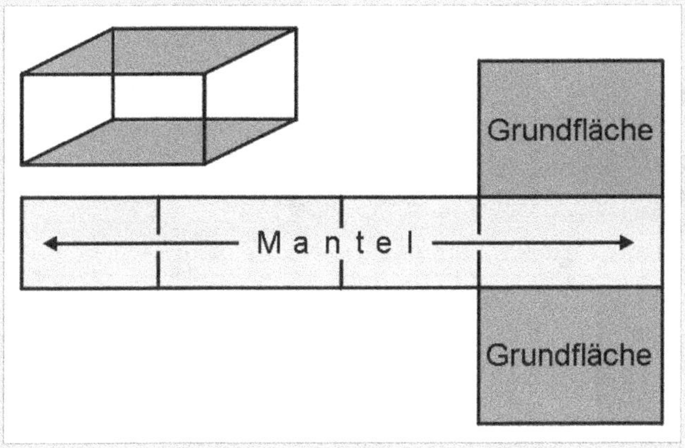

Die Mathematiker nennen das eine **Schrägbild**, das andere **Netz** eines Quaders. Verglichen mit einer Schachtel gibt es dort einen Boden, einen Deckel und die Seitenteile. Beim Zimmer waren das Boden, Decke und Wände. Weil der Boden und sein Gegenüber immer gleich groß sind, bezeichnen wir beides als Grundfläche.

Das »Drumrum«, das übrig bleibt (also z.B. Seitenteile einer Schachtel bzw. Wände eines Zimmers), nennt sich Mantel – wohl weil es den Körper wie ein Mantel umhüllt. »Aufgerollt« hat ein Mantel immer die Form eines Rechtecks. (Er besteht ja auch aus lauter Rechtecken.)

Der ganze Körper schließlich trägt den Namen Prisma, wobei die Grundflächen nicht nur Rechtecke, sondern beliebige Vielecke sein können.

Ein Quader ist also auch ein Prisma. Vielleicht hast du diesen Ausdruck bisher nur im Zusammenhang mit Dreiecken gehört? Dann schau dir mal die nächste Aufgabe an:

Übung 13.02:

In der längst versunkenen Stadt Atlantis gab es drei Getreidespeicher in der Form liegender Prismen. Alle waren 22 m lang, die verschiedenen Grundflächen gaben den Speichern auch ihre Namen:

Im Trapezspeicher wurde Weizen, im Quadratspeicher Hafer und im Dreieckspeicher Roggen aufbewahrt. Von welchem Getreide hatten die Bewohner am meisten gelagert?

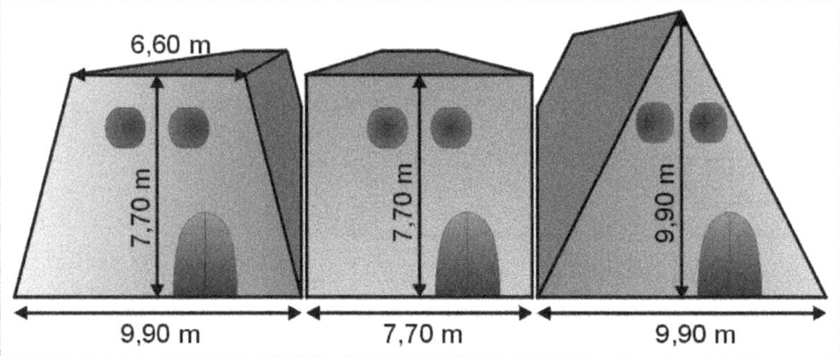

Grundfläche und Volumen

Das Erste, was wir tun können, lässt sich mit Methoden erledigen, die du schon kennst: Wir ermitteln den Inhalt der drei Grundflächen. Denn darin unterscheiden sich die drei Körper ja offenbar. Am einfachsten ist der in der Mitte zu berechnen, weil die Fläche ein Quadrat ist. Also fangen wir dort an:

$$G(Q) = 7{,}70 \cdot 7{,}70 = 59{,}29\ m^2$$

Weil wir die **Grundfläche** eines Körpers von einer Fläche in der Ebene unterscheiden wollen, benutzen wir jetzt nicht den Buchstaben ***A***, sondern *G* als Abkürzung – womit die Flächenformel hier ***G* = m·h** heißt.

Eine weitere Besonderheit betrifft die Abkürzung der Höhe: Bisher hatten wir es nur mit der Höhe in Flächen – der so genannten **Flächenhöhe** zu tun. Dafür haben wir als Abkürzung den Buchstaben **h** benutzt. Im Folgenden lernst du auch die Höhe eines Körpers kennen – die so genannte **Körperhöhe**. Weil **h** schon vergeben ist, verwenden wir dafür den Buchstaben **k**.

Links haben wir ein Trapez, dessen Flächenhalt sich über die Mittellinie berechnen lässt:

$$m(T) = \frac{6,60 + 9,90}{2} = 8,25\ m$$

$$G(T) = 8,25 \cdot 7,70 = 63,53\ m^2$$

Und auch beim Dreieck rechts bleibt der Flächenhalt nicht lange ein Geheimnis:

$$m(D) = \frac{9,90}{2} = 4,95\ m$$

$$G(D) = 4,95 \cdot 9,90 = 49,01\ m^2$$

Weil du zu den ganz Schlauen gehörst, weißt du bereits jetzt, welcher Speicher den größten Platz bietet. Aber lass uns trotzdem das Volumen der drei Körper berechnen. Dazu benötigen wir eine neue Formel.

Erst einmal alle Grundflächen zu berechnen, hat sich ausgezahlt. Denn nun werden wir mit einer einzigen gemeinsamen Formel belohnt:

$$V = G \cdot k$$

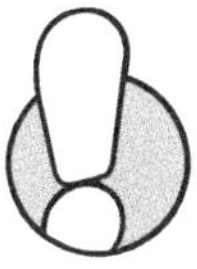

Und so heißt diese Rechenregel im Klartext:

Rauminhalt (V) = Grundfläche (G) mal Körperhöhe (k).

Dabei ist es ganz gleich, ob die Grundfläche eines Prismas Quadrat oder Rechteck, Raute oder Parallelogramm, Trapez oder Dreieck – oder ein sonstiges Vieleck ist.

Dass wir für die Höhe des Prismas ein **k** benutzen, um sie von der Höhe einer Fläche **(h)** zu unterscheiden, dürfte klar sein.

Die Volumenformel passt natürlich auch für Quader und Würfel, denn dort gibt es ja ebenfalls Grundflächen (und Körperhöhen).

Weil alle Getreidespeicher 22 m lang sind, haben wir damit auch die Körperhöhe **k = 22 m**. Und so erhalten wir die Rauminhalte – diesmal schön der Reihe nach von links nach rechts:

$$V(T) = 63,53 \cdot 22,00 = 1397,55\ m^3$$

$$V(Q) = 59,29 \cdot 22,00 = 1304,38\ m^3$$

$$V(D) = 49,01 \cdot 22,00 = 1078,11\ m^3$$

Womit klar ist, dass die Bewohner von Atlantis hauptsächlich Weizen gehortet haben. (Ganz genau genommen hätten wir als Abkürzung für die drei Prismen schreiben sollen: TP, QP und DP – aber ich denke, du verstehst auch so, was gemeint ist.)

Bei der Darstellung von Rechenwegen muss ich immer wieder Zahlen runden – z.B. bei den Grundflächen auf 2 Stellen. Dadurch wird der jeweilige Wert ein bisschen ungenau.

Nun gibt es zwei Möglichkeiten:

1. Ich lasse den echten Wert (mit allen verfügbaren Stellen) im Taschenrechner stehen und rechne damit weiter – z.B. für das Volumen.
2. Oder ich tippe den gerundeten Wert neu ein, womit das Ergebnis dann ein anderes sein kann (und möglicherweise noch etwas ungenauer wird).

Ich habe mich für den **ersten** Weg entschieden, daher kann z.B. Folgendes passieren:

Mein Ergebnis für das erste Volumen ist **1397,55**, wobei ich mit dem Ursprungswert von **63,525** weitergerechnet habe. Und dieses Ergebnis steht dann auch im Buch. Wenn die gezeigte Gleichung stimmen soll, müsste aber eigentlich **63,53·22 = 1397,66** dort stehen.

Alle angezeigten Werte sind also **möglichst genaue** Ergebnisse des **kompletten** Rechenwegs, Zwischenwerte werden nur für die Anzeige im Buch gerundet.

Ummantelung

Übung 13.03:

Es ist ja nicht ausgeschlossen, dass unsere Schatzjägerin Sara Kropf die drei Speicher eines Tages wiederentdeckt. Dann würden natürlich einige Restaurationsarbeiten anstehen. Um zu ermessen, wie viele Quadratmeter Arbeit auf die Handwerker anfallen, müssten alle Oberflächen berechnet werden.

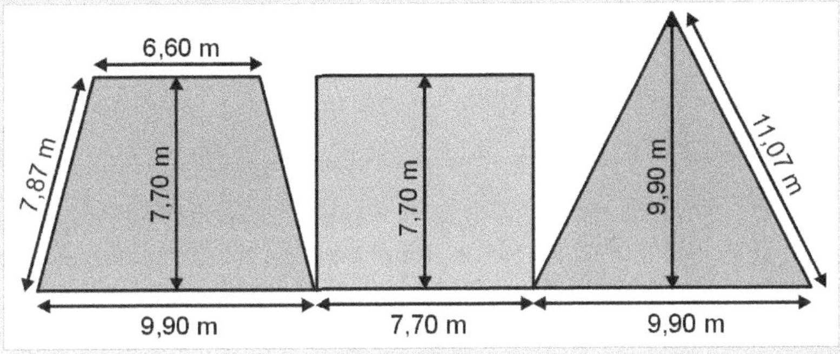

Wir sind natürlich gern bereit, die mathematischen Vorarbeiten zu übernehmen. Dabei kommt uns zugute, dass die zur Berechnung nötigen Seiten bereits früher einmal ausgemessen wurden. In der Mitte haben wir ja ein Quadrat und beim Trapez und beim Dreieck können wir hier davon ausgehen, dass die »schrägen« Seiten jeweils gleich lang sind.

Wie wir wissen, besteht bei einem Prisma die Oberfläche aus den Grundflächen und dem Mantel. Um die Grundflächen brauchen wir uns nicht mehr zu kümmern, deren Inhalte kennen wir schon von der letzten Aufgabe.

Aber wie berechnen wir einen Mantel? Da er ein Rechteck ist, dürfte das doch nicht allzu schwer sein – oder?

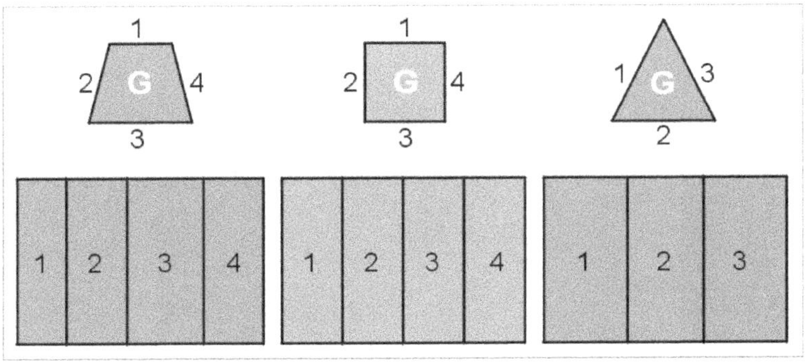

Hier ist jeder der drei Grundflächen ein entsprechender Mantel zugeordnet. Die Zahlen bezeichnen die einzelnen Seiten. Für Vierecke besteht ein Mantel aus 4, für Dreiecke aus 3 Teilflächen.

Offensichtlich muss jeder Mantel um die Grundfläche »herum passen«. Mit anderen Worten: Die »Weite« eines Mantels muss der **Umfang** der zugehörigen Grundfläche sein. Und seine Höhe entspricht der **Körperhöhe** des Prismas.

Die passende Rechenregel lautet:

Mantel (M) = Umfang (u) mal Körperhöhe (k)

Da wir alle Seiten der drei Grundflächen kennen bzw. aus den gegebenen Werten ableiten können, dürfte es nun nicht allzu schwer sein, erst einmal den Umfang für jede Figur zu ermitteln:

u(T)	=	6,60	+	7,87	+	7,87	+	9,90
	=	32,25 m						
u(Q)	=	7,70	+	7,70	+	7,70	+	7,70
	=	30,80 m						
u(D)	=	11,07	+	9,90	+	11,07		
	=	32,04 m						

Im nächsten Schritt nehmen wir die Werte für den Umfang mit der Körperhöhe mal:

M(T)	=	32,25	·	22,00	=	709,49 m^2
M(Q)	=	30,80	·	22,00	=	677,60 m^2
M(D)	=	32,04	·	22,00	=	704,82 m^2

Zur Oberfläche fehlen uns jetzt nur die zwei »Deckel«, deren Werte wir zu der des Mantels dazuzählen müssen.

Das führt uns zu dieser Rechenregel:

Oberfläche (O) = Mantel (M) plus 2 Mal Grundfläche (G)

Und dies sind die Rechenwege, die uns endlich zur Lösung unserer Aufgabe führen:

O	(	T	)	=	7	0	9,	4	9	+	2	·	6	3,	5	3
				=	8	3	6,	5	4	m	^{2}					
O	(	Q	)	=	6	7	7,	6	0	+	2	·	5	9,	2	9
				=	7	9	6,	1	8	m	^{2}					
O	(	D	)	=	7	0	4,	8	2	+	2	·	4	9,	0	1
				=	8	0	2,	8	3	m	^{2}					

Wenn du willst, kannst du noch die Summe aller Oberflächen ermitteln.

Viele Ecken

Wir ruhen uns nicht aus, sondern wenden unser gesamtes »Raumwissen« auf zwei weitere Prismen an:

Übung 13.04:

Olga hat zwei hübsche Schachteln, in denen sie ihre »Schätze« aufbewahrt. Beide sind 12 cm hoch. Die eine Schachtel hat die Form eines regelmäßigen Fünfecks, die andere die eines regelmäßigen Sechsecks. Wie groß sind ihre Rauminhalte und ihre Oberflächen?

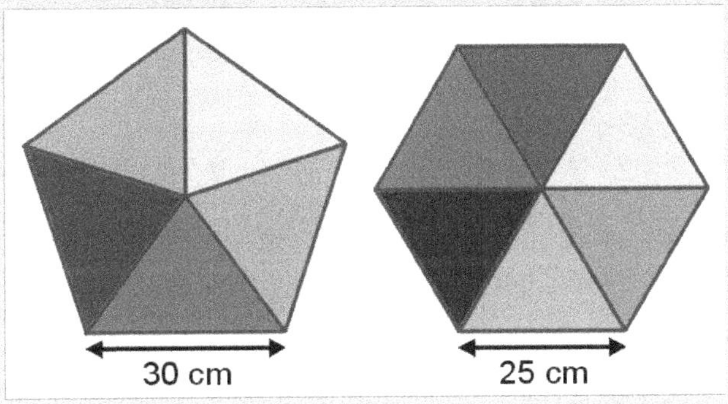

Am einfachsten erscheint die Berechnung des Umfangs. Dazu müssen ja alle Seiten zusammengezählt werden. Weil diese jeweils gleich sind, können wir auch so rechnen:

u	(	5	)	=	5	·	3	0,	0	=	1	5	0,	0	c	m
u	(	6	)	=	6	·	2	5,	0	=	1	5	0,	0	c	m

(Dass die Zahlen **5** und **6** als Abkürzung für **Fünf**eck und **Sechs**eck herhalten müssen, hast du dir sicher schon gedacht.)

Schwieriger wird es bei der Grundfläche. Dazu zerpflücken wir jedes Vieleck in 5 bzw. 6 Dreiecke. Die Maße der Höhen dieser Figuren finden sich in der nächsten Abbildung.

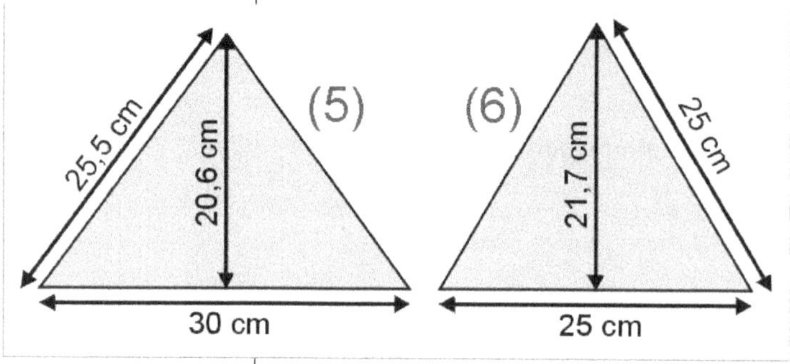

Nun dürfte es nicht mehr schwierig sein, auch den Inhalt der jeweiligen Dreiecksflächen zu ermitteln:

$$A(D_5) = \frac{30,0}{2} \cdot 20,6 = 309,00\ cm^2$$

$$A(D_6) = \frac{25,0}{2} \cdot 21,7 = 271,25\ cm^2$$

Weil die Grundflächen der Prismen aus fünf bzw. sechs solcher Dreiecke bestehen, müssen wir deren Flächeninhalte nur mit der Anzahl der Dreiecke malnehmen:

$$G(5) = 5 \cdot 309,00 = 1545,00\ cm^2$$

$$G(6) = 6 \cdot 271,25 = 1627,50\ cm^2$$

Und jetzt darfst du dir aussuchen, ob du zuerst Volumen oder Oberfläche berechnen willst. Erst mal schauen, was reinpasst? Also gut:

$$V(5) = 1545,00 \cdot 12,0 = 18.540,00\ cm^3$$

$$V(6) = 1627,50 \cdot 12,0 = 19.530,00\ cm^3$$

Um nun die Oberfläche zu ermitteln, brauchen wir zuerst den Mantel:

$$M(5) = 150,0 \cdot 12,0 = 1800,00\ cm^2$$

$$M(6) = 150,0 \cdot 12,0 = 1800,00\ cm^2$$

Der ist – wie der Umfang – bei beiden Schachteln gleich. Für die Oberfläche kommen nun noch die beiden Grundflächen (für Boden und Deckel) hinzu:

$$O(5) = 1800{,}00 + 2 \cdot 1545{,}00$$
$$= 4890{,}00\,cm^2$$
$$O(6) = 1800{,}00 + 2 \cdot 1627{,}50$$
$$= 5055{,}00\,cm^2$$

Damit wissen wir, dass Olgas sechseckiges Schatzkästchen mehr Platz und Oberfläche hat als das fünfeckige. Was sie darin aufbewahrt, bleibt uns jedoch verborgen und lässt sich mit mathematischen Mitteln nicht herausfinden.

Zusammenfassung

Nun hast du einiges zum Thema Flächen und Körper kennen gelernt, darunter eine ganze Menge Formeln. Immerhin gelten viele davon für alle Prismen gemeinsam:

$G = m \cdot h$	Grundfläche = Mittellinie mal Flächenhöhe
$u = a+b+\ldots$	Umfang = Summe aller Seiten
$M = u \cdot k$	Mantel = Umfang mal Körperhöhe
$O = M+2 \cdot G$	Oberfläche = Mantel plus 2 mal Grundfläche
$V = G \cdot k$	Rauminhalt = Grundfläche mal Körperhöhe

Außerdem kennst du noch mehr Maße, deren Namen zwar ähnlich sind, die jedoch niemals gleichgesetzt werden dürfen:

Kilometer, Meter, Millimeter	km, m, mm	Längenmaße
Quadratkilometer, Quadratmeter, Quadratmillimeter	km^2, m^2, mm^2	Flächenmaße
Kubikkilometer, Kubikmeter, Kubikmillimeter	km^3, m^3, mm^3	Raum-/ Körpermaße

Auch hier habe ich beim Berechnen die – nach Expertenmeinung – unsaubere Methode gewählt, nämlich die Maße nur beim Ergebnis dazugesetzt. So wurde z.B. aus $3m^2 \cdot 5m = 15m^3$ die vereinfachte Form $3 \cdot 5 = 15m^3$.

Ein paar Fragen ...

1. Was ist eigentlich ein Liter? Irgendetwas mit m^3?
2. Ein Prisma kann aufrecht stehen oder liegen. Bestimmt diese Lage, was seine Grundflächen sind? Denn die sind doch immer oben und unten – oder?
3. Rudi Pfiffig meint: »Bei einem Quader ist es egal, welche Fläche man als Grundfläche nimmt. Es kommt immer dasselbe Volumen und dieselbe Oberfläche heraus.« Was denkst du?
4. Rudi Pfiffig behauptet: »Wenn ich das Volumen eines Würfels kenne, weiß ich bald auch seine Kantenlänge.«

... und ein paar Aufgaben

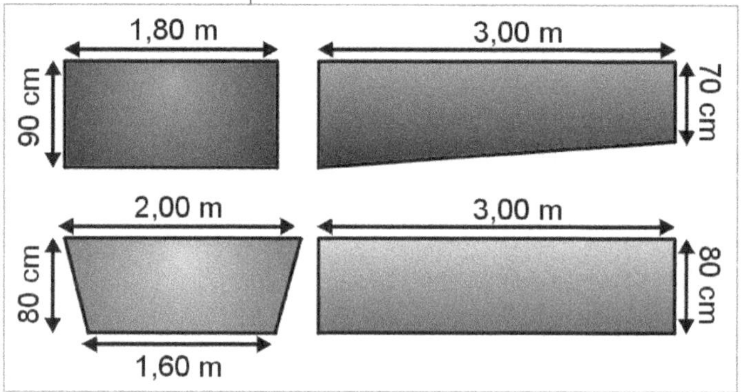

1. Die Badewannen von Benno und Beppo haben die Formen von Trapezprismen. Wie viele Liter Wasser passen in jede Wanne, wenn oben ein Rand von mindestens 30 cm bleiben soll? (Die Abbildung zeigt die Wannenmaße jeweils von vorn und von der Seite.)
2. Ein Würfel hat einen Kantenlänge von 9,9 cm. Ein Quader hat dasselbe Volumen. Seine Grundfläche ist ein Quadrat mit 3,3 cm Seitenlänge. Wie groß ist die Körperhöhe des Quaders?
3. Opa Grill will verreisen. Sein Koffer ist 77 cm breit, 55 cm hoch und 22 cm tief. Auf seinen 99 cm langen Wanderstab will Opa Grill keinesfalls verzichten. Passt er in den Koffer?
4. Ein Quader, ein Trapezprisma und ein Dreieckprisma haben alle ein Volumen von 1 Liter und die gleiche Körperhöhe von 10 cm. Für die Seiten der Grundflächen gelten bestimmte Verhältnisse. Erstelle dazu Gleichungen und berechne x und die Länge der angezeigten Strecken.

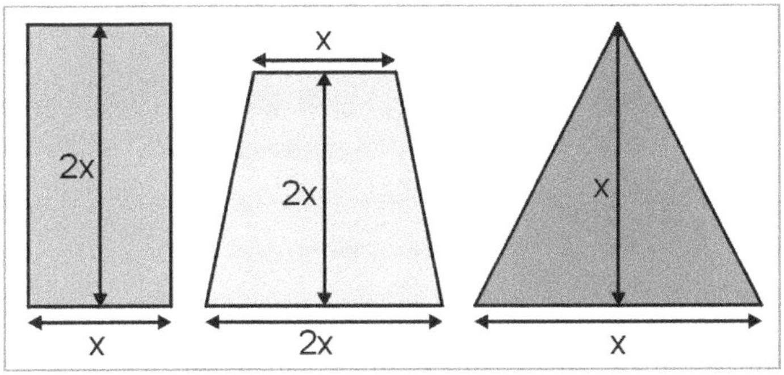

(Die Lösungen zu allen Fragen und Aufgaben stehen hinten im Buch.)

14 Krumme Linien und Flächen

Ein heißes Thema unter Mathematikexperten ist die »Quadratur des Kreises«: Wie macht man aus einem Kreis ein Quadrat mit exakt demselben Flächeninhalt? Die Frage könnte man auch umgekehrt stellen. Klingt beides gar nicht so schwer, vor allem für uns, die wir doch jetzt einiges über Flächen wissen. Allerdings waren es bisher immer nur gerade Linien, mit denen wir es zu tun hatten. Jetzt sind die »krummen Sachen« dran.

In diesem Kapitel lernst du

- etwas über Kreise
- wie man Flächeninhalt und Umfang berechnet
- etwas über Zylinder
- wie man Rauminhalt und Oberfläche berechnet
- was Sektoren und Bögen sind

Rundungen

Ein Kreis ist eine Figur, die keine Ecken hat. Diese Beschreibung ist den Mathematikern zu unklar. Denn es gibt viele Flächen, die von krummen Linien oder Rundungen umgeben sind, die man aber dennoch nicht als Kreise bezeichnen kann.

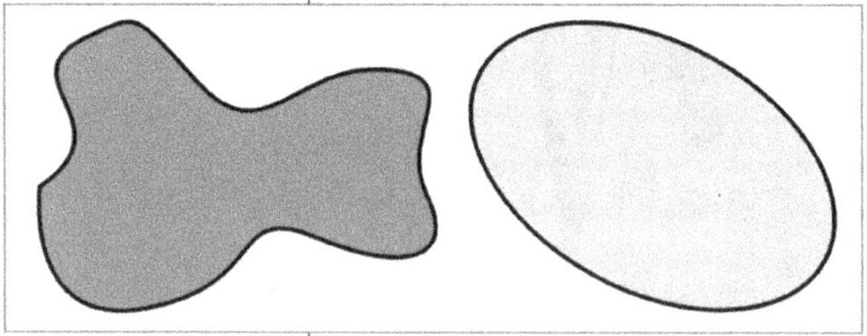

Was ist denn nun ein Kreis? Hier sind zwei Antwortversuche:

1. Wenn man einen Punkt gleich weit in **jede** (!) Richtung ausdehnt, bekommt man einen Kreis.
2. Ein Kreis ist ein regelmäßiges Vieleck mit unendlich vielen Ecken.

Auf jeden Fall hat ein Kreis einen **Mittelpunkt**. Der Abstand vom Mittelpunkt zum Rand wird Radius genannt. Und die Strecke, die von einem Rand zum anderen reicht und dabei **immer** durch den Mittelpunkt läuft, ist der **Durchmesser**.

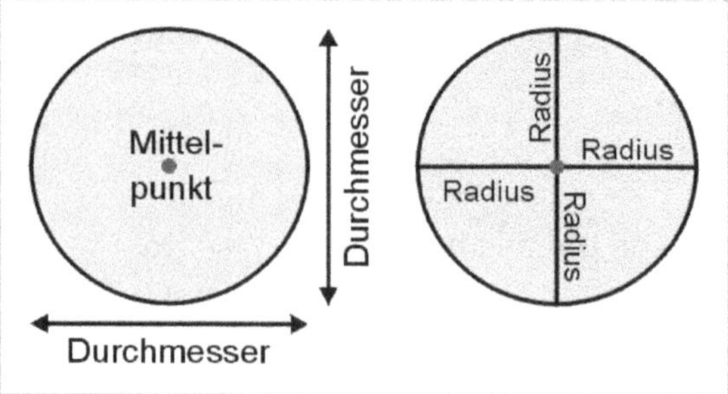

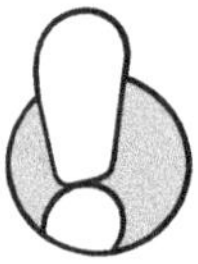

Es gilt also die Formel:

Durchmesser = Radius mal 2

oder

Radius = Durchmesser durch 2

Hat ein Kreis etwas mit einem Quadrat gemeinsam? Setzen wir doch mal einen möglichst großen Kreis mitten in ein Quadrat hinein. Dann machen wir es umgekehrt, indem wir ein möglichst großes Quadrat in einen Kreis zeichnen.

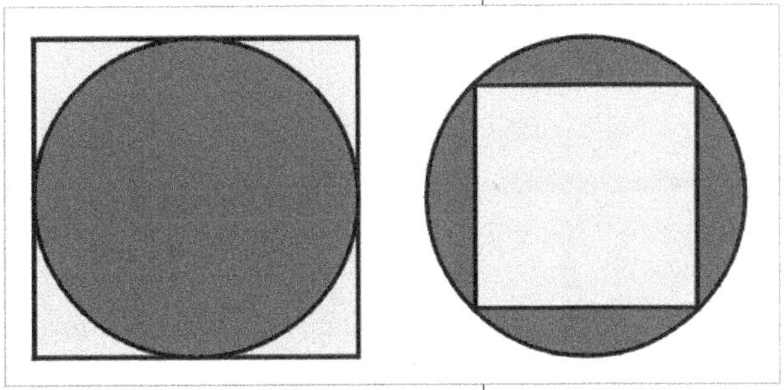

Offenbar liegt der Flächeninhalt des Kreises irgendwo zwischen dem des äußeren und dem des inneren Quadrats. Wie aber ermittelt man den Inhalt des Kreises? Und wie lang ist diese geschlossene »krumme Linie«, die den Kreis umgibt und die man deshalb auch als Umfang bezeichnet?

Ob uns die Rechenwege für die Vielecke hier weiterhelfen? Die Formel **m·h** lässt sich hier wohl nicht anwenden. Für den Umfang gilt zwar die Summe aller Seiten. Und weil ein Kreis nur eine Seite hat, scheint das auch hier zu stimmen. Nur kennen wir die Länge dieser einen Seite nicht.

Da müssen uns die alten Mathematiker aus der Klemme helfen, die schon vor über 2000 Jahren herausgefunden haben, dass der Umfang und der Durchmesser jedes Kreises **dasselbe** Verhältnis zueinander haben. Das heißt: Wenn wir den Umfang durch den Durchmesser teilen, bekommen wir für jeden beliebigen Kreis immer dieselbe feste Zahl heraus.

Eine Zahl namens Pi

Ein Grieche namens Archimedes fand mit **22/7** eine recht brauchbare Näherung für diese »Kreiszahl«, die heute allgemein als Pi (geschrieben π) bekannt ist. Genau gesagt ist es eine Irrationale Zahl (die sich durch einen Bruch nur ungefähr ausdrücken lässt) mit etwa diesem Wert:

	=	3,	1	4	1	5	9	3

Oft genügt es schon, mit **3,14** zu rechnen. In der Regel hat aber jeder Taschenrechner eine Taste, mit der man den Wert von Pi mit vielen Stellen auf die Anzeige zaubern kann.

Wie hat es Archimedes angestellt, die Zahl π zu ermitteln? Wie es heißt, hat er mit einem Sechseck begonnen, das er in einen Kreis eingepasst hat. Dann hat er die Anzahl der Ecken verdoppelt und es mit einem Zwölfeck versucht. Je mehr Ecken dieses regelmäßige Vieleck hat – so dachte er –, desto runder wird das Ganze und desto näher komme ich damit dem Kreis.

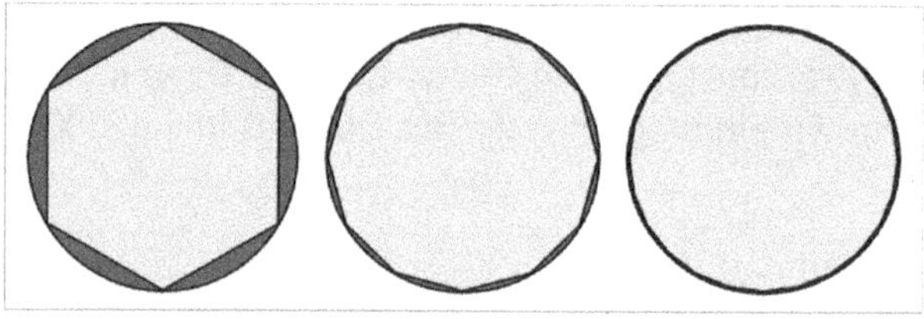

Kreise mit 6, 12, 24 Ecken

Damit die Berechnung des Umfangs möglichst einfach wird, verwenden wir einen Kreis mit einem Durchmesser von 1 m. (Du kannst natürlich auch eine andere Maßeinheit nehmen – vor allem, wenn du den Kreis selbst zeichnen willst, z.B. 1 dm.)

Für den Umfang eines regelmäßigen Vielecks brauchen wir nur eine Seite. Die nehmen wir einfach mit der Anzahl der Ecken mal. (Denn ein solches Vieleck hat ja ebenso viel Seiten wie Ecken.)

In der folgenden Tabelle steht, was dabei für einige Vielecke herausgekommen ist – wobei wir das Prinzip des Archimedes benutzen, der die Anzahl der Ecken von Mal zu Mal verdoppelt hat:

Anzahl der Ecken	Durchmesser des Kreises	Seite des Vielecks	Umfang des Vielecks
6	1,00 m	0,5000 m	3,0000 m
12	1,00 m	0,2588 m	3,1058 m
24	1,00 m	0,1305 m	3,1326 m
48	1,00 m	0,0654 m	3,1394 m
96	1,00 m	0,0327 m	3,1410 m
192	1,00 m	0,0164 m	3,1415 m
384	1,00 m	0,0082 m	3,1416 m

Bei mehr als 100 Ecken sieht ein Vieleck längst wie ein Kreis aus. Wenn wir die Zahl π nun auf vier Stellen hinter dem Komma runden, so haben wir mit **3,1416** genau den Umfang unseres Einheitskreises mit dem Durchmesser 1. (Archimedes kam damals auf 96 Ecken und war damit auch sehr dicht dran.)

Kreisumfang und Kreisfläche

Mit dieser »Zauberzahl« ausgestattet, können wir uns jetzt an die Berechnung des Umfangs beliebiger Kreise machen:

Übung 14.01:

Graf Zirkula ist mit einem Hochrad Marke Eigenbau unterwegs. Das vordere Rad hat einen Radius von 55 cm, das hintere denselben Wert als Durchmesser. Wie weit kommt Zirkula mit einer Radumdrehung – jeweils vorn und hinten?

Die Formel zur Berechnung des Umfangs lässt sich nun leicht herleiten: Wird der Umfang durch den Durchmesser geteilt, entsteht die Zahl π. Das kehren wir nun einfach um.

Damit gilt diese Rechenregel:

Kreisumfang = Pi mal Durchmesser

Und das ist der Umfang der beiden Räder von Zirkulas Gefährt:

u(vorn)	=	π	·	1,10	=	3,46	m
u(hinten)	=	π	·	0,55	=	1,73	m

Weil das vordere Rad mit 1,10 m Durchmesser (= 2 Mal Radius) doppelt so »dick« ist wie das hintere, ist auch sein Umfang doppelt so groß.

Kommen wir vom Kreisumfang zur Kreisfläche und damit gleich zur nächsten Aufgabe:

Übung 14.02:

Die schräge Simba hat ihre Nachbarn Benno und Beppo zum Essen eingeladen. Weil sie deren Appetit kennt, beschließt sie, eine Riesenpizza zu backen. Ausgerollt hat der Teig eine Kreisform mit einem Durchmesser von 1,24 m. Wie viel Fläche muss Simba nun mit Käse, Salami, Tunfisch, Pilzen und Peperoni belegen?

Ganz so einfach lösbar scheint diese Aufgabe nicht zu sein – woher sollen wir so schnell die Formel für den Flächeninhalt eines Kreises kriegen?

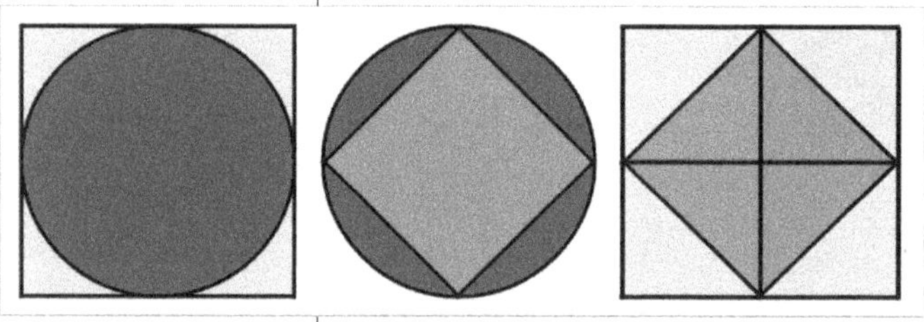

Was wir schon wissen oder uns denken können: Es muss die Zahl π vorkommen. Weil ein Kreis etwas von der Regelmäßigkeit eines Quadrates hat, orientieren wir uns zuerst an dieser Figur:

Nehmen wir an, das große Quadrat hat eine Seitenlänge von 1 m. Dann beträgt sein Flächeninhalt **$1 \cdot 1 = 1\ m^2$**. Wie sieht es mit dem kleinen Quadrat im Kreis aus? Das habe ich ein bisschen verdreht und dann auch mal rechts in das große Quadrat gepackt. Zusätzlich habe ich die letzte Kombination noch in lauter gleich große Dreiecke aufgeteilt.

Wenn wir die mal durchzählen, kommen wir zu diesem Ergebnis: Das große Quadrat besteht aus insgesamt 8 Dreiecken, während für das kleine Quadrat 4 Dreiecke ausreichen. Wie du wohl schon vermutet hast, ist also die Fläche des kleinen Quadrats **halb** so groß wie die des großen Quadrats, nämlich **$1:2 = 0{,}5\ m^2$**.

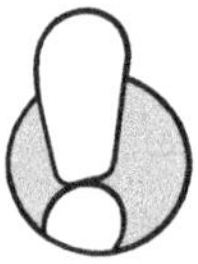

Und irgendwo dazwischen liegt die Kreisfläche. Bei deren Berechnung muss der Durchmesser bzw. der Radius eine Rolle spielen – und außerdem natürlich . So käme also eine dieser beiden Formeln infrage:

$A = \pi \cdot d^2$ oder $A = \pi \cdot r^2$

Dabei habe ich die Abkürzungen für Durchmesser (**d**) und Radius (**r**) benutzt.

Probieren wir einfach beides aus. Zuerst nehmen wir den Durchmesser:

$$A = \pi \cdot 1{,}00^2 = 3{,}14\ m^2$$

Also, das kann überhaupt nicht stimmen, denn damit müsste der Kreisinhalt deutlich größer als der des äußeren Quadrats sein! Versuchen wir die andere Formel:

$$A = \pi \cdot 0{,}50^2 = 0{,}79\ m^2$$

Das sieht schon viel besser aus, denn es liegt recht günstig zwischen den beiden anderen Flächenwerten 0,5 m^2 und 1 m^2. Tatsächlich haben wir damit auch die richtige Formel gefunden – allerdings sind wir nicht die ersten, andere waren schneller. (Und das ist schon gut 2000 Jahre her.)

Und schon haben wir eine weitere Rechenregel:

Kreisfläche = Pi mal Radius hoch 2

Nun können wir uns wieder Simbas Riesenpizza widmen – obwohl die Aussicht, dass wir etwas davon abbekommen, verschwindend gering ist. Zuerst berechnen wir aus dem Durchmesser den Radius:

$$r = 1{,}24 : 2 = 0{,}62\ m$$

Dann wenden wir unsere Flächenformel für den Kreis an:

$$A = \pi \cdot 0{,}62^2 = 1{,}21\ m^2$$

Simba hat also mehr als einen Quadratmeter Fläche zu belegen, und das schön dick, damit die beiden Sumos gut zu futtern haben (und auch für sie noch ein paar Bissen bleiben).

Zylinder

Schon die Pizza von Simba ist kein Kreis mehr, das ist nur die obere Fläche, auf die die schmackhaften Zutaten kommen.

Wie im letzten Kapitel aus einem Viereck, Dreieck oder anderem Vieleck ein Prisma wurde, müssen wir den Kreis bloß ein bisschen »erhöhen«, und schon haben wir einen Körper.

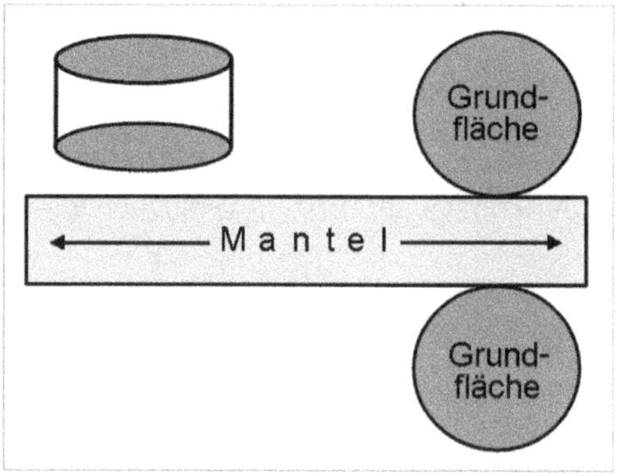

Der trägt allerdings einen anderen Namen, weil es ja hier schließlich nicht um eine eckige, sondern um eine runde Grundfläche geht: Zylinder. Das, was den Zylinder umgibt, heißt auch hier Mantel und ist ebenfalls ein Rechteck.

Und das ist nicht alles: Sämtliche Formeln zur Berechnung von Mantel, Oberfläche und Volumen gelten sowohl für Prismen als auch für Zylinder. Die einzigen Unterschiede gibt es bei Grundfläche und Umfang.

Hier noch mal alle Rechenregeln auch für Zylinder:

Volumen (V)	**= Grundfläche (G) mal Körperhöhe (k)**
Mantel (M)	**= Umfang (u) mal Körperhöhe (k)**
Oberfläche (O)	**= Mantel (M) plus 2 Mal Grundfläche (G)**

Setzen wir unsere neuen Erkenntnisse gleich in einer Aufgabe um:

Übung 14.03:

Sara Kropf entdeckt in einem alten Tempel drei zylinderförmige Gefäße aus Gold, randvoll mit Edelsteinen gefüllt. Alle kann sie nicht mitnehmen, denn sobald sie nur ein Gefäß anhebt, beginnt sich die Tempelpforte langsam zu schließen – für immer.

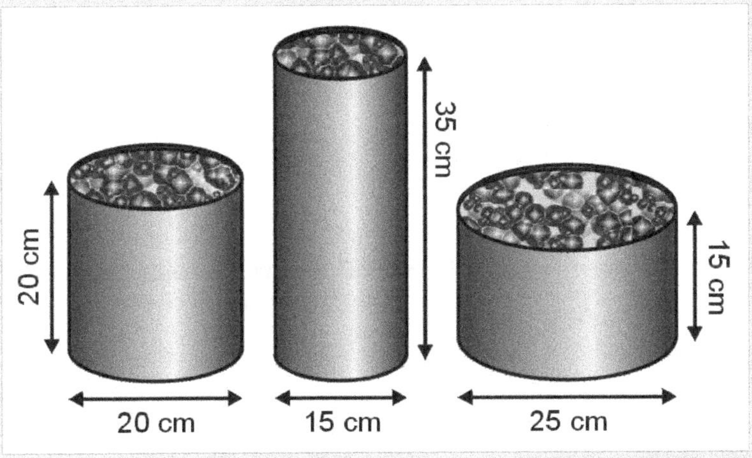

Wäre Sara nicht so gierig, sondern würde den Tempel einfach wieder verlassen, dann müssten wir ihr jetzt nicht beim Berechnen der Rauminhalte helfen. Also sei's drum! Beginnen wir mit den Grundflächen:

$G(L)$	=	$\pi \cdot 10{,}0^2$	=	$314{,}16\ cm^2$
$G(M)$	=	$\pi \cdot 7{,}5^2$	=	$176{,}71\ cm^2$
$G(R)$	=	$\pi \cdot 12{,}5^2$	=	$490{,}87\ cm^2$

(Die Abkürzungen **L**, **M** und **R** stehen für Links, Mitte, Rechts.)

Für die Rauminhalte (= Volumina) müssen wir jetzt nur noch alle Werte mit den Körperhöhen malnehmen ($V = G \cdot k$):

$V(L)$	=	$314{,}16 \cdot 20$	=	$6283{,}19\ cm^3$
$V(M)$	=	$176{,}71 \cdot 35$	=	$6185{,}01\ cm^3$
$V(R)$	=	$490{,}87 \cdot 15$	=	$7363{,}11\ cm^3$

Für die Volumenberechnung wurden die Originalwerte der Grundflächen (mit mehr als zwei Stellen hinter dem Komma) verwendet. So führt die Rechnung mit gerundeten Zwischenwerten wie **176,71·35 = 6184,85** zu einem ungenaueren Ergebnis.

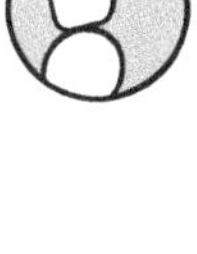

Auch die folgenden Berechnungen werden immer **möglichst genau** durchgeführt und die Zwischenergebnisse und Endergebnisse nur für die Anzeige im Buch gerundet. (Deshalb kann es zu scheinbaren Rechenfehlern kommen, wenn man Aufgaben mit den gerundeten Werten im Buch nachrechnet.)

Sara sollte sich also für den rechten Pott entscheiden und dann schleunigst damit verschwinden.

Übung 14.04:

Zuhause stellt Sara Kropf ernüchtert fest, dass die Edelsteine nur wertlose Schmucksteine waren. Immerhin aber bleibt das Gold, aus dem ihr Gefäß bestand. Dennoch kommt Sara ins Grübeln: Wenn sie das gewusst hätte, wäre es vielleicht besser gewesen, nicht das »Innere«, sondern das »Äußere« der Gefäße zu berechnen?

Weil die Gefäße ja keinen Deckel hatten, benötigen wir nicht die gesamte Oberfläche, sondern nur die Summe aus dem Mantel und einer Grundfläche. Ohne Umfang kein Mantel, deshalb hier die Rechenwege:

u(L)	=	π · 20	=	62,83 cm
u(M)	=	π · 15	=	47,12 cm
u(R)	=	π · 25	=	78,54 cm

Diese Werte nehmen wir jetzt mit den Zylinderhöhen mal (**M = u·k**):

M(L)	=	62,83 · 20	=	1256,64 cm^2
M(M)	=	47,12 · 35	=	1649,34 cm^2
M(R)	=	78,54 · 15	=	1178,10 cm^2

Dazu kommt nun noch der Boden, also die Grundfläche der Zylinder:

Links	=	1256,64 + 314,16
	=	1570,80 cm^2
Mitte	=	1649,34 + 176,71
	=	1826,05 cm^2
Rechts	=	1178,10 + 490,87
	=	1668,97 cm^2

Ginge es nur um den Goldanteil der Gefäße, wäre für Sara das mittlere die richtige Wahl gewesen.

Sektor und Bogen

Es kommt durchaus vor, dass Kreise nicht nur als Ganzes gefragt sind. So ist es z.B. bei einer Pizza oder einer Torte üblich, das gute Stück in handliche Portionen zu unterteilen. Von oben besehen haben wir damit einen **Kreisausschnitt** – auch **Sektor** genannt.

Übung 14.05:

Den Untergang eines Piratenschiffes haben drei Seeräuber überlebt, die sich auf eine kleine Insel retten konnten. Nach einem Erkundungsgang stellen sie fest, dass sie die Form eines Kreises hat. »Jetzt gehört die Insel uns«, stellt der Einbeinige fest.

»Nicht ganz«, meint der Einäugige, der schon auf dem Schiff der Anführer war. »Ich bekomme die Hälfte, und vom Rest kriegen du und der Einarmige jeweils die Hälfte.« Wie viele Quadratmeter Land bekommt jeder Pirat? Und wie groß ist die jeweilige »Landesgrenze«?

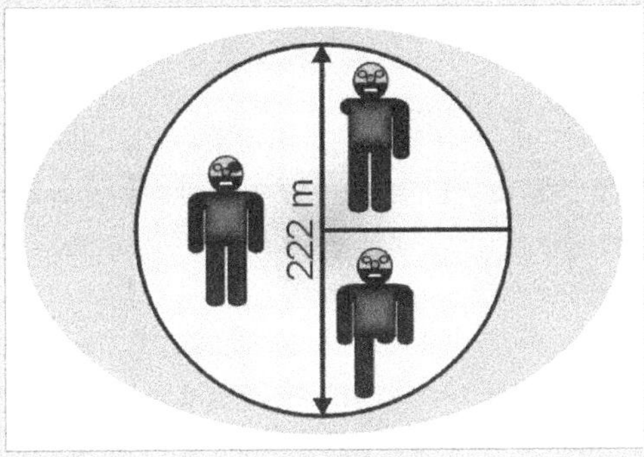

Machen wir uns zuerst an die Berechnung der Gesamtfläche:

r	=	2	2	2,	0	0	:	2	=	1	1	1,	0	0	m				
A	=	π	·	1	1	1,	0	0	^{2}	=	3	8	7	0	7,	5	6	m	^{2}

Der Rest ist noch einfacher, wenn man weiß, dass es hier um eine Hälfte und zweimal ein Viertel geht:

A	(	E	i	n	a	u	g	e	)	=	3	8	7	0	7,	5	6	:	2
										=	1	9	3	5	3,	7	8	m	^{2}
A	(	E	i	n	a	r	m	)		=	3	8	7	0	7,	5	6	:	4
										=		9	6	7	6,	8	9	m	^{2}
A	(	E	i	n	b	e	i	n	)	=	3	8	7	0	7,	5	6	:	4
										=		9	6	7	6,	8	9	m	^{2}

Aber wie ist es mit den Grenzen? Dabei handelt es sich zwar um den Umfang eines Halbkreises oder eines Viertelkreises. Hier kann man aber nicht einfach nur den gesamten Kreisumfang durch 2 oder durch 4 teilen. Damit hätten wir nur eine – und zwar die krumme – Seite der jeweiligen Grenze. Dazu kommt beim Halbkreis noch der Durchmesser, und bei den

Viertelkreisen je zweimal der Radius – was zusammen ebenfalls den Durchmesser ergibt.

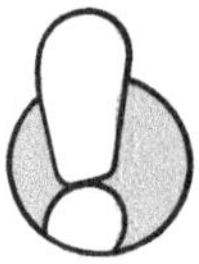

> Offenbar besteht der Umfang eines Kreissektors immer aus dem Kreisdurchmesser und dem so genannten **Kreisbogen** – wie ein Abschnitt des Kreisumfangs auch genannt wird.

Die Bögen der einzelnen Kreissektoren können wir auf vergleichbarem Wege berechnen wie die Flächen. Zuerst kommt der gesamte Umfang:

$u = \pi \cdot 222{,}00 = 697{,}43$ m

Dann kommen die Bogenwerte (Abkürzung b):

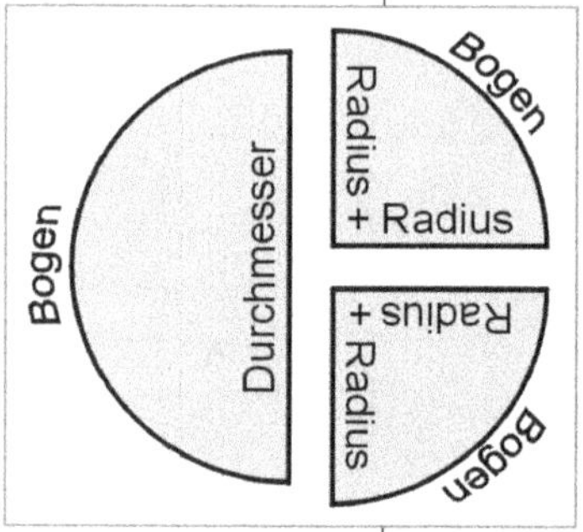

b(Einauge)	=	697,43 : 2
	=	348,72 m
b(Einarm)	=	697,43 : 4
	=	174,36 m
b(Einbein)	=	697,43 : 4
	=	174,36 m

Für den Umfang bzw. jede »Landesgrenze« muss nun jeweils 2 Mal der Radius bzw. 1 Mal der Durchmesser dazugezählt werden:

u(Einauge)	=	348,72 + 222,00
	=	570,72 m
u(Einarm)	=	174,36 + 222,00
	=	396,36 m
u(Einbein)	=	174,36 + 222,00
	=	396,36 m

Die Berechnung von Kreisausschnitten und Bögen ist also gar nicht schwer. Man kann sogar jedem Sektor und Bogen einen Winkel zuordnen – z.B.:

	Winkel	Berechnung
Vollkreis	360 Grad	
Halbkreis	180 Grad	360:2
Drittelkreis	120 Grad	360:3
Viertelkreis	90 Grad	360:4
Fünftelkreis	72 Grad	360:5
Sechstelkreis	60 Grad	360:6

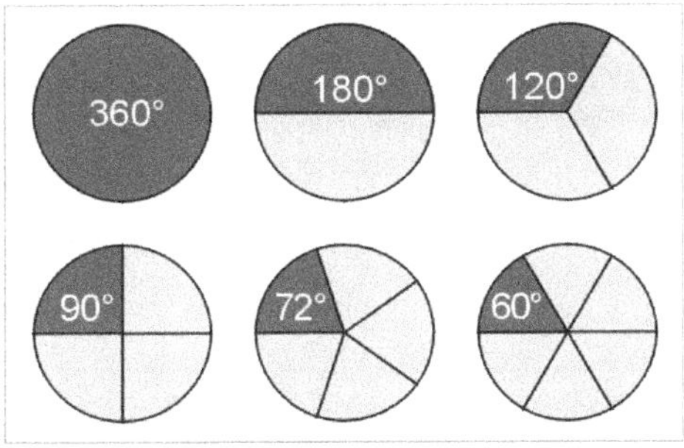

Dass bei einem Viertelkreis der Winkel für die beiden geraden Seiten 90 Grad ist, kann man direkt erkennen. Und weil ein Vollkreis aus 4 solcher Kreisteile besteht, beträgt der so genannte Vollwinkel 360 Grad.

Flächeninhalt, Bogen und Winkel eines Kreisausschnittes lassen sich also berechnen, indem man einfach den **vollen** Wert durch eine Zahl teilt, die den **Anteil** am gesamten Kreis angibt.

Zusammenfassung

Nun hattest du es mal nicht nur mit geraden, sondern auch mit »krummen« Linien zu tun. Dabei konntest du wieder ein paar neue Formeln kennen lernen – hier für den Kreis:

$A = \pi \cdot r^2$	Kreisfläche = Pi mal Radius hoch 2
$u = \pi \cdot d$	Umfang = Pi mal Durchmesser
$A(s) = A/n$	Kreissektor = Fläche durch Anteilwert
$b = u/n$	Kreisbogen = Umfang durch Anteilwert
$u(s) = b+d$	Sektorumfang = Bogen plus Durchmesser

Hinzu kommen einige alte Bekannte, die auch für den Zylinder gelten:

$M = u \cdot k$	Mantel = Umfang mal Körperhöhe
$O = M+2 \cdot G$	Oberfläche = Mantel plus 2 mal Grundfläche
$V = G \cdot k$	Rauminhalt = Grundfläche mal Körperhöhe

Ein paar Fragen ...

1. Wie lautet die Formel für den Umfang, wenn man statt des Durchmessers den Radius verwendet? Und wie ist es beim Flächeninhalt, wenn du dort den Radius durch den Durchmesser ersetzt?

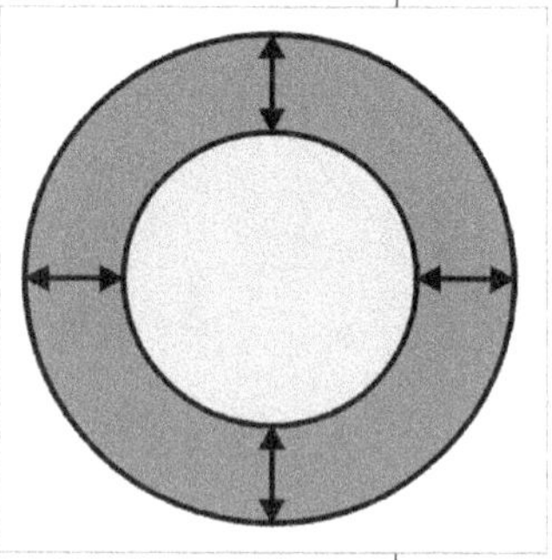

2. Rudi Pfiffig meint: »Wenn's weniger als ein Halbkreis ist, sehen Kreisausschnitte ähnlich aus wie Dreiecke. Da könnte man die Fläche doch auch mit Bogen mal Radius durch 2 ungefähr berechnen.« Macht das Sinn?

3. Wie berechnet man einen Kreisring?

... und ein paar Aufgaben

1. Aus einem Kreis soll ein Quadrat mit möglichst genau demselben Flächeninhalt werden. Der Kreis hat 1 m Durchmesser.

2. Ein Kreis hat einen Radius von 1 Meter. Wie groß sind Umfang und Flächeninhalt eines regelmäßigen Sechsecks, das gerade in diesen Kreis hineinpasst? Wie viel Prozent von Umfang und Fläche des Kreises sind das jeweils?

3. Graf Zirkula will ein Hochradrennen veranstalten. Dazu lässt er rund um seinen kreisförmigen Park mit einem Durchmesser von 121 Metern einen 11 m breiten Streifen pflastern. Welche Fläche hat dieser Kreisring? Und wie lang ist die Rennstrecke ungefähr?

4. Ein 11 cm hohes Prisma hat eine quadratische Grundfläche von 81 cm². Daraus soll ein möglichst großer Zylinder gefräst werden. Wie viel Prozent vom Volumen des Prismas bleibt übrig?

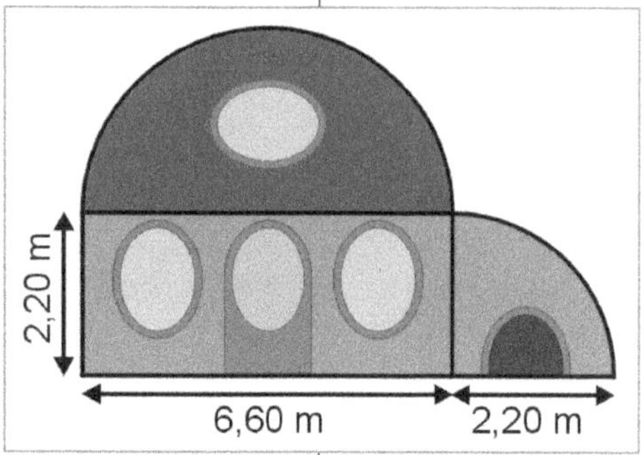

5. Der korrupte König eines Zwergstaates hat sich mit den meisten Schätzen des Landes aus dem Staub gemacht. Die hübsche kleine Villa, die er hinterließ, wollen die Einwohner nun in ein Lagerhaus für Lebensmittel umbauen. Welches Volumen hat das 11 m tiefe Gebäude?

(Die Lösungen zu allen Fragen und Aufgaben stehen hinten im Buch.)

15

Spitze und runde Körper

Nun erwarten uns einige Körperformen, die man sich nicht im Fitness-Studio antrainieren kann. Sie sehen aus wie angespitzte Prismen und Zylinder oder sie sind rundum rund. Und wenn sie einen Mantel tragen, hat der nicht mehr die Form eines Rechtecks.

In diesem Kapitel lernst du

- etwas über Pyramiden und Kegel
- etwas über Kugeln und Halbkugeln
- wie man Rauminhalt und Oberfläche berechnet

Spitzkörper

Einen Bleistift gespitzt hat wohl jeder schon einmal. Dasselbe lässt sich auch mit einem Prisma oder einem Zylinder machen.

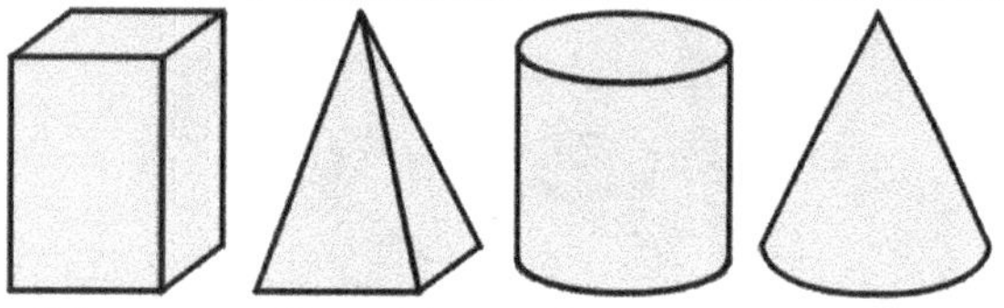

Die neuen Körper haben auch einen Namen: Aus dem Prisma wird die Pyramide und aus dem Zylinder der Kegel. Während es bei diesen Körpern weiterhin einen Boden gibt, ist der Deckel auf Punktgröße geschrumpft. So läuft alles von **einer** Grundfläche aus in einem einzigen Punkt zusammen.

Dass wir hier unsere alte Volumenformel überdenken müssen, zeigt die folgende Aufgabe:

Übung 15.01:

Bruno will Bildhauer werden. Sein erstes großes Kunstwerk soll eine Pyramide sein, die er aus einem quaderförmigen Steinblock hauen will. Der Block hat eine quadratische Grundfläche mit 3 dm Seitenlänge und ist 5 dm hoch. Welches Volumen hat die Pyramide, wenn er fertig ist?

Am zweckmäßigsten ist es hier, zuerst das Volumen des Quaders bzw. Prismas zu berechnen:

$$G = 3 \cdot 3 = 9\ dm^2$$
$$V = 9 \cdot 5 = 45\ dm^3$$

Wir gehen einmal davon aus, dass Bruno versucht, aus dem Block die größtmögliche Pyramide zu erschaffen. Damit hätte sie die gleiche Grundfläche wie das Prisma (bzw. der Quader) und auch die gleiche Höhe.

Man sagt ja: Wo gehobelt wird, da fallen Späne. Genau so ist es auch beim Bildhauen: Nicht selten ist der Abfall deutlich größer als das Kunstwerk, das am Schluss dabei herauskommt.

Dass das Volumen der Pyramide kleiner sein muss als das des Quaders, wissen wir also. Aber um wie viel kleiner?

Erinnern wir uns noch mal an die Fläche eines Dreiecks. Aus einem Rechteck konnten wir uns ein Dreieck zurechtschneiden, das halb so groß war wie das Rechteck. Dabei hatte das Dreieck die gleiche Flächenhöhe und die gleiche Grundseite.

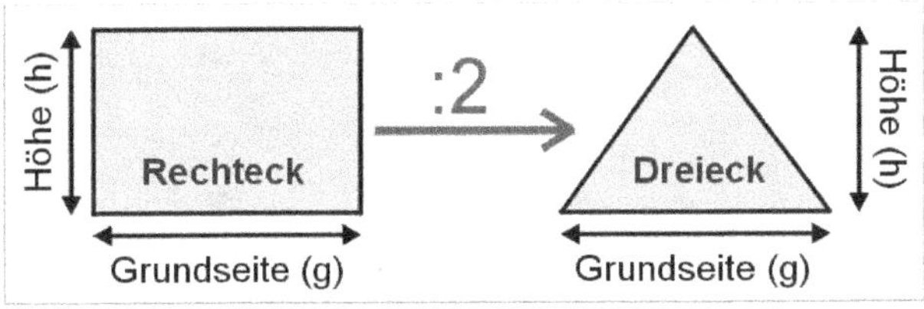

Wenn wir nun von der zweiten zur dritten Dimension wandern, dürfte hier eine Division durch 2 nicht mehr reichen. Wenn in der Ebene durch 2 geteilt wird, müssen wir im Raum wahrscheinlich durch 3 teilen – was ja auch der jeweiligen Dimension entspricht. Was wir nur vermuten, haben findige Mathematiker schon vor vielen Jahrhunderten herausgefunden.

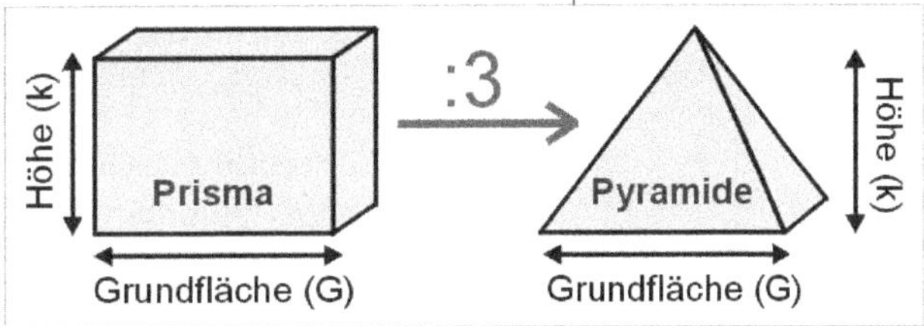

Dies führt uns zu folgender Rechenregel:

Rauminhalt (V) = Grundfläche mal Körperhöhe durch 3

Nun haben wir die Formel für das Volumen einer Pyramide. Und damit bekommen wir auch das gewünschte Ergebnis:

G	=	3	·	3			=		9	d	m	2
V	=	9	·	5	:	3	=	1	5	d	m	3

Bruno hat also aus 45 dm^3 Stein ein Kunstwerk von 15 dm^3 geschaffen. (Man könnte auch sagen: eine 15-Liter-Pyramide.)

Weil die Prismenformeln auch für Zylinder gelten, muss die neue Formel demnach sowohl für Pyramiden als auch für Kegel gelten.

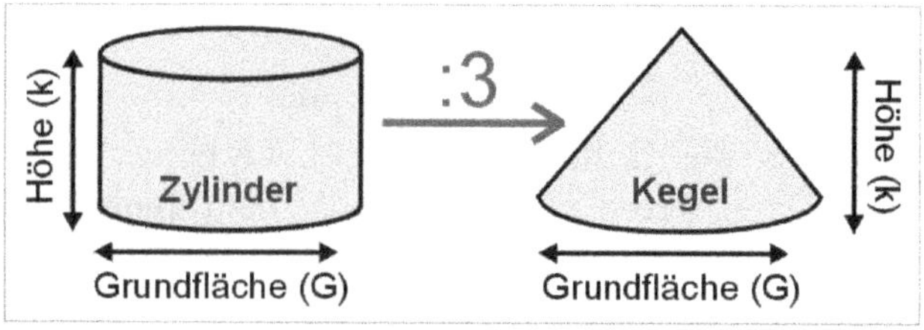

Und damit landen wir bei der nächsten Aufgabe:

Übung 15.02:

Bruno gibt nicht auf und macht sich gleich an sein nächstes Kunstwerk. Diesmal will er ein zylinderförmiges Holzstück bearbeiten. Herauskommen soll ein Kegel. Der Block hat einen Durchmesser von 3 dm und ist 5 dm hoch. Welches Volumen hat das fertige Kunstwerk?

Wir könnten nun gleich den Kegel berechnen, aber es kann ja nicht schaden, auch das Volumen des Zylinders zu kennen:

G	=	π	·	3	2		=		7,	0	7	d	m	2
V	=	7,	0	7	·	5	=	3	5,	3	4	d	m	3

Und nun zum Kegel:

G	=	π	·	3	2				=		7,	0	7	d	m	2
V	=	7,	0	7	·	5	:	3	=	1	1,	7	8	d	m	3

Brunos Zweitwerk ist aus gut 35 dm³ Holz entstanden und hat jetzt noch knappe 12 dm³. (Also ein 12-Liter-Kegel.)

Ein Mantel für die Pyramide

Nachdem wir nun wissen, wie leicht sich das Volumen von Pyramide und Kegel berechnen lässt, scheint es bei der Oberfläche nicht so einfach zu sein. Denn es sieht gar nicht danach aus, als würde hier die Formel **M = u·k** funktionieren.

Schauen wir uns zuerst das Netz einer Pyramide an:

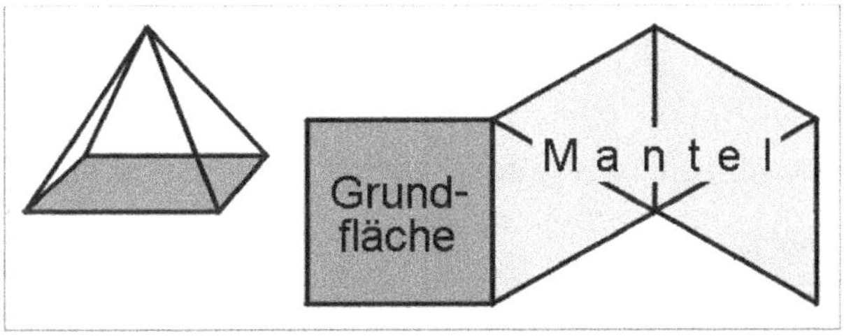

Wir haben es beim Mantel nun nicht mehr mit Rechtecken, sondern mit Dreiecken zu tun. Ist die Grundfläche ein beliebiges Vieleck, so müssten wir jedes Dreieck einzeln berechnen. Hier werden wir uns auf Pyramiden mit quadratischer Grundfläche beschränken. Damit genügt es, nur ein Dreieck berechnen und das Ergebnis dann mal 4 zu nehmen.

Übung 15.03:

Bruno überlegt, ob er seine Kunstwerke anmalen oder bekleben soll. Um abschätzen zu können, wie viel Material nötig wird, möchte er zunächst die Oberfläche der Pyramide berechnen.

Die Oberfläche besteht hier aus dem Mantel und nur **einer** Grundfläche. Die haben wir bereits ermittelt.

Um den Flächeninhalt eines Manteldreiecks zu berechnen, benötigen wir seine Höhe, wobei uns der Pythagoras (→ Kapitel 12) eine große Hilfe ist. Dazu zersägen wir – natürlich nur in Gedanken – Brunos Pyramide und erhalten als Querschnitt ein Dreieck.

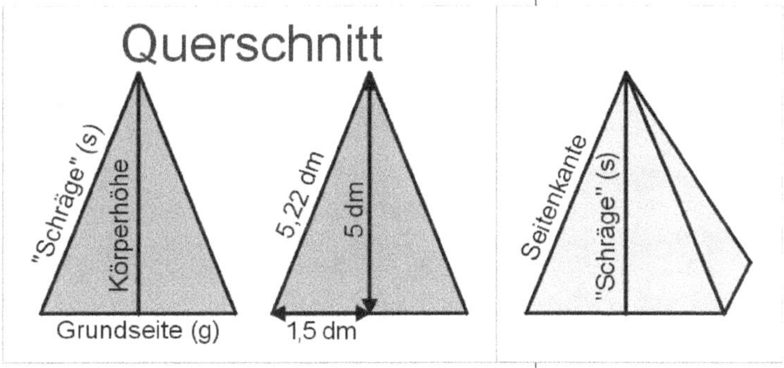

Querschnittdreieck und Manteldreieck sind **nicht** dasselbe! Wir haben es hier mit zwei verschiedenen Dreiecken zu tun:

- Das Querschnittdreieck wird aus zwei »Schrägen« (Abkürzung **s**) und einer Grundseite (**g**) gebildet. Die Grundseite ist eine Seite der quadratischen Grundfläche. Die Körperhöhe der Pyramide ist auch die Flächenhöhe des Querschnittdreiecks.
- Die Seite der quadratischen Grundfläche ist auch die Grundseite des Manteldreiecks. Die beiden übrigen Seiten sind die Seitenkanten der Pyramide. Und diesmal ist die »Schräge« die Flächenhöhe.

Die Seitenkanten der Pyramide werden hier nicht benötigt, sondern es gilt zunächst, die Länge der »Schrägen« zu berechnen.

Das tun wir mit einer Gleichung, bei der wir für diese Strecke zunächst x einsetzen:

$$x^2 = 1{,}5^2 + 5{,}0^2$$
$$x^2 = 27{,}25 \quad | \sqrt{\ }$$
$$x = 5{,}22$$

Und damit sind wir in der Lage, die Fläche **eines** Manteldreiecks (D) zu berechnen:

$$D = 3{,}0 \cdot 5{,}22 : 2 = 7{,}83\ dm^2$$

Weil der Mantel aus **vier** solcher Flächen besteht, ist dessen Berechnung nun ein Kinderspiel:

$$M = 4 \cdot 7{,}83 = 31{,}32\ dm^2$$

Nehmen wir die Grundfläche hinzu, kennt Bruno endlich die Oberfläche seines ersten Kunstwerks:

$$O = 31{,}32 + 9{,}00 = 40{,}32\ dm^2$$

So richtig glücklich können wir uns jetzt noch nicht schätzen, auch wenn die Aufgabe gelöst ist. Denn wir brauchen die passenden Rechenregeln, um für alle Pyramiden (bzw. wenigstens für die mit quadratischer Grundfläche) die Oberfläche ermitteln zu können.

Versuchen wir, die Schritte zur Berechnung des Mantels unter einen Hut zu kriegen. Zuerst geht es um das einzelne Dreieck, dann den kompletten Mantel:

D	=	g	·	s	:	2
M	=	4	·	D		

Ich habe hier das Manteldreieck wieder mit D, die Grundseite mit g und die Schrägseite mit s abgekürzt. Setzt man die Formel für das Dreieck (D) bei der Berechnung des Mantels ein, so erhält man endlich die gewünschte Formel:

M	=	4	·	g	·	s	:	2	=	2	·	g	·	s

Und damit haben wir ein paar Rechenregeln für die Pyramide:

(mit quadratischer Grundfläche)

Mantel (M) = 2 mal Grundseite mal Schrägseite

(mit beliebigem Vieleck als Grundfläche)

Mantel (M) = Summe aller Dreiecke

Oberfläche (O) = Mantel plus Grundfläche

Ein Mantel für den Kegel

Unsere neue Formel dürfte vermutlich problemlos außer bei der Oberfläche einer Pyramide auch bei der eines Kegels funktionieren. Aber der Mantel eines (runden) Kegels sieht bestimmt anders aus als der einer (eckigen) Pyramide.

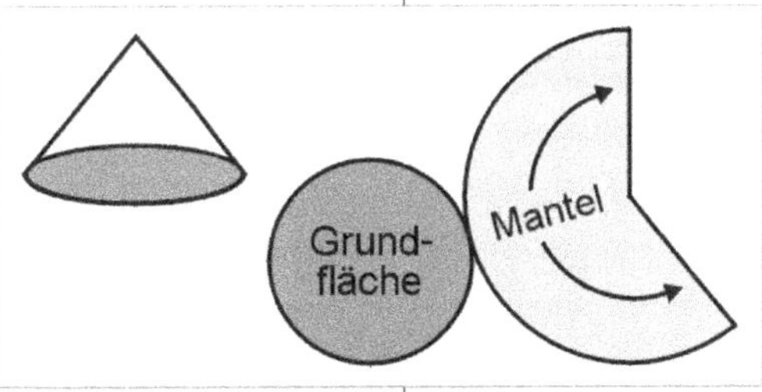

Zur Veranschaulichung werfen wir einen Blick auf das Netz:

Oh je! Ein »angebissener« Kreis? Bei genauerem Hinschauen kannst du sehen, dass es sich um einen Kreissektor handelt. Und so was hatten wir doch schon mal?

Übung 15.04:

Nachdem Bruno sein Erstlingswerk verziert hat, soll der Kegel veredelt werden. Auch hier will Bruno die Oberfläche berechnen.

Auch hier setzt sich die Oberfläche aus dem Mantel und nur einer Grundfläche zusammen (die wir schon kennen).

Zu welchem Kreis der Mantelsektor gehört, lässt sich leicht ermitteln, wenn wir auch hier die »Schräge« berechnen – mit Hilfe des bewährten Pythagoras (→ Kapitel 12).

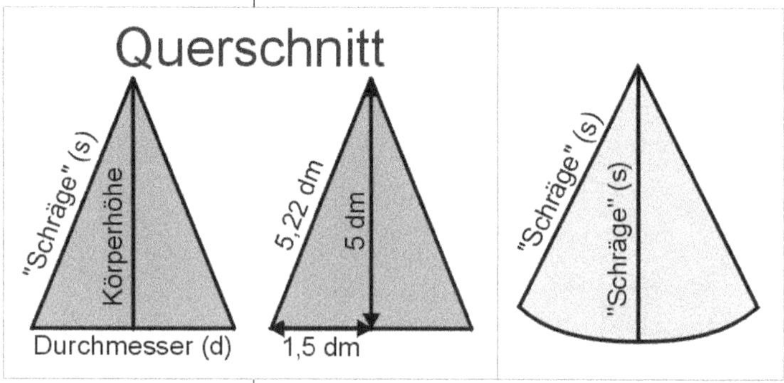

Beim gedanklichen Zersägen von Brunos Kegel erhalten wir als Querschnitt wieder ein Dreieck.

Die folgende Gleichung dürfte dir bekannt sein:

$$x^2 = 1{,}5^2 + 5{,}0^2$$
$$x^2 = 27{,}25 \quad | \sqrt{}$$
$$x = 5{,}22$$

Weil es sich hier um die gleichen Zahlen wie bei der Pyramide handelt, bekommen wir auch das gleiche Ergebnis. Und damit berechnen wir jetzt zuerst den kompletten Mantelkreis:

$$A = \pi \cdot 5{,}22^2 = 85{,}61\ dm^2$$

Mit Mantelkreis ist ein Kreis gemeint, aus dem der Mantel ausgeschnitten wird. Der Mantel ist also als Ausschnitt (= Sektor) immer ein Teil dieser Kreisfläche.

Wie groß ist nun der Mantelsektor? Um seine Fläche zu ermitteln, müssen wir wissen, wie groß der zugehörige Bogen ist. Dafür ist nicht einmal zusätzliche Rechenarbeit nötig: Weil der Mantel die Grundfläche des Zylinders komplett umschließen muss, benötigen wir den Umfang der Grundfläche. Und damit haben wir auch den Mantelbogen:

$$u = \pi \cdot 3{,}0 = 9{,}42\ dm$$

Um den Mantelsektor zu berechnen, stellen wir zuerst eine **Verhältnisgleichung** auf.

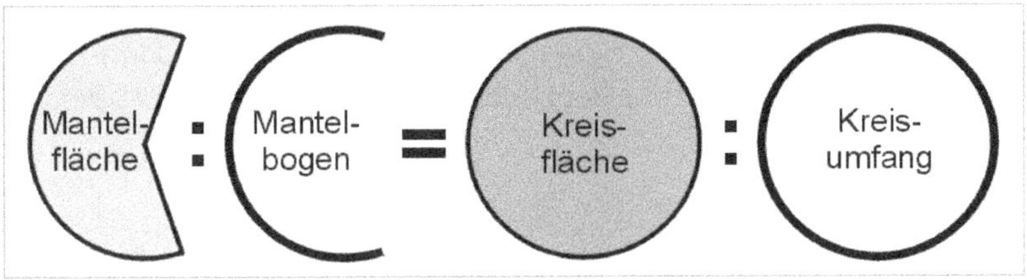

Dazu kürzen wir den Mantelsektor mit **M** und die Fläche des Mantelkreises mit *A* ab. Der Mantelbogen (= Umfang der Grundfläche) bekommt als Kürzel ein kleines **u**. Für den Umfang des Mantelkreises benutze ich hier mal ein großes **U** (weil wir das kleine ja schon für den Bogen verwenden).

Die Gleichung formen wir dann so um, dass **M** allein auf der linken Seite steht:

$$\frac{M}{u} = \frac{A}{U} \quad | \cdot u$$

$$M = \frac{A \cdot u}{U}$$

Die Fläche des (großen) Kreises (*A*) haben wir, den Mantelbogen (u) auch, fehlt noch der Kreisumfang (U), der sich mit dem Durchmesser 2•5,22=10,44 so berechnen lässt:

$$U = \pi \cdot 10{,}44 = 32{,}80\,dm$$

Nun lässt sich endlich die Mantelfläche mit Hilfe unserer neuen Formel ermitteln:

$$M = \frac{85{,}61 \cdot 9{,}42}{32{,}80} = 24{,}60\,dm^2$$

Zählen wir die Grundfläche des Kegels hinzu, so kennt Bruno auch die Oberfläche seines Zweitwerks:

$$O = 24{,}60 + 7{,}07 = 31{,}67\,dm^2$$

Immerhin wird die Oberfläche des Zylinders ebenso berechnet wie bei der Pyramide. Aber jetzt kommt der schwierigere Teil: Wir suchen eine Rechenregel für den Zylindermantel.

Listen wir erst einmal alle Formeln für die beteiligten Größen auf:

$A = \pi \cdot s \cdot s$	Kreisfläche
$u = \pi \cdot 2 \cdot r$	Mantelbogen
$U = \pi \cdot 2 \cdot s$	Kreisumfang

Ich habe das Ganze schon ein bisschen in der **Reihenfolge** geändert, denn im Folgenden packen wir alles in einen großen Bruch. Und dann kannst du überprüfen, wie weit deine Rechenfähigkeiten noch reichen. Denn es muss kräftig **gekürzt** werden:

$$M = \frac{\pi \cdot s \cdot s \cdot \pi \cdot 2 \cdot r}{\pi \cdot 2 \cdot s}$$

$$M = \frac{\cancel{\pi} \cdot s \cdot \cancel{s} \cdot \pi \cdot \cancel{2} \cdot r}{\cancel{\pi} \cdot \cancel{2} \cdot \cancel{s}} = \pi \cdot r \cdot s$$

So richtig traust du dieser Formel nicht? Lass uns ausprobieren, ob damit dasselbe Ergebnis herauskommt wie oben:

$$M = \pi \cdot r \cdot s$$

$$M = \pi \cdot 1{,}5 \cdot 5{,}22 = 24{,}60\ dm^2$$

Es klappt also. Und wenn du einwendest, dass dies kein Beweis dafür ist, dass die Formel immer stimmt, hast du Recht. Aber du wirst es mir glauben müssen, dass der Radius und die Schrägseite des Kegels genügen, um den Mantel zu berechnen. (Ist ja auch viel bequemer!)

Womit wir zwei Rechenregeln für den Kegel haben:

Mantel (M) = Pi mal Radius mal Schrägseite

Oberfläche (O) = Mantel plus Grundfläche

Kugel und Halbkugel

Was der Kreis für die Ebene ist, könnte die Kugel für den Raum sein. Auch hier gibt es einen Punkt in der Mitte, und wenn man den gleich weit in **jede** (!) Richtung ausdehnt, bekommt man eine Kugel.

Du kennst diese Beschreibung vom Kreis. Hier ging es in jede Richtung in der Ebene (= 2 Dimensionen), nun geht es überallhin im Raum (= 3 Dimensionen).

Es gibt noch eine andere Möglichkeit, eine Kugel zu beschreiben:

Wenn du einen Kreis einmal »im Kreis« drehst – nicht wie ein Rad um den Mittelpunkt, sondern wie einen Kreisel um den Durchmesser –, dann entsteht als Form eine Kugel.

Als Versuch kannst du ja mal eine (ausgediente) CD nehmen, sie senkrecht auf den Tisch setzen und ihr kräftig Schwung geben, sodass sie sich um eine Achse dreht.

Auch bei der Kugel kennt man die Begriffe Durchmesser und Radius. Was die Oberfläche angeht, wäre deine erste Vermutung vielleicht diese:

Oberfläche = Pi mal Durchmesser hoch 2

Einfach mal versuchsweise die Formel für den Kreisumfang ($O=\pi \cdot d$) um eine Dimension erweitert. Beim Volumen könnte dies dann in Ableitung der Flächenformel ($A=\pi \cdot r^2$) so aussehen:

Rauminhalt = Pi mal Radius hoch 3

Ähnlich wie schon beim Kreis gibt es Annäherungsverfahren für Volumen und Oberfläche der Kugel. Wir sparen uns hier die Mühe, die sich andere bereits gemacht haben, und nutzen das Ergebnis ihrer Arbeit.

Und schon sind wir bei diesen Rechenregeln für die Kugel:

Rauminhalt (V) = 4/3 mal Pi mal Radius hoch 3

Oberfläche (O) = Pi mal Durchmesser hoch 2

Also war unser erster Näherungsversuch gar nicht schlecht. Bei der Oberfläche haben wir einen Volltreffer gelandet. Nur beim Volumen müssen wir mit dem Bruch **4/3** etwas nachbessern. Mantel und Grundfläche werden hier offensichtlich nicht benötigt.

Und nun testen wir unsere frisch gewonnenen Einsichten gleich an einer Aufgabe:

Übung 15.05:

Aus einem großen Styroporwürfel mit 5 dm Kantenlänge soll Brunos Drittlingswerk entstehen, eine Kugel. Wie groß sind Volumen und Oberfläche?

Setzen wir wieder voraus, dass die Kugel möglichst groß sein soll, dann erhalten wir einen Durchmesser von 5 dm und einen Radius von 2,5 dm. Damit lassen sich die gesuchten Werte so berechnen:

$$V = 4/3 \cdot \pi \cdot 2{,}5^3 = 65{,}45\,dm^3$$
$$O = \pi \cdot 5{,}0^2 = 78{,}54\,dm^2$$

Wenn man eine Kugel genau in der Mitte durchtrennt, bekommt man eine Halbkugel. Dass das Volumen genau die Hälfte der Vollkugel ist, dürfte klar sein. Wie aber ist es mit der Oberfläche?

Da ist einmal die **Hälfte** der Oberfläche, die eine ganze Kugel hat:

$$\frac{\pi \cdot d^2}{2}$$

Dazu kommt dann noch eine **Grundfläche**, deren Formel wir vom Radius auf den Durchmesser umrechnen:

$$\pi \cdot r^2 + \frac{\pi \cdot d^2}{4}$$

Damit ergibt sich für die Oberfläche der Halbkugel diese Formel:

$$O = \frac{\pi \cdot d^2}{2} + \frac{\pi \cdot d^2}{4} = \frac{3 \cdot \pi \cdot d^2}{4}$$

Womit wir ein weiteres Mal in den Genuss der Bruchrechnung gekommen sind.

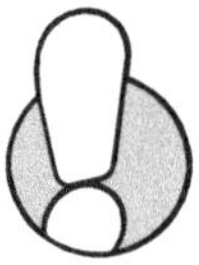

Das führt uns zu den Rechenregeln für die Halbkugel:

Rauminhalt (V) = 2/3 mal Pi mal Radius hoch 3

Oberfläche (O) = 3/4 mal Pi mal Durchmesser hoch 2

Nun reicht es aber und es wird Zeit, noch einmal möglichst viele Körperformen in einer Aufgabe zu verarbeiten:

Übung 15.06:

In der russischen Kleinstadt Matmatugorsk steht eine Kapelle mit zwei freistehenden Türmen. Deren gesamtes Äußeres ist mit Kupfer verkleidet und hat inzwischen sehr viel Grünspan angesetzt. Wie viele Quadratmeter müssen gereinigt werden, wenn man für Türen und Fenster ca. 39 m^2 abzieht?

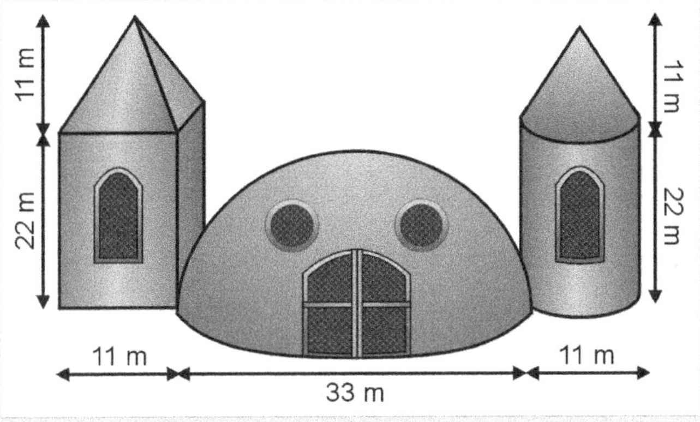

Nun steht uns einiges bevor: Wir haben insgesamt 5 Körper, benötigen aber nur deren Mäntel, weil die Grundflächen entweder aufeinander oder direkt auf dem Boden stehen.

Bevor wir beginnen, die Mäntel einzeln zu berechnen, kümmern wir uns um die Schrägseiten der Dächer – die hier glücklicherweise beide gleich lang sind. Das erledigen wir mit einer Gleichung, in der wir für die Schräge x einsetzen:

x	2	=	5,	5	2	+	1	1,	0	2		
x	2	=	1	5	1,	2	5				|	√
x		=	1	2,	3	0						

Nun geht es weiter von links nach rechts. Der Westturm besteht aus einem Quader (Q) und einer Pyramide (P) – jeweils mit quadratischer Grundfläche:

			u	=	4	·	1	1,	0	=	4	4,	0	m							
M	(	Q	)	=	4	4,	0	·	2	2,	0	=	9	6	8,	0	0	m	2		
M	(	P	)	=	2	·	1	1,	0	·	1	2,	3	=	2	7	0,	5	6	m	2

Der Ostturm setzt sich aus einem Zylinder (Z) und einem Kegel (K) zusammen:

			u	=	π	·	1	1,	0	=	3	4,	5	6	m					
M	(	Z	)	=	3	4,	5	6	·	2	2,	0	=	7	6	0,	2	7	m	²
M	(	K	)	=	π	·	5,	5	·	1	2,	3	=	2	1	2,	5	0	m	²

Bleibt das Mittelstück bzw. das Kapellenschiff, wie man auch sagt. Dazu berechnen wir die Oberfläche einer Vollkugel und halbieren dann diesen Wert (H):

O	(	H	)	=	π	·	3	3,	0	²	:	2	=	1	7	1	0,	6	0	m	²

Und nun müssen wir für die Gesamtfläche (**A** steht hier für **Alles**) nur noch sämtliche Werte zusammenzählen und davon 39 m² für Türen und Fenster abziehen:

A	=	9	6	8,	0	0	+	2	7	0,	5	6	+	7	6	0,	2	7
	+	2	1	2,	5	0	+	1	7	1	0,	6	0	-	3	9,	0	0
	=	3	8	8	2,	9	3	m	²									

Wenn wir das Ergebnis runden, dann sind etwa 3.883 m² zu reinigen. (Pro Quadratmeter rechnet man etwa 20 bis 30 Minuten Arbeit.)

Zusammenfassung

Puh, war nicht ganz einfach, dieses letzte Kapitel! Aber ob gerade oder krumm, spitz oder schräg – jetzt kennst du die wichtigsten Körperformen der Mathematik. Auch in diesem Kapitel sind wieder eine ganze Reihe von Formeln aufgetaucht, wie die für (quadratische) Pyramide und Kegel:

$M = 2 \cdot a \cdot s$	Pyramidenmantel = 2 mal Grundseite mal Schrägseite
$M = \pi \cdot r \cdot s$	Kegelmantel = Pi mal Radius mal Schrägseite
$O = M + G$	Oberfläche = Mantel plus Grundfläche
$V = G \cdot k/3$	Volumen = Grundfläche mal Körperhöhe durch 3

Außerdem ist die Kugel hinzugekommen, die mit dem Kreis verwandt ist:

$u = \pi \cdot d$	Kreisumfang = Pi mal Durchmesser
$O = \pi \cdot d^2$	Kugeloberfläche = Pi mal Durchmesser hoch 2
$A = \pi \cdot r^2$	Kreisfläche = Pi mal Radius hoch 2
$V = 4/3 \cdot \pi \cdot r^3$	Kugelvolumen = 4/3 mal Pi mal Radius hoch 3

Ein paar Fragen ...

1. Wie lauten die Formeln für Oberfläche und Volumen, wenn man jeweils Radius und Durchmesser vertauscht?
2. Rudi Pfiffig meint: »Man kann den Mantel einer Pyramide und eines Kegels auch mit der Formel Umfang mal Schräge durch 2 ausrechnen.« Stimmt das?
3. Wenn man eine Kugel halbiert, entsteht eine Schnittfläche. Lassen sich die Oberflächen einer Kugel und einer Halbkugel mit dieser »Grundfläche« vergleichen?

... und ein paar Aufgaben

1. Wie viel Prozent Ausschuss hat Bruno beim Hobeln und Schleifen seiner Kunstwerke jeweils verursacht?
2. Welches Volumen hat dieser Bleistift?

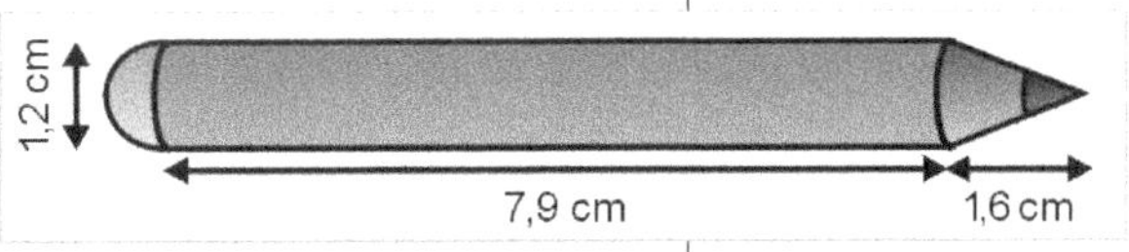

3. Eine Pampelmuse hat einen Durchmesser von 12 cm. Ihre Schale ist 0,4 cm dick. Welches Volumen hat die Schale?

(Die Lösungen zu allen Fragen und Aufgaben stehen hinten im Buch.)

Anhang

Für Eltern ...

Ein Mathebuch für Kids – oder Kinder und Jugendliche, wenn Sie meinen. Na ja, die sollen ja was lernen, sagen Sie. Und der Kauf eines solchen Buches als Geschenk für Heranwachsende kann ein hervorragendes Alibi sein: Man hat etwas für die geistige Entwicklung seines Kindes getan.

Möglicherweise war Ihnen Mathematik selbst ein Gräuel. Vielleicht aber sollten Sie gerade deshalb auch mal hier reinschauen – weiter vorn, meine ich. Wäre schön, wenn nicht nur Ihr Kind, sondern auch Sie (nachträglich) auf den Geschmack kämen. Mathe muss gar nicht so schlimm sein, wie es oft geredet wird. Was also spricht dagegen, zusammen mit Ihrem Kind die Mathematik neu oder wieder zu entdecken?

... und für Lehrer

»Als Schulbuch würde ich so ein Machwerk nie empfehlen!« Waren Sie das, der/die das gerade gedacht (gesagt) hat? Als Schulbuch war **Mathe für Kids** auch nicht geplant – obwohl ich als Autor nichts dagegen habe, wenn es in möglichst vielen Schulen »vorkommt«.

Als Experte für Mathematik werden Sie wahrscheinlich den einen oder anderen »Schnitzer« entdecken, der streng genommen mathematisch nicht exakt (formuliert) ist. Aber wozu ist dieses Buch da? Es soll möglichst vielen (nicht nur jungen) Menschen einigen Spaß an der Mathema-

tik vermitteln. Wenn dies gelingt, dann kann man auch darauf vertrauen, dass die betreffenden »Kids« bemüht sind, aus eigenem Antrieb heraus Genaueres zu diesem oder jenem Thema zu erfahren. Und dann sind Sie gefragt – mit dem Mehr an Wissen, das dieses Buch nicht vermitteln konnte.

Lösungen zu allen Kapiteln

1 Einfach rechnen

Fragen

1. Bei der Subtraktion und Division gilt **keine** Vertauschungsregel. Um dies zu beweisen, genügt jeweils ein einziges Gegenbeispiel:

   2+3 = 3+2 = 5 aber 3-2 = 1 und 2-3 = -1

   2·4 = 4·2 = 8 aber 4:2 = 2 und 2:4 = 1/2

   (Warum das die Lösungen sind, verstehst du spätestens nach Kapitel 4.)

   9+0+0 = 9 → plus 0 verändert das Ergebnis nicht
   9·1·1 = 9 → mal 1 verändert das Ergebnis nicht

   Man sagt übrigens:
   0 ist in der Addition **neutral**; 1 ist in der Multiplikation **neutral**.

2. Eine »allergrößte« Natürliche Zahl gibt es nicht. Findet man eine sehr sehr große Zahl, dann muss man nur 1 dazuzählen und schon hat man eine noch größere. Also irrt Rudi.

Aufgaben

1. Das sind die ursprünglichen Rechnungen (und Lösungen):

	5	7	0	2	3			4	6	0	3	5		3	5	7	·	4	6	9
+		3	4	5	6		–		6	5	4	3						3	2	1	3
+			1	2	8		–			9	0	8				2	1	4	2	
+		9	0	8	6		–		2	2	1	5		1	4	2	8			
	6	9	6	9	3			3	6	3	6	9		1	6	7	4	3	3	

2. **1·2·3·4·5·6·7·8·9·10 = 3.628.800 → 10! = 3.628.800**
   Man kann hier auch das Ausrufezeichen (!) als Symbol setzen und nennt das **Fakultät**.

3. Benjamin erreicht sein Ziel (mit 985 €) nicht ganz so schnell, er braucht einen Monat mehr, also 61 Monate.

4. Das Rauchen hat Herrn Smoke sein Leben und rund 19.000 Euro gekostet.

5. Die Lösungen für 12 bis 16 Jahre:

Jahre	Herzschläge	Atemzüge
1	34.164.000	13.140.000
12	409.968.000	157.680.000
13	444.132.000	170.820.000
14	478.296.000	183.960.000
15	512.460.000	197.100.000
16	546.624.000	210.240.000

6. Ein Lichtjahr sind ca. 9.460.800.000.000 km (rund 9,5 Billionen km).

2 Ganze Zahlen

Fragen

1. Rudi irrt schon wieder: Bei negativen Zahlen kehrt sich nämlich das Verhältnis um: –3 ist kleiner als –2; –1000 ist viel kleiner als –1 usw. Das lässt sich mit Temperaturen veranschaulichen: –9 ist z.B. kälter als –1.

2. Natürlich gelten die Rechenregeln von »Plus mal Plus« bis »Minus mal Minus« auch für die Division:
   Wenn z.B. gilt **(-2) · (-3) = (+6)**, dann stimmt auch **(+6) : (-2) = (-3)**.
   Auch hier wird zuerst ohne Vorzeichen dividiert, anschließend bekommt das Ergebnis ein passendes Vorzeichen.

3. Diesmal hat Rudi Recht: (+2) + (-2) = 2-2 = 0.
   Statt der 2 lässt sich jede beliebige Zahl verwenden. Stets gibt es dazu eine **Gegenzahl**. Die Summe beider Zahlen ist 0 (Die 0 ist ihre eigene Gegenzahl : 0+0 = 0-0 = 0.)

Aufgaben

1. Zuerst werden die Klammern aufgelöst:

2	9	9	-	8	3	-	1	6	+	4	1	-	2	7	+	6	9	-	5	4
8	2	-	1	2	+	2	4	+	3	6	-	6	3	-	7	7				
4	6	+	8	5	-	5	8	+	1	0	4	-	9	2	+	2	5			

2. Dann könntest du so vertauschen:

2	9	9	-	8	3	-	2	7	+	4	1	+	6	9	-	1	6	-	5	4	=	2	2	9
8	2	-	1	2	+	2	4	+	3	6	-	6	3	-	7	7					=	-	1	0
4	6	+	1	0	4	+	8	5	+	2	5	-	5	8	-	9	2				=	1	1	0

3. So ergibt eine Addition (+) für jede Zeile und Spalte die gleiche Summe:

2	4	-	1
-	0	5	1
3	-	1	1
1	1	1	

2	-	-	-
-	0	4	-
2	1	-	-
-	-	-	

4. Hier sind die geknackten Klammernketten:

-	5	·	1	2	·	3		=	-	1	8	0
+	4	·	9	·	7	·	2	=	+	5	0	4
+	2	1	·	4	:	7		=		+	1	2
-	4	8	:	3	:	8		=			-	2

5. Mit 11 Euro Schulden verlässt »Unlucky« Freddy das Casino.

3 Zahlen mit Komma

Fragen

1. Nehmen wir an, ich teile 1 durch 0. Nennen wir das Ergebnis X. Dann müsste X•0 = 1 sein. Es gibt aber keine Zahl, die hier passt. Wäre z.B. 1:0 = 1, dann müsste 1•0 = 1 sein. Aber jede beliebige Zahl mal 0 ist wieder 0!
   Wegen dieses Widerspruchs gilt: Die Division durch null ist **verboten!!!**

2. Selbstverständlich gelten die Rechenregeln für die Multiplikation (von »Plus mal Plus« bis »Minus mal Minus«) auch für Rationale Zahlen. Es wird ja immer ohne Vorzeichen multipliziert (oder dividiert), anschließend bekommt das Ergebnis ein passendes Vorzeichen. Dass es eine Kommazahl sein kann, stört dabei nicht.

3. Um miteinander verglichen zu werden, müssen die drei Zahlen auch **dieselbe** Anzahl von Stellen hinter dem Komma haben, also 0,100 ; 0,200 ; 0,900. So kann man eindeutig erkennen, welche Zahl die größere bzw. kleiner ist. Rudi erweist sich hier nicht als sehr pfiffig.

4. Zwischen 0 und 10 liegen **unendlich** viele Rationale Zahlen. Und das gilt für jedes noch so kleine Intervall. Zwischen 0 und 1 liegt z.B. 0,1; zwischen 0 und 0,1 z.B. 0,01 usw.
   Hast du zwei verschiedene Kommazahlen, findest du immer wieder eine weitere, die dazwischen liegt. Denn Rationale Zahlen können sehr sehr viele Stellen hinter dem Komma haben.

5. +0 oder -0 ist im Prinzip das Gleiche. Bei Temperaturangaben wird in der Regel gerundet. Liegt also die Temperatur ein wenig unter null, ist aber nicht genau null, dann sagt man: Es sind –0 Grad.

Aufgaben

1. Jedes Kind bekommt fürs Rasenmähen 3,33. Und es bleibt 1 Cent als Rest.

2. Eine CD kostet etwa 8,33 Euro.

3. Hier die ursprünglichen Rechnungen (leere Stellen mit Nullen aufgefüllt):

	2	3,	0	5	7	0			4	6,	0	3	5	0
+	1	1,	9	8	7	6		-		6,	5	4	3	0
+		0,	0	8	0	0		-		9,	6	3	0	0
+		9,	0	6	4	2		-	2	9,	7	9	5	4
	4	4,	1	8	8	8				0,	0	6	6	6

4. Martina hat Recht: Die Zahlen 0,9951 und 0,0049 auf 2 Stellen gerundet ergeben 1,00 und 0,00.

4 Bruchrechnen

Fragen

1. Eigentlich ja, denn alle Rationalen Zahlen sind eben die Zahlen, die sich auch als Brüche darstellen lassen. Andererseits werden Bruch-

zahlen niemals als Kommazahlen, sondern **nur** als Brüche dargestellt. Im Grunde genommen ist also der Begriff Bruchzahlen nicht unbedingt nötig.

2. Erweitert man einen Bruch mit 0, so werden Zähler und Nenner mit 0 malgenommen: Es entsteht der Bruch **0/0**.
   Kürzt man einen Bruch mit 0, so müssten Zähler und Nenner durch 0 geteilt werden: Der entstandene Bruch könnte **0/0** lauten.
   Die 0 ist also (auch hier) ein Problem: Deshalb haben die Mathematiker das Erweitern und Kürzen mit 0 **verboten!**

3. Peter hat einfach die Nenner ebenso wie die Zähler addiert. Wenn Peters Ergebnis **1/2+1/2 = 1/2** richtig wäre, dann könnte man z.B. auch sagen: **1+1 = 1**. Und würde das stimmen, dann wäre ja **2 = 1**. (Und das würde die Mathematik mehr als ein bisschen durcheinander bringen.)

4. Kürzen kann man nur mit der gleichen Zahl. Man müsste also **16/9** durch 3 **oder** durch 4 kürzen. Beide Male aber klappt dies nicht:
   Zwar geht **9:3 = 3**, nicht jedoch **16:3 = 5**, denn es bleibt eine Rest von 1.
   Zwar geht **16:4 = 4**, nicht jedoch **9:4 = 2**, denn auch hier ist ein Rest von 1 übrig. Also irrt Rudi.

Aufgaben

1. Die Ergebnisse sind $\frac{5}{7}$ und $\frac{2}{3}$. Gekürzt wurde durch 12 und durch 72.

2. Hier kommen die Brüche $\frac{2}{3}$ und $\frac{1}{2}$ heraus. Ungekürzt wären das

   $\frac{46}{69}$ bzw. $\frac{36}{72}$.

3. Das ist die Auflösung:

2/5	1/10	1/2	1
4/9	1/3	2/9	1
7/45	17/30	5/18	1
1	1	1	

4. Die Aufteilung siehst du in der folgenden Tabelle:

zu Fuß	per Fahrrad	per Bus	per Bahn	Gesamt
8	9	12	1	30
4/15	3/10	2/5	1/30	1

5. Nach Max müsste die Beute so verteilt werden:

Max	Ede	Igor	Gesamt
1/2 = 6/12	1/3 = 4/12	1/4 = 3/12	13/12

6. Macht zusammen 13/12. Es sind aber nur 12/12 da. Also sollte Max sich mit 5/12 begnügen.

7. Ganz schön happig: Der gemeinsame Nenner ist 2.520. Und das ist die Summe der Zähler:

2	5	2	0	+	1	2	6	0	+	8	4	0	+	6	3	0	
	+	5	0	4	+	4	2	0	+	3	6	0	+	3	1	5	
					+	2	8	0	+	2	5	2	=	7	3	8	1

8. Das Ergebnis ist also $\frac{7381}{2520}$.

5 Noch mehr Brüche

Fragen

1. Alle Natürlichen Zahlen außer der 0 selbst sind Teiler von 0. Es gilt: **0/X = 0** (wobei du für X eine beliebige Natürliche Zahl wie 1, 2, 3, 10 usw. einsetzen kannst). Andersherum kann 0 niemals Teiler sein, denn **X/0** ist ja verboten.

2. Es kommt immer 1 heraus, wenn ich einen Bruch mit seinem eigenen Kehrwert malnehme.

   Ein Beispiel: $\frac{2}{3} \cdot \frac{3}{2} = 1$. Setzt du allgemein für X und Y beliebige Ganze Zahlen ein (außer Null!), da*nn* gilt immer: $\frac{X}{Y} \cdot \frac{Y}{X} = \frac{1}{1} \cdot \frac{1}{1} = 1$.

3. Wenn Rudi sich etwas genauer ausdrückt, dann stimmt es und ist nichts anderes als mit dem **Kehrwert** malnehmen:
   Dabei werden Zähler mit Nenner und Nenner mit Zähler jeweils »über Kreuz« multipliziert.

4. Die 1 ist keine Primzahl, denn eine Primzahl muss **zwei** Teiler haben, die 1 hat aber nur **einen**.

5. Rudi Pfiffig hat Recht: Alle anderen geraden Zahlen lassen sich durch 2 teilen. Damit bleibt nur die 2 als einzige gerade Primzahl.

Aufgaben

1. a) $\frac{5}{28}$ b) $\frac{5}{7}$

2. $\frac{7}{6}:\frac{3}{4}=\frac{14}{9}=1\frac{5}{9}$

3. $\frac{1}{3}-\frac{3}{4}=-\frac{5}{12}$

4. Das ergibt die Zerlegung in Primzahlen:

   44.100 = 2·2·3·3·5·5·7·7

   9.699.690 = 2·3·5·7·11·13·17·19

5. Das Ergebnis ist $\frac{1}{10}$, weil sich fast alle Zähler gegen fast alle Nenner kürzen lassen.

6 Verhältnisse

Fragen

1. »Zenti« entspricht der Zahl 100, »Dezi« entspricht der Zahl 10: Also gilt 1 Meter (m) = 10 Dezimeter (dm) = 100 Zentimeter (cm). Und 1 Tonne (t) entspricht 1000 Kilogramm (kg), hat also nichts mit Metern zu tun.

2. Ein echter Bruch ist als Kommazahl kleiner als 1, ein unechter Bruch dagegen ist als Kommazahl größer als 1. Also hat Rudi Recht.

3. Bei Tinas Spinnenmodell könnte man statt 4:1 auch 1:0,25 sagen (allerdings sind Ganze Zahlen bei Maßstäben beliebter).

4. Was soll damit sein? Das sind keine neuen Zuordnungen, denn es gilt ja:
   Je weniger, desto weniger= Je mehr, desto mehr
   Je weniger, desto mehr= Je mehr, desto weniger

Aufgaben

1. Das ergibt ein Zentimeter bei Opa Krauses Karten in Wirklichkeit:

	1:150.000	1:250.000	1:1000.000
1 cm	1,5 km	2,5 km	10 km

2. Es sind 36 km, die Herr Maier zu fahren hat. Er braucht also 0,48 h, das ist ungefähr eine halbe Stunde, bis er bei Frau Müller eintrifft.

3. Eine CD kostet 11,50 €. Tina kauft 5 CDs, Kuno zahlt für 4 CDs 46 Euro.

4. Nach den 3 Tagen reicht der Vorrat eigentlich noch für 3 Tage, denn die Hälfte ist verbraucht. Dieser Vorrat verteilt sich nach Hippos Ankunft von 2 auf 3 Personen und reicht damit noch 2 Tage. Macht zusammen 5 Tage.

5. Offenbar benötigt jedes Meerschweinchen täglich 100 g. Für 5 Tiere reicht der Heuvorrat 8 Tage lang. Und mit 3 kg Heu kommen 3 Meerschweinchen 10 Tage lang aus.

7 Prozente

Fragen

1. Leopold liegt prozentual total daneben. Denn es geht um immerhin 200% Gewinn. Und wenn er genügend Schrott sammelt und wieder los wird, dürfte sein Geschäft auch gut laufen.

2. Das neue Gehalt von Olga und Erik beträgt 105% bzw. 104% vom alten.

3. Der Pfiffig ist pfiffig! Denn 1,16 ist ja die Kommzahl zum Bruch 116/100. Er spart sich so das zusätzliche Teilen durch bzw. Malnehmen mit 100. Das klappt übrigens bei allen Aufgaben dieses Kapitels, wo es nicht um den Prozentsatz geht.

4. Genau besehen sind 3% von 16 Prozent 0,48 Prozent (3•16/100). Damit es keine Missverständnisse gibt, hat man den Begriff Prozentpunkte eingeführt. Das heißt hier, die Mehrwertsteuer klettert um 3 Punkte nach oben von 16% auf 19%.

Aufgaben

1. Die Brüche und ihre Prozente:

$\frac{1}{10}$	$\frac{1}{2}$	$\frac{1}{4}$	$\frac{3}{4}$	$\frac{1}{5}$
10%	50%	25%	75%	20%

2. Künftig bekommen beide 5 Euro mehr. Damit hat Tina 25 Euro und Kuno 30 Euro Taschengeld.
3. Der DVD-Player kostet in beiden Läden 118,25 Euro (Zwischenwerte: 127,15 bei Olaf, 114,81 bei Detlef).
4. Bruno zahlt noch 982,07 Euro für das Velo (Rabattpreis: 1.012,44 €).

8 Zins und Zinseszins

Fragen

1. Beim Potenzieren lassen sich Basis und Exponent **nicht** beliebig vertauschen. Ein Beispiel: $2^3 = 8$, **aber** $3^2 = 9$.
2. Die Zahl gibt es, sie heißt Zwei: $2+2 = 2 \cdot 2 = 2^2$.
3. Jede Stelle einer Dezimalzahl steht für Einer, Zehner, Hunderter, Tausender usw. Und das lässt sich so als Potenz ausdrücken:

Tausender	Hunderter	Zehner	Einer
10^3	10^2	10^1	10^0

4. Damit könnte man z.B. die Zahl **1234** so schreiben:
5. $1 \cdot 1000 + 2 \cdot 100 + 3 \cdot 10 + 4 \cdot 1 = 1 \cdot 10^3 + 2 \cdot 10^2 + 3 \cdot 10^1 + 4 \cdot 10^0$
6. Rudi hat schon wieder Recht:
   Der eine Zinsfaktor gilt nur für die Ermittlung der **Zinsen** und wird aus dem reinen Zinssatz gebildet:
   Zinsfaktor = Zinssatz/100 bzw. kürzer: **q = p/100**
7. Mit dem anderen Zinsfaktor wird das **Zielkapital** ermittelt. Er bildet die Summe aus dem Zinssatz plus den schon vorhandenen **100%** fürs Startkapital:
   Zinsfaktor = Zinssatz/100+1 bzw. kürzer: **q = p/100+1**

8. Wobei die 1 aus 100/100 entstanden ist: $q = p/100 + 100/100$.
9. Ein Beispiel: Ein Zinssatz von 5% ergibt als Zinsfaktor für die Zinsen 0,05 und für das Zielkapital 1,05.

Aufgaben

1. Das sind die Potenzen von 2^2 bis 10^2 bzw. von 2^2 bis 2^{10}:

2^2	4	2^2	4
3^2	9	2^3	8
4^2	16	2^4	16
5^2	25	2^5	32
6^2	36	2^6	64
7^2	49	2^7	128
8^2	64	2^8	256
9^2	81	2^9	512
10^2	100	2^{10}	1024

2. Bei der Ratenzahlung muss Bruno 205 Euro zahlen. Das sind 16 € bzw. ca. 8,5% mehr als bei Sofortzahlung.
3. Felix sollte etwa 20.750 Euro anlegen. (Das genaue Startkapital wäre 20.732,14 €.)
4. So viel Überziehungszinsen muss Olga zahlen – je nach Zeitraum:

1 Jahr	1 Monat	11 Tage	3 Tage	1 Tag
7,50 €	0,63 €	0,23 €	0,06 €	0,02 €

5. Ohne Zinseszins würden sich auf dem Konto von Jesus gerade mal kümmerliche 21 Cent angesammelt haben.
6. Nach (spätestens) 3 Jahren ist Erik seine Schulden los. Am Ende des 3. Jahres hätte er noch 1.965,81 € zu zahlen. Insgesamt wären das damit 11.965,81 Euro. Zu Veranschaulichung die Tabelle:

Jahr	Startkapital	Zielkapital	Erik zahlt	Restkapital
1	10.000,00	11.100,00	5.000,00	6.100,00
2	6.100,00	6.771,00	5.000,00	1.771,00
3	1.771,00	1.965,81	1.965,81	0,00

9 Gleichungen

Keine Fragen

Aufgaben

1. Die Gleichung für den Opa lautet: $x/2-44 = 0$ und ergibt für $x = 88$
   Die Gleichung für den Enkel heißt: $9 \cdot x = 88+x$ und ergibt für $x = 11$
   Der Opa ist also 88 und der Enkel 11 Jahre alt.

2. Die Gleichung für Kuno: $40x = 40x$ hat wegen $x = x$ unendlich viele Lösungen. Die Gleichung für Tina: $20x = 40x$ ergibt für $x = 0$.
   Kuno und Bruno bleiben immer zusammen, weil sie gleich schnell sind (sie »treffen sich« also zu jeder Zeit). Tina und Bruno dagegen »treffen sich« nur beim Start, also in der 0. Stunde.

3. Weil eine Gleichung nicht reicht, behelfen wir uns mit zweien. Außerdem brauchen wir auch zwei Variablen:
   $x+y = 33$ für die Anzahl aller Tiere und $4x+2y = 88$ für die Anzahl der Beine.
   Nach Umformung der einen Gleichung in $y = 33-x$ können wir y in der anderen Gleichung ersetzen:
   $4x+2 \cdot (33-x) = 88 \rightarrow 2x+66 = 88$ ergibt für $x = 11$
   Nehmen wir jetzt wieder die erste Gleichung zur Hilfe, dann heißt die jetzt
   $11+y = 33$ und ergibt für $y = 22$.
   Weil die Schweine mehr Beine haben als die Hühner, hat Bauer Knolle also 11 Schweine und 22 Hühner.

10 Funktionen und Graphen

Fragen

1. Natürlich dürfen die Werte für die Steigung a und die Verschiebung b auch Kommazahlen oder Brüche sein, erlaubt sind alle Rationalen Zahlen (inklusive der 0). Ein Beispiel: $y = 1/2x - 1{,}75$.

2. Es gibt **keine** Steigung, also muss $a=0$ sein. Der Graph verläuft durch den Ursprung, also muss auch $b=0$ sein:
   Es gilt also für alle x: $y = 0x+0 \rightarrow y = 0$.

3. Es stimmt, was Rudi sagt. Bei einem Graphen, der senkrecht verläuft, müsste die Steigung a **unendlich** groß sein. Passen würde z.B. eine

der Gleichungen x = 0 oder x = 2 oder x = -2. Alle drei sind jedoch keine Funktionsgleichungen.

Aufgaben

1. Dies sind die Funktionsgleichungen:

(a)	$y = 90x + 90$	$y = 150x$
(b)	$y = 90$	$y = 150x$
(c)	$y = -90x + 90$	$y = 150x$

2. Und das die Graphen:

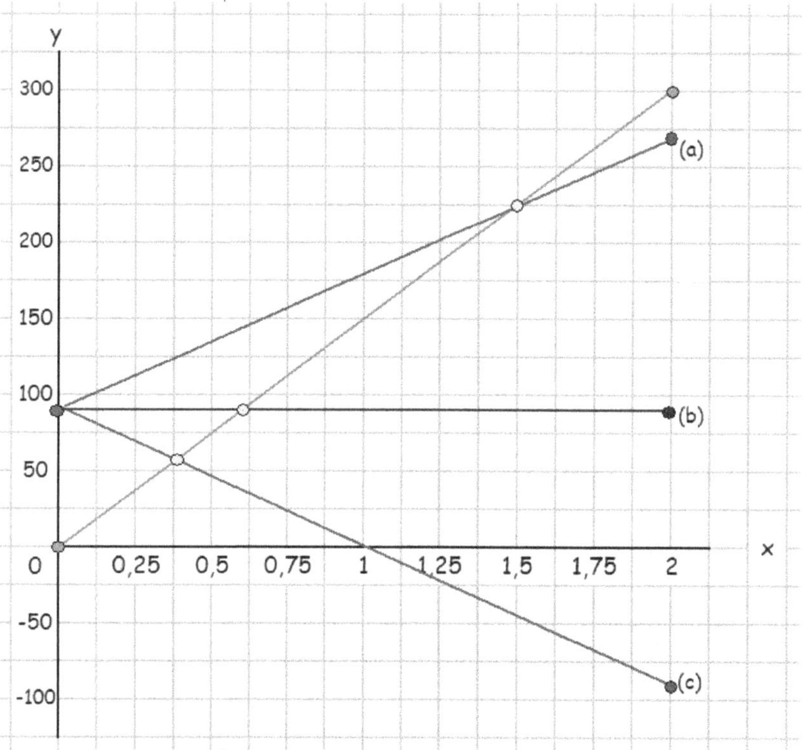

3. Nach a) 1,5 Stunden b) 36 Minuten c) 22,5 Minuten treffen sich die beiden.

4. Auch hier zuerst die Gleichungen:

(1)	y = 40x + 20	Bruno
(2)	y = 40x	Kuno
(3)	y = 20x	Tina

5. Und dann kommen die Graphen:

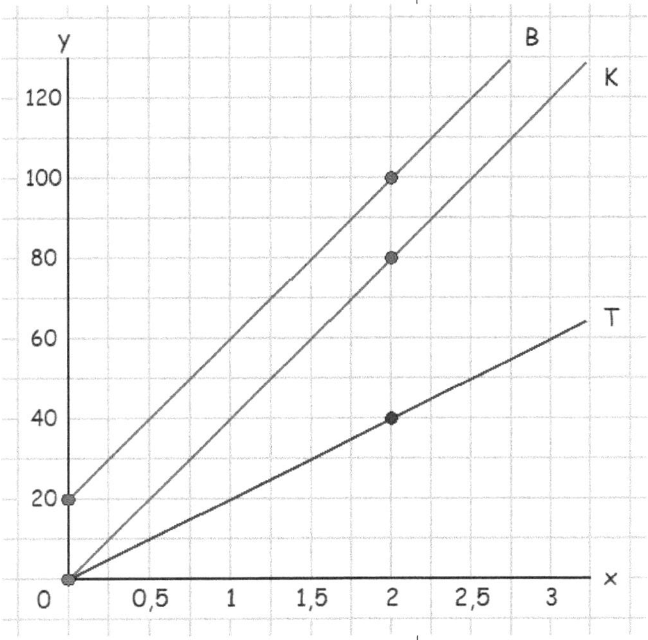

6. Weil es keine Schnittpunkte gibt, gibt es auch keine Lösungen.

7. Erst die Gleichungen:

(1)	y = 0,3x	(2)	y = 0,2x + 9

8. Dazu gibt es diese Werte für Steigung und Verschiebung:

(1)	a = 0,3	b = 0
(2)	a = 0,2	b = 9

9. Und hier sind die Graphen:

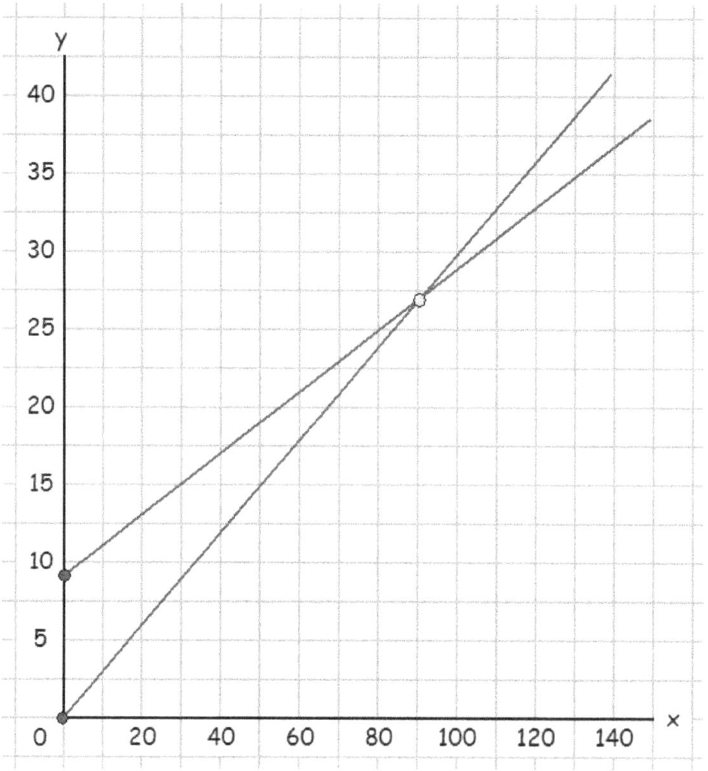

10. Telefoniert Olga weniger als 90 Gesprächseinheiten, so lohnt sich Tarif I, über 90 Einheiten ist Tarif II sinnvoller.

11 Punkte, Linien, Flächen

Fragen

1. Wenn man eine Strecke aus Punkten zusammensetzt, benötigt man **unendlich** viele Punkte! Auch pro Millimeter, weil diese Dinger ja auch winzig (= unendlich) klein sind.
2. Diese Frage lässt sich nicht beantworten: Man kann nur Millimeter in Meter (1 m = 1.000 mm) und Quadratmillimeter in Quadratmeter (1 m^2 = 1.000.000 mm^2) umrechnen!
3. Mit den Vierecken hat Rudi auf jeden Fall Recht: Bei einem Trapez müssen zwei Seiten **parallel** sein. Das gilt auch für Quadrate und

Rauten, Rechtecke und Parallelogramme. Damit wären das alles auch Trapeze.
Bei den Dreiecken kann man sich streiten: Philosophisch betrachtet, könnte jedes Dreieck ein Viereck sein, dessen 4. Seite die **Länge 0** hat. Wenn man das akzeptiert, dann wäre ein Dreieck ein »heimliches« Trapez.

4. Weil bei einem Quadrat alle Seiten gleich groß sind, müssen auch Mittellinie und Höhe identische Maße haben. Damit gilt auch $A = m^2 = h^2$.

Aufgaben

1. Die Flächen der Dreiecke sind mit 72 cm^2 halb so groß wie die der Vierecke (= 144 cm^2).
2. Die Gesamtfläche beträgt 45 m^2, der Umfang abzüglich der Türen 44 m.
(Die Zimmer im Einzelnen: Fläche = 16m^2; 6m^2; 8,75m^2; 14,25m^2; Umfang = 16m; 10m; 12m; 16m.)
Bei einem Verschnitt von 5% macht das dann 47,25 m^2 bzw. 46,20 m. Aufgerundet sollten also 48 Quadratmeter Laminat und 47 Meter Fußleisten gekauft werden.
3. Benno müsste 81,54 m^2, Beppo 88,80 m^2 und Simba 76,70 m^2 streichen.
(Vorn und hinten sind das jeweils 25,41 m^2, 29,04 m^2, 22,99 m^2; für die Seiten jeweils 15,36 m^2.)
4. Es gibt 2 kleine Dreiecke (Nr. 4 und 7) zu je 6,25 cm^2, die Flächen Nr. 2, 3 und 5 lassen sich jeweils aus zwei solcher »Kleindreiecke« zusammensetzen, ihre Fläche beträgt dann je 12,5 cm^2. Dann gibt es noch zwei doppelt so große Dreiecke mit einer Fläche von jeweils 25 cm^2. Macht zusammen 100 cm^2.

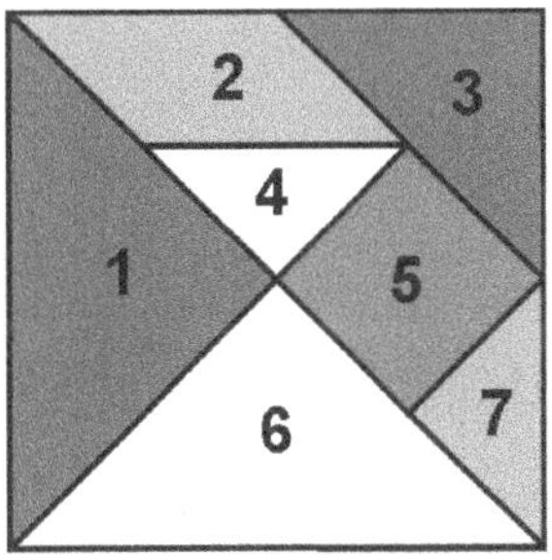

12 Geometrie in der Ebene

Fragen

1. Die Diagonale errechnet sich nach »Pythagoras« so: $a^2+a^2 = 2a^2$. Zieht man daraus die Wurzel, so hat man die Diagonale. Diese muss aber mit der anderen (also hier sich selbst) malgenommen werden, sodass wieder quadriert wird. Also kann man sich Wurzelziehen und anschließend wieder Quadrieren sparen, der Wert bleibt so wie er ist: $2a^2$.

Lediglich durch 2 muss noch geteilt werden, womit wir a^2 erhalten. Und das entspricht genau der Formel für den Flächeninhalt eines Quadrates! (Pfiffig?)

2. Die Höhe **halbiert** ein gleichseitigen Dreieck in zwei gleich große rechtwinklige Dreiecke. Nehmen wir an, alle Seiten sind 10 cm lang, so hat die untere **halbe** Seite eine Länge von 5 cm. Setzen wir ein x für die Höhe. Nach dem Satz des Pythagoras gilt : $x^2 + 5^2 = 10^2$, woraus wir nach Berechnung $x = 8{,}66$ erhalten.

Aufgaben

1. Die quadratische Schokolade ist 11,1 cm lang und breit.
2. Das Zelt ist in der Mitte 1,30 m hoch.
3. Das Haus wäre 9,86 m breit.
4. Die Leiter reicht 3,11 m hoch.
5. Der Drachen ist 88 cm breit und 1,16 m hoch.

13 Geometrie im Raum

Fragen

1. Ein Liter hat etwas mit Kubikmeter (m^3) zu tun: Genau gesagt ist 1 Liter dasselbe wie 1 dm^3 (oder 1.000 cm^3). Demnach sind 1.000 Liter ein m^3.
2. Nicht die Lage eines Prismas bestimmt, was seine Grundflächen sind. Grundflächen sind immer die Flächen eines Prismas, die **parallel** zueinander liegen und in Form und Größe völlig **gleich** sind.
3. Rudi hat Recht: Beim Quader sind die jeweils gegenüber liegenden Flächen immer parallel und exakt gleich große Rechtecke.
4. So wie man beim Quadrat aus dem Flächeninhalt die Quadratwurzel zieht, um die Länge einer Seite zu bekommen, so erhält man auch die Kantenlänge eines Würfel durch Wurzelziehen. Nur ist es diesmal die **Kubikwurzel**:
Volumen = Kante³ → Kante = ³Volumen.

Aufgaben

1. Zu beachten ist, dass bei Bennos Wanne die Grundfläche seitlich liegt, bei Beppo aber vorn (bzw. hinten). Zuerst müssen die 30 cm bei

Benno von 90 und 70 cm, bei Beppo von 80 cm abgezogen werden. Beide Wannen haben dasselbe Fassungsvermögen. Hinein passen 2.700 Liter. Die lassen sich aber vielleicht nicht mal nutzen, denn sobald einer von den Dicken im Wasser sitzt, steht das wahrscheinlich nicht nur bis zum Rand, sondern schwappt sogar über.

2. Das Volumen beider Körper beträgt 970,3 m^3. Der Quader ist 89,1 cm lang bzw. hoch – je nach Lage.

3. Ja, der Wanderstab passt. Allerdings nicht diagonal in einer Ebene, sondern nur diagonal im Koffer-Raum. In der Ebene beträgt die Diagonale 94,63 cm, es fehlen ca. 4,4 cm. Im Raum ist die Diagonale 100,21 cm lang, dort sind also ca. 1,2 cm Luft.

4. Die Grundflächen sind Rechteck, Trapez und Dreieck, und haben alle 100 cm^2 Flächeninhalt.
   Für die Rechtecksfläche gilt:
   $A = 2x^2$. Damit erhalten wir für $x = 7{,}07$. Für die Trapezfläche gilt:
   $A = 3x^2$. Damit erhalten wir für $x = 5{,}77$.
   Für die Dreiecksfläche gilt:
   $A = 0{,}5x^2$. Damit erhalten wir für $x = 14{,}14$.
   In der Abbildung sind die Maße, die sich nun leicht errechnen lassen:

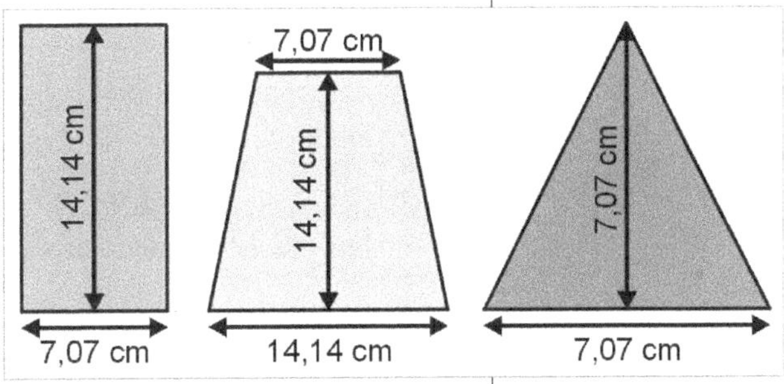

14 Krumme Linien und Flächen

Fragen

1. Der Umfang errechnet sich über 2 mal Pi mal Radius (2r), die Fläche über Pi mal Durchmesser durch 4 ($\pi d/4$).

2. Nehmen wir einen Kreis mit einem Radius von 1 m. Dann gilt für den Flächeninhalt = 3,1416 m^2 und den Umfang = 6,2832 m.
   In der Tabelle stehen die Berechnungen für 3 bis 6 Kreisteile:

Anteil	Rudis Formel	Fläche	Bogen
3	1,0472	1,0472	2,0944
4	0,7854	0,7854	1,5708
5	0,6283	0,6283	1,2566
6	0,5236	0,5236	1,0472

3. Demnach scheint Rudis Idee Sinn zu machen.
   (Es gilt sogar **genau**: Teilfläche = Pi mal Radius durch Anzahl.)

4. Ein Kreisring entsteht, indem man aus einem größeren einen kleineren Kreis ausschneidet. Man berechnet beide Flächen und zieht den kleineren vom größeren Wert ab.

Aufgaben

1. Das Quadrat hat eine Seitenlänge von ca. 89 cm (die Kreisfläche beträgt ca. 0,785 m^2).

2. Ein regelmäßiges Sechseck besteht aus gleichseitigen Dreiecken. Und alle Seiten jedes Dreiecks sind hier ebenso lang wie der Radius des Kreises. Ein Dreieck hat eine Fläche von ca. 0,43 m^2. Damit erhalten wir für das gesamte Sechseck einen Umfang von 6 m und einen Flächeninhalt von 2,6 m^2.
   Weil der Kreis einen Umfang von 6,28 m bzw. eine Fläche von 3,14 m^2 hat, macht das für das Sechseck 95,5% des Umfangs bzw. 82,7% des Flächeninhalts.

3. Der Kreisring hat ca. 4.560 m^2 Fläche. Und die Strecke ist etwa 414 m lang (= Mittelwert aus innerem und äußerem Kreisumfang).

4. Das Prismenvolumen beträgt 891,0 cm^3, das Volumen des Zylinders 699,8 cm^3. Bleibt ein Rest von 191,2 cm^3, das sind 21,5%.

5. Das Haus hat 389,7 m^3 Volumen (die »Grundfläche« beträgt ca. 35,4 m^2).

15 Spitze und runde Körper

Fragen

1. Die Oberfläche errechnet sich über 4 mal Pi mal Radius hoch 2 ($4\pi r^2$), das Volumen über Pi mal Durchmesser hoch 3 durch 6 ($\pi d^3/6$).

2. Rudi hat Recht, wenn er Quadratpyramide und Kreiskegel meint.
   Für die Pyramide lässt sich der Mantel so herleiten:
   $u = 4a \rightarrow M = 4as/2 \rightarrow M = us/2$

Und für den Kegel ergibt sich diese Formel:
$u = \pi d \rightarrow M = \pi ds/2 \rightarrow M = us/2$

3. Die Oberfläche einer Kugel ist das 4fache, die einer Halbkugel das 3fache einer Schnittfläche oder »Grundfläche«.

Aufgaben

1. Bei Pyramide und Kegel gehen ca. 66,7%, bei der Kugel knapp 47,6% verloren.
2. Der Bleistift hat ein Volumen von ca. 10 cm^3 (Radiergummi = 0,5 cm^3, Mittelteil = 8,9 cm^3; Spitze = 0,6 cm^3).
3. Das Gesamtvolumen (außen) beträgt 904,8 cm^2, das des Fruchtfleischs allein (innen) 735,6. Bleiben für die Schale 169,2 cm^2.

Stichwortverzeichnis

A

B

D

E

F

G

H

I

J

K

L

M

N

O

P

Q

R

S

T

U

V

W

X

Y

Z